环境信息科学：
理论、方法与技术

Environmental Information Science：
Theory, Method and Technology

王让会 等 著

中国科学院战略性先导科技专项（XDA20030101-02）
国家发展和改革委员会中国清洁发展机制基金（2013013）
江苏省高校优势学科建设工程资助项目（PAPD）
南京信息工程大学高等教育教改研究项目（2017-31）
江苏省大气环境与装备技术协同创新中心（CICAEET）
国家科技支撑计划（2012BAD16B0305，2012BAC23B01）

联合资助

科学出版社

北京

内 容 简 介

本书分为上、下两篇，上篇在介绍环境信息科学产生与发展、学科特点及内涵、未来发展前景的基础上，重点阐述环境信息科学研究的原理与方法，环境信息的监测与评价技术、表达与重现技术及管理技术。下篇主要为环境信息科学技术与实践，基于 GIS 技术，研发环境监测及应急响应系统；针对大气污染特征及预报预警、宜居健康生态气象监测与评估等问题，进行了典型分析与案例研究；最终分析了生态文明建设（ECC）与环境信息技术应用的关系。本书涉及的环境信息分类、环境遥感监测、环境物联网、环境信息可视化、环境数据挖掘、环境信息图谱、环境信息管理等理念、方法与技术，对于拓展环境信息机理、模拟和智慧环保与“互联网+”应用研究及丰富环境信息科学体系具有重要的理论价值与现实意义。

本书可供环境科学、环境工程、生态学、地理学以及遥感与 GIS、信息系统研发等专业的研究生学习借鉴，也可供上述领域的管理者、工程技术人员及科研工作者参考。

图书在版编目（CIP）数据

环境信息科学：理论、方法与技术/王让会等著. —北京：科学出版社，2019.8

ISBN 978-7-03-062038-5

Ⅰ. ①环…　Ⅱ. ①王…　Ⅲ. ①环境信息　Ⅳ. ①X32

中国版本图书馆 CIP 数据核字（2019）第 163624 号

责任编辑：王腾飞　沈　旭/责任校对：杨聪敏

责任印制：张　伟/封面设计：许　瑞

科学出版社 出版

北京东黄城根北街 16 号

邮政编码：100717

http://www.sciencep.com

北京凌奇印刷有限责任公司 印刷

科学出版社发行　各地新华书店经销

*

2019 年 8 月第　一　版　开本：787×1092　1/16

2023 年 4 月第四次印刷　印张：14 1/4

字数：340 000

定价：99.00 元

（如有印装质量问题，我社负责调换）

作 者 简 介

王让会，教授（二级），博士生导师，主持或参与了中科院重大项目、国家科技支撑计划、国家 973 计划以及国际合作项目等研发项目，获得国家及省部级科技成果奖 10 余项，发表学术论文 200 余篇，出版专著 10 余部，获得中国专利及软件著作权 20 余件。2000 年，获得国务院政府特殊津贴，2004 年，被遴选为中央直接联系的高级专家。代表性著作有《城市生态资产评估与环境危机管理》《全球变化的区域响应》《遥感及 GIS 的理论与实践》等。

现任南京信息工程大学应用气象学院副院长，中国环境科学学会环境信息系统与遥感专业委员会委员，中国生态学会污染生态专业委员会委员，中国农业工程学会农业水土工程专业委员会委员，中国遥感应用协会理事，中国卫星导航定位协会理事，中国地理学会环境遥感分会理事，国际景观生态协会中国分会理事，江苏省生态学会常务理事等。担任《遥感技术与应用》《生态与农村环境学报》编委。目前主要从事景观生态规划、环境效应评价及应用气象等领域研究。

曾在中国科学院系统工作 20 年，曾任中国科学院研究生院（现中国科学院大学）教授、博士生导师，《干旱区地理》副主编、《干旱区研究》编委；参与全国人大、全国政协、中科院、水利部等多部委以及省市地方政府环境保护、水资源利用、高技术发展以及生态文明建设等领域的技术咨询与战略研究。曾多次访问加拿大、日本及欧洲多国。

前　　言

在新的历史阶段，环境问题关系到人类生存与发展的重大抉择。在国家大力推进“一带一路”倡议，探索人类命运共同体的背景下，环境问题的重要性不言而喻。进入“十三五”发展时期，国家对于环境保护的重视程度超过了以往任何一个阶段。习近平总书记多次强调提出的“绿水青山就是金山银山”的“两山”理论、“像保护自己的眼睛一样保护生态环境”无疑成为新时代绿色发展的重要思想。

目前，在生态环境保护领域，国家正大力实施生态环境保护行政首长负责制等一系列改革创新制度。2017 年国家出台了地级以上城市大气环境质量动态评估制度，力图在 2020 年全面建成小康社会的时间节点，使我国的环境质量有明显改善，实现生态文明建设的美好愿景。2016 年 9 月，20 国集团（G20）峰会在中国杭州举行，中国国家主席习近平与时任美国总统奥巴马代表中美两国率先批准《巴黎协定》，并共同向时任联合国秘书长潘基文交存批准文书，率先完成 20 国集团框架下化石燃料补贴同行审议报告，再次为国际社会共同应对气候变化这一全球性挑战做出了积极努力与重要贡献。中国及美国共同签署了旨在应对气候变化、低碳减排、促进人类可持续发展的《巴黎协定》，是世界上最大的发展中国家与最发达的国家，或者说第二大经济体与第一大经济体积极响应应对气候变化的行动纲领，这是应对气候变化第二阶段的国际重大事件，为人类团结协作，共同应对面临的环境问题提供了模式及样板，共同为促进人类和谐发展贡献力量。然而，2017 年 6 月，美国特朗普政府退出了该协定以及其他一系列国际组织或协定，人类命运共同体正经受严峻的挑战与考验。

科学技术发展迅速，大数据、物联网、云计算、3D 打印、人工智能等许多领域得以快速发展，极大地促进了环境保护、生态建设与社会经济的可持续发展。未来基于信息技术的生态环境物联网技术的发展，将对环境信息科学的发展起到极大的促进作用。

2016 年 4 月 24 日设立首个以“中国梦，航天梦”为主题的中国航天日，对于激发全民族创新热情，探索宇宙奥秘，促进可持续发展具有重要现实意义。2017 年 4 月 24 日第二个中国航天日的主题为“航天创造美好生活”，展示了探月工程、火星探测、载人空间站、北斗导航、高分专项以及航天应用等方面的最新成果和基础知识；航天技术的快速发展，面向国民经济建设，惠及广大公众，同时，这也将极大地支撑环境监测与环境评价技术发展，对环境信息科学的研究也具有重要促进作用。2017 年 4 月 20 日，中国“天舟一号”货运飞船成功发射，随后与目前在轨运行的“天宫二号”实现了成功对接，为未来空间站建设以及相关探测器长期探测与未来太空发展提供了重要物质保障。2016 年 12 月发射的首颗碳卫星，2017 年下半年已可提供相关信息。环境卫星信息的应用和北斗系统的快速建设以及一系列航天科技的发展也同时为环境监测、评价与预警提供了重要的信息基础与技术支撑。

进入 21 世纪以来，AI 技术发展迅速，AI 技术在污染监测，特别是危险性污染监测

（放射性、地下管道等）方面发挥着人类难以胜任的作用。“互联网+”理念的发展，又为智慧环保注入了活力。信息获取及传输技术的发展，极大地促进了环境信息科学研究的深化、环保技术的创新以及应用领域的拓展。未来的环境保护必将在人工智能的参与下超越当下。

在“共享经济”快速发展的背景下，技术的进步促使人们不得不更新传统的观念，特别是已有的思维方式、生活方式及生产方式。环境、生态、经济、社会等领域的网络无处不在，互联互通正在打破行业壁垒，使信息及资源共享成为可能，并正在变成现实。环境问题与技术发展及社会意识密切相关。在快速发展的历史背景下，曾有国内机构从中华人民共和国成立以来影响中国建设进程的数十项重大科技成果中，评选出中国当代的“新四大发明”——杂交水稻、汉字激光照排、人工合成胰岛素和复方蒿甲醚。北京外国语大学丝绸之路研究院对“一带一路”沿线20多个国家的青年最喜爱的中国生活方式进行了调查，把高铁、扫码支付、共享单车、网购作为中国的“新四大发明”。不管怎样，多元化发展的特点已融入社会、经济、科技、教育、文化等各个领域与行业，极大地影响着人们的思维方式与生活方式。而人们对待环境的态度与行为，无不与上述发展相联系。从人类命运共同体的高度，科学地认识环境问题，全面把握环境效应，不断规范环境政策，严格落实环境法规，大力开展环境治理，对于环境问题的解决以及环境信息科学的实践应用，具有重要的现实意义。

环境信息类型多样、特征各异，具有复杂性与不确定性，实现环境信息的辨识、获取、处理、储存、共享及应用，是把握环境信息科学及环境信息机理的客观要求，也是新时期“创新、协调、绿色、开放、共享”五大发展理念的客观要求。环境大数据背景下，如何对其进行分类、加工及信息提取，需要特定硬件及软件的支持；快速发展的各种大数据处理软件平台为环境数据挖掘提供了便利条件。同时，云计算技术也为环境大数据的内涵解析提供了技术支撑；而“互联网”理念及“互联网+”模式，又极大地促进了环境信息科学技术与方法的创新与发展。多维立体监测的各类信息获取及传输手段，为环境问题的解决提供了不可或缺的客观条件；复杂系统建模以及环境模型可视化技术，又提升了人类对环境的认知能力。

环境信息科学是一门新兴的交叉学科，其中蕴含了环境科学、环境工程、生态学、信息科学、地理学以及涉及水、土、气、生等学科的原理与方法，也包含着遥感与GIS技术、大数据挖掘技术、物联网等领域的新突破。对于诸多问题的研究与探索需要多学科、多角度、多途径、多方法的联合与协同，共同为环境信息科学相关理论及技术问题的深化研究提供支撑。在认识环境信息科学相关问题的过程中，作者经历了漫长的探索过程，同时，也借鉴、集成与凝聚了诸多同行学者的研究成果。本书得到了中国科学院战略性先导科技专项“泛第三极环境变化与绿色丝绸之路建设”中“中亚-西亚荒漠化防治与关键要素调控”（XDA20030101-02）课题资助，国家发展和改革委员会中国清洁发展机制基金（2013013）“新疆适应气候变化的林业碳汇关键领域及能力建设”以及江苏省高校优势学科建设工程资助项目（PAPD）、国家科技支撑计划（2012BAD16B0305，2012BAC23B01）的支持，同时，也凝练及集成了江苏省气象局委托项目“气候变化对江苏生态系统的影响及评估”、“宜居健康自然生态气象生态指标体系研究”以及地方环保局委托项目“生态文明规划”的部分成果；2017年度南京信息工程大学高等教育教改研究项目“生态专业学生创新能力培养体系的改革与实践”也为环境信息科学体系研究及集成，发挥了积极促进作用。作者多年来围绕环境科学、信息学、生态学、地理学、管理科学等研究探索，为本书的出版起到了重要的基础性作用。随着科技的快速发展，环保科技得以广泛应用，未来环保领域将汇聚生态环境业务数据、物联网监测数据（水、大气、土壤、辐射、污染源、机动车环保检测等）、互联网数据、遥感数据、数值模型计算数据（大气预报等）等不同来源及类型的数据，为科学了解与把握环境质量状况与环境保护水平，不断提升环境质量以满足人民群众不断增长的环保需求提供更为有效的支撑。

在环境信息科学与技术的研发工作中，诸多同仁为此付出了巨大的努力与辛劳。作者负责相关项目立项、组织实施、成果研发、成果集成等工作。同时，作者总体策划并撰写、集成本书。本书是相关项目研发成果的再凝练、再集成、再创新，超越了原有研究项目本身的目标要求及内涵特征，并通过梳理集成为更具系统性、综合性及学科特点与技术指导价值的新成果；在一定程度上已脱离了原有单一研究项目本身的特点，是相关研究项目中环境类、信息类、技术类成果的高度凝练与升华，也是当前环境信息科学发展的客观需要及前瞻性探索。在相关研发工作中，作者团队诸多成员为之贡献了他们的智慧。南京信息工程大学李成、张玥、张萌、王筱雪、吕雅、刘燕、李焱、朱旻、蒋烨林、吴晓全、周露、颜华茹等团队成员，围绕环境信息科学理论体系、环境信息科学的产生与发展、环境信息的表达、环境信息界面过程及其信息传输、基于光电技术的大气颗粒物监测、环境信息管理、FCSMIS 研发、环境信息的监测与分析、环境伦理及生态文明建设等方面的问题，搜集了相关信息，开展了多次研讨，丰富了本书的内容。张玥、张萌借助相关研发项目完成了硕士学位论文，并开展了典型案例的研究工作，也对本书的出版起到了重要支撑作用。同时，相关合作者也不同程度地贡献了他们的智慧，如中国林业科学研究院新疆分院宁虎森研究员、郭靖博士，中国科学院西北生态环境资源研究院赵文智研究员，南京南钢钢铁联合有限公司刘飞高级工程师，南京市浦口区气象局王业成高级工程师等。同时，本书借鉴吸收了国内外同行专家的最新研究成果，对他们的辛勤工作表示衷心感谢！

本书是作者及其团队多年研究成果的综合性体现，在“互联网+”的背景下，不断探索具有创新意义的学科领域及研究前沿，始终是人们追求科学的方向。在多年探索遥感、地理信息系统、全球定位系统与地理科学、生态科学的基础上，团队已经凝练形成了“地理信息科学的理论与方法”及“生态信息科学研究导论”等具有创新性的学科领域与研究方向；而本书也是在国家进一步加强环境治理与生态文明建设的创新氛围中，信息化、数字化、网络化、智能化快速发展的背景下，环境科学、环境工程、环境管理、环境经济、环境伦理等相互交叉与融合的产物。在“大众创业、万众创新”时代背景下，全社会都在关注环境，保护环境，优化环境。本书力图系统地反映信息科学与技术、环境科学与技术交叉融合的新进展，也期望能够为促进环境信息科学领域研究有所借鉴与帮助。

2017年是作者参加工作的第30年，30年间作者几乎走遍了祖国的千山万水，也领略了亚洲、美洲及欧洲（遗憾尚未涉足大洋洲及非洲）的自然及人文历史，感悟到了自然之美、世界的博大精深与祖国的历史文化深厚，这一切获益于作者曾工作 20 年的中国科学院，获益于作者本科就读过的 985 高校及硕士博士阶段就读的两所 211 高校，获益于在中国科学院工作时开展高访合作研究的加拿大瑞尔逊大学及相关国际合作机构，也获益于目前所工作的进入“双一流”学科建设并正在建设“一流特色高水平大学”的南京信息工程大学。作者学习及工作的 4 所高校均进入了国家“双一流”建设行列，在此，也衷心为母校喝彩！无独有偶，作者曾任教授及博士生导师的原中国科学院研究生院，即现在的中国科学院大学（简称“国科大”），到 2018 年已整整走过了 40 年的发展历程，现依托中国科学院南京分院等部门设立国科大南京分院，并与南京信息工程大学开展人才合作培养，这是国科大在北京之外的首个合作办学机构。新时代、新气象，一定会有新作为！虽然作者曾多次在国外开展交流、学习及合作研究，但更为真切地是要感恩中国这块古老而神奇的热土!借此机会向在各项工作中关心、支持、帮助作者的师长、同行、同事以及亲友表示衷心感谢！也谨以此纪念作者工作 30 周年！感恩与作者一同学习的师长与同学，感恩与作者一同工作的同事与同行，也感恩与作者一同成长的学生们！

在本书付梓之际，作者对所有参与者表示衷心感谢；同时，对科学出版社王腾飞编辑等为本书出版所付出的辛勤劳动一并表示感谢，也殷切期望得到同行及读者的赐教。

王让会

2018 年 6 月 5 日世界环境日

于南京江北新区

目　录

下篇　环境信息科学技术与实践

上　　篇

环境信息科学研究导论

第1章 绪 论

1.1 环境信息科学的产生与发展

1.1.1 环境信息科学的孕育

任何一门学科的产生与发展都有一定的社会、科技发展水平以及经济条件背景。环境信息科学（environmental informatics，environmental information sciences）作为一门新兴的交叉学科，是在信息化、数字化、网络化等现代技术快速发展的背景下和人们更加重视环境保护与环境管理、更加倡导低碳经济与低碳发展背景下的产物。目前，在倡导“创新、协调、绿色、开放、共享”的发展理念下，要系统了解环境信息科学的发展历程，有必要对这门学科涉及的研究对象、研究目的、学科地位、理论与方法以及应用等进行全面的认识与掌握；而对环境概念的了解与把握则是其前提与基础。事实上，人们在环境保护与环境管理工作中，已经了解到环境是以人类为主体的外部世界，即人类赖以生存和发展的整体物质条件，包括自然环境和社会环境（刘培桐，1995）。在社会经济及人们的日常生活中，准确地认识环境概念对于科学制定环境保护规划和促进经济发展与生态文明事业的全面进步具有重要的作用。《中华人民共和国环境保护法》指出“环境是指影响人类生存和发展的各种天然的和经过人工改造的自然因素的总体，包括大气、水、海洋、土地、矿藏、森林、草原、野生生物、自然遗迹、人文遗迹、自然保护区、风景名胜区、城市和乡村等”。这一概念的界定把人类以外的生物要素和非生物要素都看作是人类的环境，掌握该环境的概念及其内涵，对于把握环境现象与环境变化过程、理解环境信息（environmental information）与开展环境信息科学的研究，具有重要的理论价值与重大的现实意义。与此同时，要科学认识环境信息科学涉及的若干基本概念，我们还必须了解与信息相关的问题。20 世纪 40 年代，信息论、系统论和控制论的发展，解决了信息处理的基础理论问题；电子计算机的问世，对于信息采集、信息处理与信息管理具有划时代的意义。信息论是一门运用数理统计方法来研究信息的度量、传递和变换规律的学科；或者是运用概率论与数理统计的方法研究信息、信息熵、通信系统、数据传输、密码学、数据压缩等问题的应用数学学科。20 世纪中后期，信息技术的快速发展促进了信息理论的日臻完善。信息作为科学的概念，得到了空前的关注与全面的研究与探索。在认识信息的过程中，许多专家、学者做了卓有成效的研究工作。1928 年，哈特莱认为“信息就是选择符号的方式”（周理乾，2017）；1948 年，香农认为“信息是指有新知识、新内容的消息”（潘乐山，1984）。在此基础上，世界各国的许多学者进一步探索了信息的内涵、特征以及规律等问题。中国有学者指出，信息是事物存在的方式或运动的状态以及这种方式或状态的直接或间接表述。而“环境”概念在不同学科则有所差异，特别是“环境”概念在生态科学与环境科学这两门密切相关的学科中，也各有侧重。生态科学中的“环境”更多是以“生物（植物、动物、微生物）”为参照，研究生物之外的要素，如水、土、气等均隶属于“环境”的范畴。按照前述《中华人民共和国环境保护法》中的界定，“环境”一定程度上也涉及应防治的污染和其他公害，主要包括废气、废水、废渣、粉尘、恶臭气体、放射性物质以及噪声、振动、电磁波辐射等。基于人们对“环境”概念的认识，结合环境科学与信息科学等领域研究的交叉融合，人们逐渐赋予环境信息越来越明确的内涵。环境信息是表征环境问题及其管理过程中数量、质量、分布、联系和规律等固有要素的数字、文字和图像与图形等的总称，是经过加工能够被人们利用的数据，是人们在环境保护实践与环境问题研究中所必须依托的一种共享资源。简单而言，环境信息是环境数据的内在含义，是以语言、文字、表格、图形、声音、图像等表达的环境资料的进一步解释（曾向阳等，2005）。或者说，环境信息就是能够应用于环境保护工作的各类数据和符号的总称。环境信息分析与预测是以系统的科学理论为指导，严格按照其工作流程，采用特定的研究方法，对信息进行加工，其目的是发现有价值及决策支持作用的环境信息产品（吉祥，2012）。

随着现代科学技术的发展，人们将计算机技术、信息技术应用到环境科学与环境保护工作中，并逐渐形成了一系列的理论体系与方法途径，环境信息科学也就应运而生了（Hilty and Page，1996）。一方面，要研究如何运用计算机技术认识和解决环境问题；另一方面，又要通过对复杂的环境问题的认识和解决过程，不断地推动计算机科学的发展（张爱军，1998）。信息时代为环境信息科学的发展提供了历史性新机遇，特别是在“互联网+”理念的引导下，环境信息科学的发展更是体现了信息时代的特征。北斗卫星系统（BDSS）、地理信息系统（GIS）和遥感（RS）技术是发展环境信息科学的重要基础和科学手段，一系列不同特征的环境信息系统（EIS）或者环境管理系统（EMS）就是在上述相关技术的基础上，结合环境问题而研发与探索的环境信息化管理工具。在新时代网络强国理念指导下的环保产业发展以及创新发展理念背景下的环境信息科学，都应该进一步建立并完善其理论体系，解决环境保护与可持续发展中遇到的重大环境问题。

在人们对环境问题、信息问题和环境信息问题及其发展的认识过程中，对环境信息科学也逐渐有了新的认识。人们认为环境信息科学是以环境信息为研究对象，以信息技术为手段，以环境科学与信息科学等理论和方法为基础，以解决环境问题为目的的新兴交叉学科。环境信息科学的不断发展，将为环境科学理论的发展与环境问题的解决开拓崭新的领域与思路。环境信息科学的概念从提出到现在，国内外从不同学科、不同角度、不同目的等开展了相关研究，取得了一系列的成果。中国在这一领域的研究，虽然也有快速的发展，但研究的主要出发点仍基于环境科学、生态科学、RS 与 GIS 应用等学科，针对环境信息科学本身的理论性、系统性、综合性的集成研究还不够全面；从多学科交叉的角度，特别是从信息机理的角度阐述环境信息科学的理论体系结构、探索其发展历程与发展规律还不够充分，研究环境信息获取、加工处理及应用的技术方法还有待拓展与完善。因此，在这种客观背景下，研究与探索环境信息科学的相关问题，对于促进环境信息科学的完善、指导新时代环境保护、“美丽中国”与生态文明建设（ECC），具有极大的必要性与迫切性。随着人们对环境信息科学研究的日益重视，环境信息科学理论方法研究必然会得到快速发展，这也必将会在环境信息化管理及区域可持续发展等方面发挥重要作用。

1.1.2　环境信息科学的发展

前文已提到，环境信息科学的发展依赖于环境科学及信息技术等相关分支学科的支撑；依赖于时代创新思维的引导，特别是“创新、协调、绿色、开放、共享”的五大发展理念及知识创新，始终是促进当代科学技术发展与相关学科发展的动力。

目前，环境科学已经拥有比较完善的理论体系，是一门研究环境的物理、化学、生物三个部分关系及特征的学科，并提供了综合、定量和跨学科的方法来研究环境系统。由于环境问题与人类活动密切相关，经济、法律和社会科学等相关理论与方法也被用于环境科学的研究中，帮助人们全面系统地了解环境问题的成因及其演变过程。因此，环境科学在一定程度上可以讲是一门研究人类社会发展活动与环境演化规律之间的相互作用关系，寻求人类社会与环境协同演化、持续发展途径与方法的科学。现代环境科学的研究内容从传统的污染及治理逐渐转移到以人类与环境的和谐发展为主，阐述人类在自然环境中的地位与作用、地球环境的形成与演变、当今世界和中国社会发展中所面临的主要环境问题及对策等方面；并涉及环境规划与管理、环境监测与影响评价（EIA）、环境伦理及环境经济等新发展，再延伸到生态文明与人类的共同未来等方面。20 世纪 70 年代末期兴起的另外一门学科——环境统计学，是将数学方法和计算机技术应用于环境科学的一门交叉学科，反映了环境科学向定量化发展的历史进程。环境统计学的特征是在环境科学研究中以定量的精确判断来补充定性描述的不足，以模拟和预测环境现象来代替现状分析与描述，以趋势推演与类推法代替因果关系分析，并以最新的技术手段革新传统的环境科学研究方法。20 世纪 80 年代以来，耗散结构与自组织理论、协同学和突变论的发展，极大地促进了环境科学的时空维等多元分析理论创新与技术发展。与此同时，人们关注的环境信息系统（EIS）是在计算机支持下对各种环境信息及其相关信息加以系统化和科学化的信息管理体系；EIS 的基本功能是为环境信息使用者提供环境信息的获取、处理等数据的管理、查询、共享等多途径的交互访问功能，并为环境管理以及环境决策提供数据依据。20 世纪 80 年代后期，环境科学面临着空间时代和信息时代的挑战和机遇。在信息化背景下，人们对环境问题的日益关注，促使了环境信息科学的孕育与发展。

目前，环境信息科学得到了环境研究者、环境保护者以及环境管理者越来越多的关注。然而，国内外学者至今对环境信息科学的概念认识还不完全一致，不同学者侧重的研究范畴也有所不同。Huang 和 Chang（2003）认为，环境信息科学是多学科集成的新领域。传感器综合技术和通信技术的发展使大尺度地面采样技术成为可能，处理不同特征、不同尺度和环境复杂性的综合模型成为新的挑战，包括不同模拟、优化、评价、预警模型以及相关信息技术与平台的融合，不同技术输入与输出之间的连接，社会经济因子的量化以及大尺度集成模型的算法策略。如前所述，可以认为环境信息科学主要包括两个方面，其一是研究如何运用计算机去认识和解决不同的环境问题；其二是通过认识和分析复杂环境问题及其解决过程，积极地推动计算机科学的应用和发展。美国地质调查局（USGS）的研究报告指出，环境信息科学是为加强对不同复杂程度的环境现象的理解，并提出新的认识，从而形成集物理学、生物学、计算机和信息科学等多学科的研发、实验和应用为一体的一门学科。

环境信息科学是由多学科交叉构成的，以计算机技术与信息技术为依托来解决复杂的环境问题的一门学科。随着当代科学技术的快速发展以及环境压力的增大，越来越多的学科及技术方法被融合和运用到解决日益复杂的环境问题当中。USGS 的相关研究强调现代计算机技术、人工智能（AI）技术等在环境领域的运用。中国学者杜培军等（2007）按照国内开展的主要研究方向，将环境信息科学交叉学科分为环境科学、环境工程、生态科学、地理科学、计算机科学、信息科学、管理科学、可持续发展、知识工程、计算机智能、基础科学等学科。从这个意义上来讲，环境信息科学并不是独立存在的，而是由与之相关的各种学科领域综合运用以及借助于信息科学技术来解决环境问题而产生的。由于环境问题的复杂性以及科学技术的不断发展体现出的学科融合的特点，通过不同的学科以及不同理念来研究和解决环境问题，已逐渐成为环境信息科学重要的发展方向。

1.1.3　环境信息科学领域的中国实践

环境信息科学的发展离不开客观实践的推动，中国环境信息方面的相关工作始于 20 世纪 80 年代中期。至今，环境信息领域的发展经历了不同的阶段，即环境信息标准化、省级 EIS 建设、城市级 EIS 建设和环境管理广域网建设。不同阶段代表着信息技术发展的不同时期，也是中国 EIS 研究工作逐步深化和进步的不同阶段。目前，有关部门在全国范围内建设环境管理网络，将省级、城市级 EIS 和国家环境信息中心连接成一个统一的整体。截至目前，已经完成了省级环境信息中心和原国家环境信息中心的联网工作，并逐步实现全国 EIS 的联网架构。就这个意义而言，环境信息网络的构建是国家信息基础设施（NII）的重要组成部分，也是国家安全关注的重要领域。

环境信息体系的建设在一定程度上保障了环境信息科学相关领域的现实应用。随着中国环境信息网络硬件设施的建设完成，环境信息软件也向标准化、网络化与服务化方向逐步演变，数据采集、传输、处理和共享等环节也在全国不同行政单元、不同行业单元、不同地理单元、不同需求单元逐步开展。

1.1.3.1　环境信息科学理论研究

环境信息科学作为一门充满活力的新学科，信息化、网络化、数字化的快速发展以及环境保护事业的进步，孕育了其技术条件的产生，奠定了行业基础；同时，环境科学原理、信息科技的理论对于环境信息科学的发展具有重要的指导作用。自环境保护作为中国的国策以来，理论指导对推动学科发展与客观实践起到了不可估量的作用。

结合中国环境保护与信息化的发展，关于环境信息科学理论的探索一直是人们关注的热点，环境信息科学的学科地位、学科特征、学科目标、学科发展趋势等方面始终是建立科学的环境信息科学理论体系的前提与基础；环境信息机理，包括环境信息要素的构成与分类、环境信息数据结构与转换、环境信息特征及变化、环境信息建模、环境信息表达、环境信息图谱（ENITP）、环境信息可视化（EIV）、环境信息反演与集成等。与此同时，环境信息管理方面，如环境信息管理新理念、环境信息管理模式、EIS、山水林田湖草系统（MWFGLLC）稳定性机制等，也在一定程度上属于环境信息理论研究的重要方面。近年来，在环境信息标准化方面，中国在环境质量、污染源管理等领域建立了有效的环境信息标准，同时在全国范围内推广了一批信息采集软件平台，特别是环境质量检测传输报表和环境统计软件，为促进生态信息管理（EIM）现代化发挥了重要作用。利用这些环境信息软件采集的环境大数据（EBD），为中国 EIS 建设与环境信息科学研究奠定了坚实的基础。在上述方面，中国学者已经取得了一些卓有成效的研究成果，极大地促进了环境信息科学理论在中国的发展

1.1.3.2 环境信息科学应用探索

应用研究是推动学科发展的重要动力，环境信息科学从产生之日起，就与行业应用密切联系，并形成了具有时代特征与产业特点的应用研究方向。环境信息科学在中国环境保护及信息化快速发展的背景下得以发展，因而形成了不同行政管理部门的应用模式。为了提高中国环境信息管理的现代化水平，同时为管理部门提供科学、及时、准确、直观、有效的信息支持，在原国家环保局（现生态环境部）统一领导下，在 20 世纪 90 年代中期利用世界银行贷款项目“中国省级环境信息系统（PEIS）建设”的实施（高朗和程声通，1997），中国政府建成了 27 个省级环境信息中心，在省级环境保护局建立起了承上启下的数据采集、传输、管理系统。并且，首次引进了网络信息管理、大型关系数据库管理系统、GIS、决策支持系统（DSS）等一系列最新的信息技术，初步提出了比较科学便捷的环境信息解决方案，为以后的 EIS 建设奠定了基础。

原国家环保局（现生态环境部）曾在 23 个城市的环保局推行城市级环境信息系统（UEIS），推广了城市环保局自动化办公软件、环境监测站数据采集软件和环境数据中心软件。与此同时，充分利用最新的互联网（Internet）技术和浏览器/服务器（B/S）结构，将大系统框架划分成若干个具体的软件功能，在中国多个城市开展 UEIS 建设工作，推动了环境信息化及环境信息科学的应用。

随着信息科技的发展，各类信息技术在环境领域得到快速的研发与应用，环境功能性应用软件层出不穷。针对大气、水体、土壤等各类污染物的监测、分析与评估及预警的应用软件，在环境信息科学研究以及环境行业管理中发挥着重要作用。GIS 技术在资源环境领域具有重要的应用价值，极大地促进与丰富了环境功能性软件的创新性研发。目前，组件式 GIS（ComGIS）的出现为传统 GIS 面临的多种问题提供了全新的解决方案。它采用组件对象模型（COM）技术，把 GIS 的各个功能模块制作成若干个控件，每个控件实现不同的功能（刘光，2003；Zhong et al.，1997）。组件式 GIS 基于组件对象平台，具有标准的接口，允许跨语言应用，使得 GIS 软件的可配置性和开放性更强。

在已进行的 GIS 应用中，以国家级生态示范区为例，涉及环境保护、土地资源、水资源、经济、社会等原有的基础数据信息及变化数据信息。如广东省中山市就是以嵌入式 GIS 开发工具 MapX 为核心，结合 VB 程序设计语言进行开发，利用 MapX 控件实现了直观的信息显示、查询、统计、分析等功能，同时，也实现了图形、图像、报表等的编辑与打印功能（胡鹏等，2002）。在大气污染控制预测评价中，基于 MapX 组件集成开发大气污染模型的应用范例也不少，如尼尔基库区环境管理信息系统（EMIS）正是结

合 MapX 在环境领域的应用实例（匡文慧等，2005），MapX 作为 GIS 的组件嵌入到 VB 程序中，利用 MapX 实现 GIS 的基本操作、空间分析功能和建立管理环境专题数据层，从而实现对环境模型的操作，实现模型预测可视化，由可视化结果对大气环境污染状况进行评价。数字化、智能化、网络化的发展，极大地开拓了环境信息科学的技术领域，其应用范围、应用对象、应用模式等都在发生着快速变化，并将推动环境信息产业的大发展。

1.1.3.3　环境信息科学相关进展

进入 21 世纪，由原环境保护部（现生态环境部）组织开发的国家环境监测信息系统（NEMIS）的建立标志着国内 EIS 逐步走向市场化阶段（陈明亮等，2001），建成后的 EIS 为环保产业提供信息和可行性方案，为企业提供 EIA、环境治理措施等方面的技术支撑。目前，从国家到省、市、县通过环境统计、监测、专业调查和科研等途径已经积累了大量的环境信息，这些信息对分析环境状况、污染源变迁和环境管理具有重要的作用。此外，中国的 EIS 和环境信息化工作已经取得快速发展，但对于国家信息化进程的要求和环境管理的实际需求来讲，还有较大的发展空间。总体而言，中国环境信息获取和处理的技术水平还须提升，环境管理应用软件的研发和使用的统一管理和技术规范应继续加强。

1. 环境信息获取技术不断提升

卫星 RS 监测技术、自动半自动信息获取与网络传输技术和大气、水体、土壤等实时监测技术，在信息化、网络化及数字化的背景下得到了快速发展，极大地促进了环境信息获取技术的发展。随着环境信息领域客观实践的不断深化，超越环境监测的常规技术，卫星监测、航空监测（UAV 监测等）、地面监测等立体监测网络技术正在完善之中；对环境污染和生态保护实现大面积、全天候、全天时的连续动态监测，对各类污染（大气污染、水体污染、土壤污染、核污染、噪声污染、固废污染、重大环境事故）、生态环境退化、生物多样性减少、全球环境变化等综合信息的获取、分析、处理和评价所应用的技术也在不断研发中；特别是能够满足环境风险评价（ERA）与应急管理的技术得到了明显改善。环境信息获取和处理技术的发展，对环境信息科学技术体系的完善发挥了重要作用，也为执行生态环境损害赔偿（CEED）制度的要求以及一系列新环保法规执法的要求奠定了重要基础。

2. 环境信息得到不断挖掘利用

目前，各级环境管理部门及研发机构在环境监测及管理领域积累了环境大数据（EBD）并建立了各种数据库（DB），这些 DB 的应用为环境保护、生态建设及经济发展发挥了积极作用。随着 EBD 和 DB 的多元化发展，将所存储的数据转化为对当代环境保护管理部门的分析人员、管理人员有用的信息显得十分迫切。

目前，EBD 以及各类 BD 层出不穷，极大地丰富了数据的内涵，但如何挖掘这些数据并转化为有用的信息，为 EIM 以及环境信息科学的发展提供支撑，仍然需要开拓思路、创新机制，使其发挥出应有的作用。虽然中国的环境信息网络建设有了一定的规模，但网上传输的信息量还有待提升；有些管理部门出现条块分割等现象，还难以实现环境信息的有效共享。

3. 环境信息的标准化快速推进

信息获取技术的快速发展和多源化趋势，要求在获取、处理及分析与应用多种来源、多尺度、多类型的环境信息时必须遵循特定的标准与规范。这就要求EIS与环境应用模型之间要有数据的统一转换格式，也要求环境应用模型以模型库的方式统一其数据传输格式，从而达到多数据、多平台的系统集成。原国家测绘地理信息局（现自然资源部）、原环境保护部（现生态环境部）制订并发布了一系列环境信息领域的标准与规范，为环境信息的标准化起到了积极推动作用；各类环境标准也在实践应用中得到了进一步的完善。

为有效地进行国家EIS的建设，还必须进一步重视数据的标准化与技术的规范化工作。数据的标准化是空间信息共享和系统集成的重要前提。目前，数据管理方面统一的规范和标准还需持续加强；大量系统资源的相互共享与互相集成还需不断推进。我们应当采纳和吸收国外的先进标准和技术，大力加快中国国家空间数据操作规范与标准的建设，从真正意义上实现环境领域不同环境信息的共享。

4. 环境模型助力环境管理能力

环境应用模型是认识环境现象与环境过程的重要工具，在环境信息科学的研究具中有重要的地位与作用。环境应用模型具有空间性、动态性、多元性、复杂性及综合性等特点（王桥，2004），实际应用中往往涉及多种模型、方法，且与多个子系统中的数据有关，使用时要处理好数据结构叠加、协调等诸多问题。由环境模型的一般特点可知，一个完整的包含环境应用模型的EIS应具有一些必备功能（刘晓莉和李梦婷，2005），如模型所需数据的采集与处理、模型数据的存储与有效组织、模型的运行及其结果分析、模拟结果的显示与多种方式的表达等。环境应用模型对各种环境问题和环境过程描述具有客观性，同时，具有一定的空间特性，如2D和3D水质模型、大气扩散模型、地下水中污染物运移模型等，都是环境模型的典型代表。

实际应用中，独立使用的环境应用模型对计算结果的表达不够直观，特别是不能准确地将计算结果进行空间定位，不便于决策分析。计算机视觉（CV）研究的进展、GIS的空间表达功能及可视化技术的发展，使得环境模型的效果产生重大变化，特别是在环境评价与环境决策时，有可能得到全新的环境要素及环境信息表达效果。

1.2　环境信息科学的学科特点及内涵

1.2.1　环境信息科学的一般特点

前文已述，作为一门新兴的交叉学科，环境信息科学是一门由多学科渗透融合形成的与人类生存和发展密切相关的前沿学科，其知识体系涉及现代科学的诸多领域，在21

世纪社会和经济的发展中具有广阔的应用前景。在全球变化背景下，围绕节能减排、低碳经济与生态文明建设（ECC）及可持续发展等一系列重大问题，环境信息科学与资源开发、智慧环保（SEP）及经济发展等紧密相关，正逐步成为一门多学科理论交叉、多技术方法融合的新兴学科（Huang and Chang，2003）。

目前，国内外有关环境信息科学的研究具有明显的特征，研究成果大多集中在环境信息处理及系统开发、3S 集成及环境应用、环境模型与模拟及 3D 动态可视化表达等方面。自 20 世纪 90 年代以来，全球范围内气候变暖、环境劣变、污染跨界转移和不可再生资源锐减等问题日趋严重，影响着区域生态环境的稳定与生态安全。在此背景下，中国各级政府及环保部门加快了 EIS 的建设，环境信息化快速发展。3S 技术与信息网络技术在环境信息科学中的应用，极大地促进了环境信息获取、处理及共享与管理的发展，特别是基于 RS 技术的大气、土壤、水体、生物等的环境监测（Wrteng and Cavez，1998；Schmidt and Glaesser，1998），基于 GIS 技术的 EIM、环境专题制图、环境污染扩散模拟及治理对策系统，基于 BDSS 技术的环保事故应急处理、区域环境噪声监测及水下地形测量等，逐渐成为环境信息科学发展的重要方向。就目前的研究成果而言，基于传统的数学模型、物理模型、统计模型、元胞自动机（CA）模型、智能体（Agent）模型以及基于环境过程机理的计算机模拟等环境模型与模拟在环境监测与分析等领域的应用，也成为环境信息科学研究中的重要内容（杜培军等，2007）。通过 3D 动态可视化能够实现各种环境现象与环境过程的表达，更加形象逼真地传输环境信息。聂庆华（2005）提出了“数字环境”的概念，作为环境信息化的过程和结果，3D 显示的数字虚拟环境包括环境信息数字化、环境信息传输网络化、环境分析模型化和环境空间决策的智能化、环境过程和管理可视化。目前，增强现实（AR）技术、虚拟现实（VR）技术也日益受到人们的重视。依托相关的“虚拟地理环境”，能够进行诸多环境方面的理论研究、技术开发、工程实践以及模拟决策等活动（龚建华和林珲，2001），实现对环境问题的预警预报。如何使用少量监测点准确地反映区域环境质量状况是环境信息科学研究领域中的一个重要方面。彭荔红和李祚泳（2000）基于人工神经网络（ANN）应用于模式分类与识别具有适应能力强及客观性好的特点，提出将人工神经网络 BP 算法与逐步聚类分析的思想相结合，实现了对环境监测点的逐步聚类优选。ANN 在环境信息科学领域中大多应用于水、土、气等的环境质量评价（EQA）、污染源解析、环境监测点的合理布局等方面，并取得了优于传统算法的成果。

虽然，国内外在环境信息处理及其系统开发、3S 集成及其环境应用、环境模型与模拟和 3D 动态可视化表达等方面进行了诸多的研究工作，但许多研究仍缺乏整体性与系统性。

从环境信息科学提出至今，从国内外研究进展来讲，目前对于环境信息科学的概念、学科体系仍然在探索阶段。因此，对环境信息科学研究内容及体系结构的界定，具有重要的理论价值与现实意义。

1.2.2　环境信息科学的构成要素

环境信息科学具有相关学科发展所必需的知识滋养与发展历程。杜培军等（2007）

提出了环境信息科学的主要构成要素及其相互关系，如图 1-1 所示。

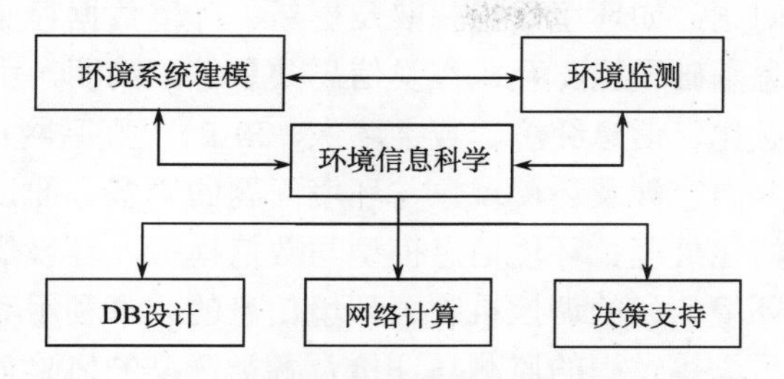

图 1-1 环境信息科学构成要素及相互关系

作为一个多学科集成、多技术方法融合的新领域，现代电子技术和通信技术的不断发展，使得多尺度地面采样技术成为可能；同时，更好地处理不同时空尺度的复杂模型，包括不同模拟、优化、评价模型，不同技术输入与输出（I／O）之间的连接，社会经济因子的量化以及多尺度集成模型的解算策略，都成为促进学科发展的重要因素。在此基础上，本书提出基于环境决策分析的计算机系统，如图 1-2 所示。

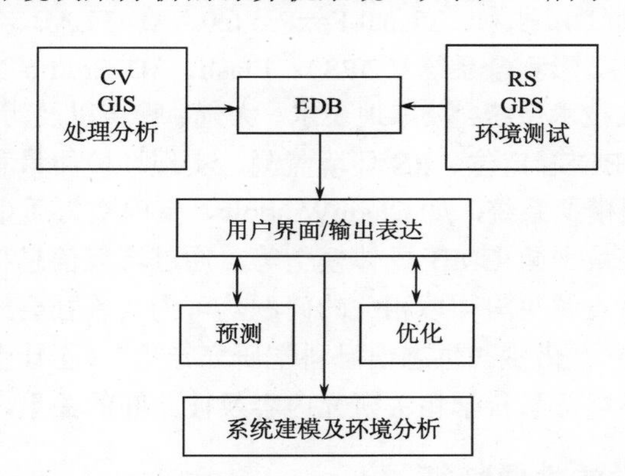

图 1-2 基于环境决策分析的计算机系统框架体系

GPS 为全球定位系统；EDB 为环境数据库

1.2.3 环境信息科学的研究内容

如前所述，环境信息科学是将计算机技术及信息技术与环境科学相融合，集成环境科学、生态科学、可持续发展理论及信息科学等相关学科的多学科理论。它运用计算机技术加强对不同复杂程度的环境现象的解析，可实施生态建设与环境保护战略，是联系信息技术和环境问题的重要环节。

考虑到环境信息科学多学科理论交叉、多技术方法融合的特点，USGS 及相关机构都强调现代计算机科学与技术、基于 3S 技术的空间信息技术、AI、Internet 等在环境信息科学发展中的重要性，反映了以信息技术为支撑来解决复杂环境问题的需求。

第一，环境信息科学研究内容主要涉及环境信息机理研究，包括环境信息认知机理、环境信息系统、数据不确定性、环境数据挖掘等。第二，环境信息科学也涉及研究方法问题，如环境信息时空特征分析、环境信息多维化、时空转换、模拟预测等。第三，主要涉及环境关键技术问题，如环境数据获取及更新、环境数据存储与挖掘、环境网络及分布式运算、环境信息基础设施、互操作及信息共享等。第四，主要涉及环境信息产业问题，如国家环境信息化、信息经济、数字环保、SEP、“互联网+”等。

环境信息科学研究内容涉及环境现象与环境问题的诸多方面，如环境信息的采集与挖掘、环境信息的栅格化处理、环境信息模型与数值模拟、环境信息分析、环境信息传播、环境信息管理、环境信息的调控机制、环境信息的共享利用等方面，而针对大气污染、土壤污染、水体污染等过程的监测与评价及各类污染的风险危害及预警，均是环境信息科学关注的重点，并逐渐形成一系列具有特色的研究方向。

环境信息科学更多地关注环境信息传输过程及其变化和环境信息变化的效应等问题。在该过程中，各类现代信息技术与方法是理解与认识复杂环境信息问题的桥梁，也是解决环境问题的钥匙。物理、化学、生物、社会、经济、法律、管理、工程等学科或专业，均对于深化环境信息科学研究具有重要理论指导与方法借鉴价值。

环境信息科学中所提到的计算机应用主要包括以下几个方面：其一，数据处理和决策支持系统（DSS），如 DB 技术、Visual FoxPro 6.0、MATLAB、SPSS 等；其二，图形图像处理系统，如数字摄影测量系统（DPS）、Flash、3D Studio Max、计算机辅助设计（CAD）；其三，3S 集成技术系统，获取地表水、大气、噪声以及污染源的实时监测信息，基于 GIS 利用 GPS 或 BDSS 定位、RS 环境监测，实现环境质量和污染源的综合管理和监控；其四，环境模型模拟系统，如 ChemWindow、室内空气质量模型软件 Risk、ISC3 大气扩散模型、化学质量平衡 CMB 受体模型等。通过环境信息科学这一重要的理论体系，利用计算机技术重点解决与环境相关的问题，可为实施社会经济与环境协调发展奠定基础（白志鹏，2005）。借鉴《生态信息科学研究导论》（王让会，2011）中的相关理念，在本书中凝练出环境信息科学相关研究内容及彼此间的关系，如图 1-3 所示。

1.2.4　环境信息科学的主要特征

在探索环境信息科学的发展历程中，已经提及该学科的一些特点，就整体学科而言，系统地把握环境信息科学的主要特点十分必要。

1.2.4.1　学科理论研究领域不断拓展与系统化

随着学科的不断发展，环境信息科学的综合性与现实性特点不断地得以体现。作为环境科学与信息科学融合与发展的产物，环境信息科学不仅研究生物与环境的关系问题，而且逐渐拓展到了社会经济领域。特别是关于环境信息机理研究，环境信息的形成与演变规律研究，环境信息分类、结构及功能研究，环境信息的获取、处理、储存及共享模式研究以及环境管理理念研究，均成为学科理论体系的重要组成部分。目前，环境信息科学与资源开发、环境保护及经济发展领域相关问题紧密结合，与数字化、信息化和智能化的技术发展密切相关，正逐渐成为相关领域的理论支撑与技术保障。

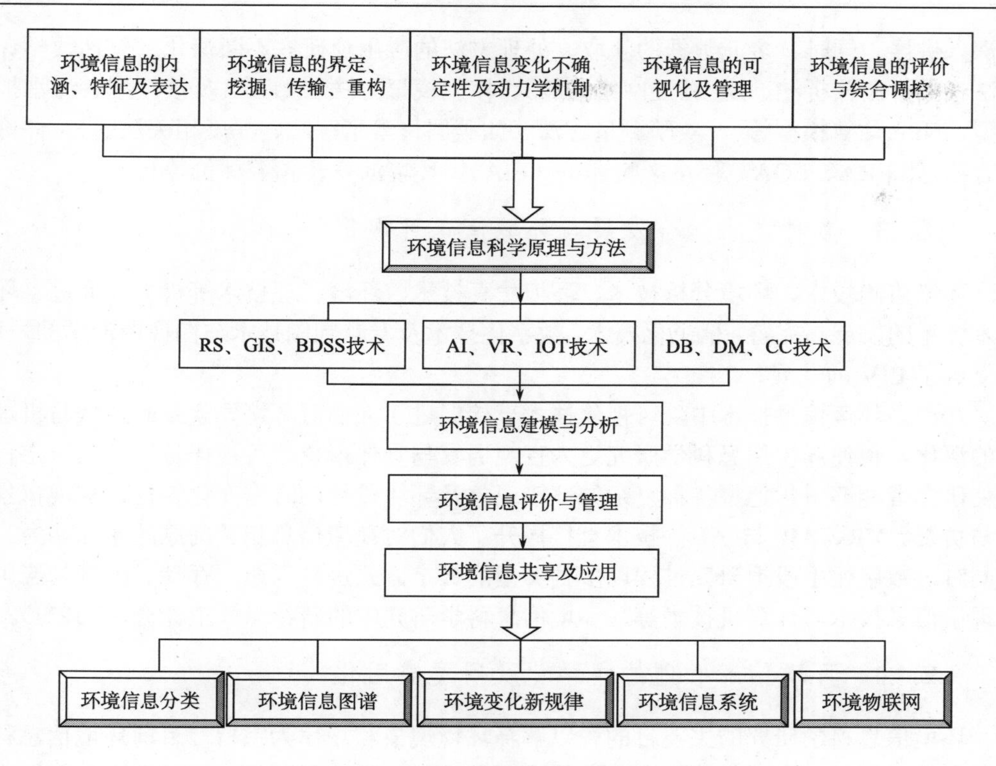

图 1-3 环境信息科学研究内容及其关系

IOT 指物联网技术；DM 指数据挖掘；CC 指云计算

随着相关领域学科的不断发展，环境信息科学的发展也表现出一系列特征，尤其在相关学科的理论研究方面，如环境信息数据及转换、环境信息的特征及变化、环境信息采集与处理、EBD 挖掘、环境信息建模与可视化、环境信息尺度效应、环境信息反演、环境信息集成、环境信息储存、环境信息管理等；在全球变化背景下，如水分、碳、氮物质循环和能量交换过程，生物、物理和化学机制，地球化学循环，污染迁移及控制；在快速城市化背景下，如水、土、气的污染机理及环境建设，环境系统模拟与环境变化科学预测的理论问题，环境污染修复及其效应；还有环境经济与环境管理原理、环境信息产业发展的理论基础及 MWFGLLC 稳定性机制等。环境信息科学不仅关注环境污染本身的机理问题，更重要的是探索环境信息的获取、传输、仿真与应用等一系列复杂问题。

1.2.4.2 环境信息研究方法的综合性与多样化

在环境信息科学的各类研究对象中，环境要素及其问题多种多样，许多要素是相互联系、相互影响的，在监测中也形成了一系列方法，诸多方法随着技术的发展表现出明显的综合性特征。同时，环境信息的监测、分析、模拟、评价方法受科学技术的直接影响也趋于多样化。大气污染物（AP）、土壤污染物、水体污染物、固废、噪声等污染物质及其要素指标均有一系列有针对性的检测方法；在不同行业或者生产阶段，可能检测的方法也有所差异。RS、GIS 、BDSS、DPS 等手段的应用，促进了环境信息科学研究的深入进展。同时，多元数据的获取、处理方法的应用使研究不断深化，包括数学计算方法（如小波分析法、BP 神经网络法等）、模型模拟方法（如大气反演模型、污水扩散模型、NPP 估算模型等）、实验测量方法（如碳同位素示踪法、涡度相关法等）、评价评估方法[如 ERA、EQA、环境影响评价（EIA）、环境演变及预警评价等]。

1.2.4.3　多种技术融合发展与环境信息可视化

环境监测技术、环境分析技术、环境仿真技术、环境管理技术等极大地促进了环境技术体系的发展与完善，信息化技术、数字化技术及专题制图技术与图像图形学的发展，又促进了 EIV 的发展。

在诸多环境信息技术中，可视化技术直接促进了人们对环境要素及其过程与机理研究的深化，也使环境信息科学研究更为直观逼真与具体形象。可视化技术也在一定程度上使研究者能够科学把握各种复杂的环境现象及环境过程的时空变化特征，实现情景模拟与仿真。VR、AR 与 AI 等技术直接提升了人们对环境信息相关问题的感知能力。与此同时，数字化手段把研究过程以多种类型的数字方式进行表达、存储、处理与应用，体现了信息技术与计算机技术等在环境信息科学研究中的新特点（王让会，2012a）。

1.2.4.4　环境信息管理的科学化及研发实用化

环境信息科学研究的主要目的曾以解释环境现象和规律为宗旨，目前环境信息科学的研究越来越关注 EIS 的价值和环境信息服务功能，强调资源的可持续利用与保护，理念上已逐渐转向环境规划与环境信息管理等实用性领域，并与应对气候变化、ECC 以及低碳与绿色发展（GD）等有机结合起来。特别是信息化、数字化、智能化及低碳化理念的不断普及与公众参与的不断拓展，环境信息科学更加注重环境预警、风险评价、环境经济、环境伦理等方面的现实问题，并在环境信息管理领域发挥着越来越大的作用。

1.3　环境信息科学的未来发展前景

环境信息科学的发展具有一系列的特征，不同的特征是科学技术以及客观需求发展的结果；未来的环境信息科学在相关方面都将快速发展。

1.3.1　学科理论体系不断完善

任何一门学科都有其发展的规律。随着科学技术的不断进步与人类创新思维的不断发展，人们对大气污染、水体污染、土壤污染、噪声、固废等环境问题及其机理的关注将不断深入。同时，人们对于环境信息机理、环境信息结构、环境信息分类、环境信息融合、环境信息挖掘、环境信息建模、环境信息管理等方面的原理、方法及应用问题也逐渐地有更加清晰的认识。对于环境信息科学本身的学科地位、学科目标、学科特色、学科发展等问题，也必然会有更为科学的认知，并逐渐地建立起更加系统化、完整化、科学化的学科体系。在相关原理及方法的指导下，未来环境信息科学肯定有诸多开拓性的发展，并不断地促进学科理论体系的完善。

1.3.2 环境信息标准化更加科学

环境信息标准化的建设，不仅是完善大型信息系统的需要，也是实现环境信息共享和业务协作的有效途径，同时也是环境信息科学的重要基础。环境信息标准化建设可以使各类环境数据统一规范，有助于实现各类环境信息的分析与集成，实现各类环境应用系统的互联互通，也是学科体系科学化的重要体现。与此同时，环境信息标准化有助于实现信息处理和信息利用的准确性、可靠性和有效性，也有助于实现信息采集规范化、存储标准化、内容系统化和传递规范化。更为重要的是环境信息标准化建设对于NII建设具有不可或缺的作用，也是实现环境信息科学化的重要途径。环境信息的标准化与拓展EBD管理及云计算（CC）将是未来必然的发展方向。

1.3.3 网络化EIS发展更为迅速

从功能上来讲，EIS就是对各种各样的环境信息及其相关信息加以系统化和科学化的信息体系。EIS数据库主要包括属性数据库和空间数据库。属性数据主要用来描述环境信息的基本情况，包括行政区划信息、建筑交通信息、基础地理信息、社会经济信息、气象信息、人文信息等，空间数据主要包括环境要素的空间实体形状、大小以及位置和分布特征。在EIS中，属性数据库设计为关系型数据库，应用SQL Server 进行数据管理。

从EIS的发展状况来看，中国的EIS建设还处于发展阶段，在数据源规划、标准化建设、应用系统建设等方面都与国外有一定的差距。研发具有自主知识产权的EIS，成为环境信息网络化与智能化的重要途径。

随着Internet技术的不断发展，特别是宽带技术的发展，通过Internet共享环境数据、远程管理、模拟已经成为可能。把环境信息科学与网络技术相融合，利用Internet技术在Web上发布环境空间数据，为用户提供环境空间数据浏览、查询和分析等功能，并且为其他学科的研究提供基础信息资料，已成为环境信息科学发展的必然方向。

1.3.4 3S一体化应用趋于广泛

将环境信息科学与RS、GIS、GPS或BDSS紧密融合，同时，利用立体化的环境信息监测手段，特别是AI及网络化手段，可以迅速准确地获取水污染、大气污染、土壤污染、噪声、固体废物等各类污染的环境信息，以便更有效地进行环境规划、EIA及环境管理。随着3S技术与AI、物联网（IOT）等技术的快速发展，特别是拥有自主知识产权的各类环境技术的应用，包括3S技术、AI及IOT技术在内的各类技术在环境保护领域的应用将不断促进环境信息科学的发展与相关技术的进步。

第 2 章　环境信息科学研究的原理与方法

2.1　环境信息科学与相关学科的关系

任何一门学科之所以成为独立的学科，是因为有其相对独立及完善的理论体系与方法体系（王让会，2011）。就环境信息科学的理论基础与方法而言，主要体现在以下方面。一是环境科学领域需求的相关学科理论，包括环境科学、环境工程、生态学、地理学、计算机科学、管理科学、AI 及相关基础学科等理论与方法；二是信息科学及技术集成，包括环境信息建模、环境系统构建、环境信息表达、环境遥感信息数字化处理、环境数据库集成、环境制图、环境信息图谱（ENITP）、EIV、环境决策分析等原理与方法。它们共同构成了环境信息科学理论体系与方法体系，成为环境信息科学的有机组成部分。

环境信息科学理论基础的核心是环境信息机理研究。无论是环境信息（EI）的结构、性质、分类与表达，还是环境信息的认知机理及其过程、环境信息的模拟及时空转换特征、环境信息获取与处理的基础原理等，均隶属于环境信息科学基础理论或者应用基础理论的范畴。它们成为辨识与解决相关环境现象与环境问题的一般性原理，构成了环境信息科学理论体系的核心。不同学科领域原理与方法的梳理、凝练与综合可实现环境信息科学领域各阶段、各过程的目标和任务（廖克，2007）。基于环境系统信息流的特征，图 2-1 反映了基于多学科理论交叉与多技术手段集成的环境信息科学理论体系框架。

根据环境信息科学的学科特点以及发展背景，借鉴《地理信息科学的理论与方法》（王让会，2002）的理念与思路，图 2-2 凝练出了环境信息科学与相关学科及技术之间的关系。

该体系在一定程度上也反映了环境信息流与环境信息处理分析在环境信息科学研究中的重要作用。

前已述及，环境信息科学的本质是在环境信息机理的基础上，从环境系统中信息流的角度揭示环境现象或环境变化过程的特征及规律，实现资源、环境与社会、经济的宏观调控，以达到低碳与绿色发展（GD）的目标。基于环境信息科学与相关学科的关系，从环境信息内涵特征出发，相关学科在环境信息诸多方面具有指导价值，这些具有广泛适用性与客观指导价值的规律演变成了环境信息科学的主要原理。Boersema 和 Reijnders（2009）把环境科学原理分为普适性原理和特殊性原则，普适性原理包括能量守恒定律、物质守恒原理、熵原理、进化原理、系统科学原理、可持续发展原理等，特殊性原则包括经济思想起源指导原则、法学及其原理的指导原则、社会科学起源的指导原则及全球变化原则、信息化与 AI 的方法原则等。

本章根据前人研究的工作基础，综合分析环境信息研究各个分支学科（如环境物理、环境化学、环境地学、环境生态学、环境经济学、环境伦理学、信息科学等）的理论，提出环境信息科学基本原理。

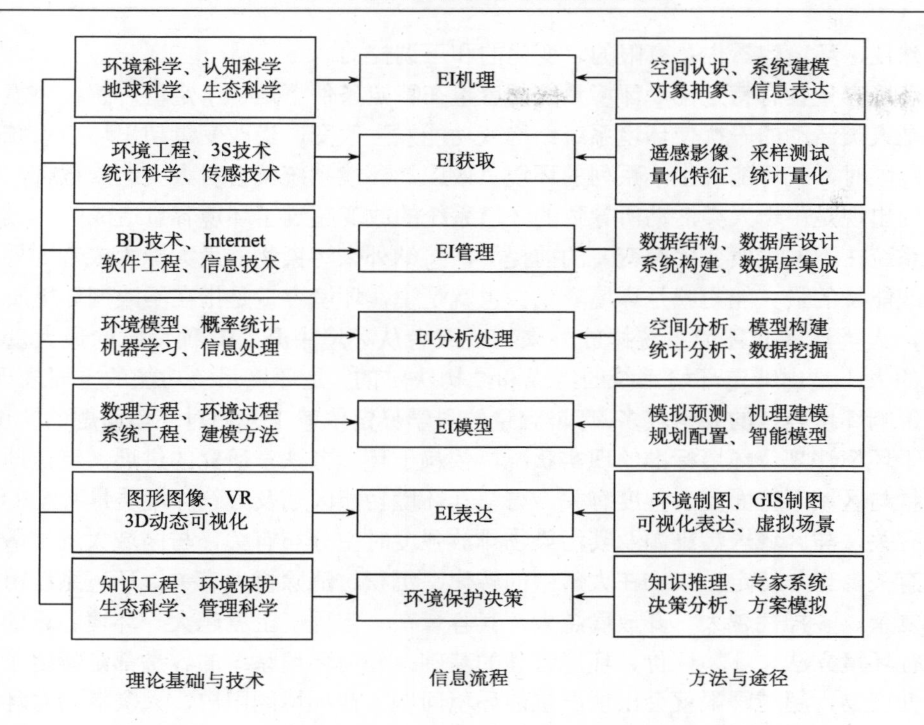

图 2-1　环境信息科学的理论体系一般构架（据杜培军等，2007，有修改）

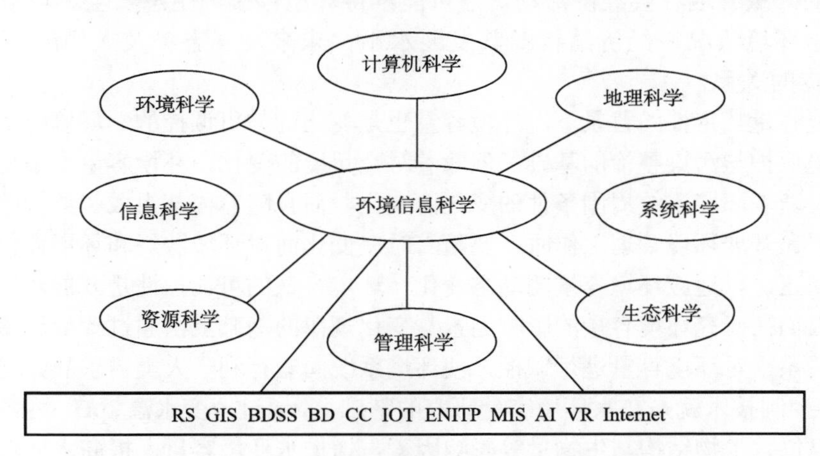

图 2-2　环境信息科学与相关学科及技术体系的关系

MIS 指管理信息系统

2.2　环境信息科学的主要原理

2.2.1　环境容量原理

对特定自然地理背景、经济发展条件与生态状况下的环境系统而言，其环境容量具有特殊性，环境容量也是有限的、变化的和可调控的。

环境容量具有特定性。环境系统的容量在特定条件下是一个定值，狭义环境问题的实质是人类活动的干扰使环境系统结构或功能发生改变，当改变量超出环境系统所能承受的阈限时，就可能产生一系列的环境负效应，环境系统就会对人类造成危害，即环境问题的出现是由于人类活动所导致的环境系统的改变超过了环境容量造成的。一般而言，环境系统在不发生质变（突变）的前提下，接纳外来污染物的最大能力或者为外界供应物质或能量的最大能力就是环境容量。也就是说，环境容量是指在不改变环境质量的前提下，人类活动向环境系统排放外来物质或者从环境中开发某种物质的最大量。环境容量的大小是由特定环境系统的组成和结构决定的，是环境系统功能的重要表现形式。

影响环境容量的要素较多。环境容量的科学界定依赖于人们对环境问题的认识水平，依赖于环境法规及环境标准的现实状况，依赖于环境方法学研究的进展。特定地区的环境容量与区域下垫面复杂程度有关，与空气环境功能区划及大气环境质量（AEQ）保护目标有关，与区域内污染源及其污染物排放强度时空分布有关，与区域大气扩散、稀释能力有关，也与特定污染物在大气中的转化、沉积、清除机理有关。环境系统组成和结构越复杂、多样性越大、开放度越大，其容量在一定程度上就越大。环境容量的特定性是进行环境立法、环境评价、环境管理的基础；任何环境系统的容量都是特定条件下的综合性产物，超越阈限就会出现严重的环境问题。在环境阈限内，人类活动对环境系统的干扰一般不会导致环境系统的质量改变。人们只有遵循环境经济规律，按照环境容量所允许的限量开展社会经济活动，才可能维持环境健康与生态安全。环境容量往往与区域生态环境状况、经济结构及其发展水平，未来发展态势及人们的环境理念等因素有一定的关系。

在环境容量特定性的背景下，环境容量也是变化的与可调控的。环境容量的变化性是进行环境保护与污染整治的基础；但随着时空尺度的变化，环境容量也是变化的。环境容量不仅随着环境系统周围条件的变化而变化，而且随着内部组成和结构的变化而变化。因此，在开展环境管理工作时，要随着时空变化而对环境法规和环境评价的标准进行相应的修正，以适应环境容量的动态变化。环境容量的可调控性是开展环境管理的重要依据；人们在研究环境容量的影响因素与变化规律的基础上，通过改变环境因素及其时空耦合关系，对环境容量进行调控，使环境系统向着有利于人类需求的方向转变。例如，水污染控制技术就是在水环境容量研究的基础上，通过改变水温、pH、溶解氧（DO）、氧化还原电位、生物结构与生物量等影响因素，增加水环境容量，提高水环境质量，达到水污染控制目的。水污染的微生物处理是通过人工充氧、强化搅拌、加大生物量等工程措施，以增大环境容量来实现有机污染物的净化。

2.2.2　环境信息熵原理

自然界存在的物质是不断运动变化的，物质循环、能量流动伴随着信息传输过程。在一系列复杂的过程中，信息是不守恒的，即并不因为信宿获得了信息而使信源失去相应的信息；同时，信息还相对于物质、能量独立存在。一般而言，信息可以共享、传递、储存、转换，信息与熵等具有密切的内在联系（王让会，2002）。环境信息在传递过程中遵循信息流及熵的规律。

信息与数据的关系模型一般称为信息的基础模型，如式（2.1）及式（2.2）所示。数据中包含了信息技术中的“噪声”或测绘与制图中的误差和仪器测量中的干扰等，信息则不再含有“噪声”、“误差”和“干扰”（廖克，2007）。

$$（信息）=（数据）-（噪声或误差） \tag{2.1}$$

$$（数据）=（信息）+（噪声或误差） \tag{2.2}$$

在一个系统中，信息量是它的组织化程度的度量；信息正好是熵的负数。信息与熵是互补的，信息就是负熵。信息论提出了信息的度量方法，度量模式如式（2.3）所示。

$$H(x) = -\sum P(x)\lg P(x) \tag{2.3}$$

其中，$P(x)$为随机事件的概率，$H(x)$为事件整体的信息熵。信息熵越大，信息的不确定性越大。

环境信息科学的体系构建依赖于环境信息之间的复杂联系。图2-3反映了环境信息流相关要素之间的联系及特点。据王让会（2002）《地理信息科学的理论与方法》的思路与模式，图2-4反映了环境信息的产生、变化、类型、特征、过程、应用等方面的关系及特征。

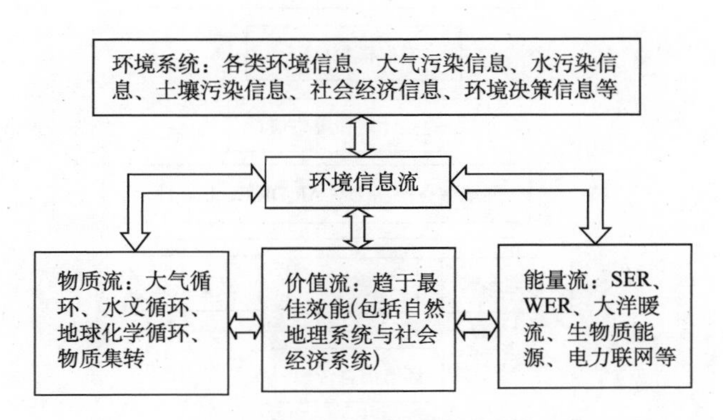

图2-3　环境系统的信息流

需要进一步说明的是，熵是表征系统无序状态程度大小的物理量，与其功能呈反相关。高熵对应系统无序，功能弱小；低熵对应系统有序，功能强大。对于环境系统来说，高熵对应环境被污染和破坏，质量下降；低熵对应环境质量提高。按照耗散结构理论，环境系统是一个耗散结构系统。耗散结构系统的熵变化（ΔS）由两部分组成，一是系统内部不可逆过程导致的熵产生（d_iS），二是系统与环境之间的熵交换（d_eS），即$\Delta S<0$，表示环境质量不断提高；$\Delta S>0$，表示环境质量恶化。热力学第二定律表明，永远有$d_iS>0$，要想使$\Delta S<0$，必须要求$d_eS<0$，且其绝对值大于d_iS，即在负熵流存在的情况下环境质量才能提高，否则环境质量将会下降。

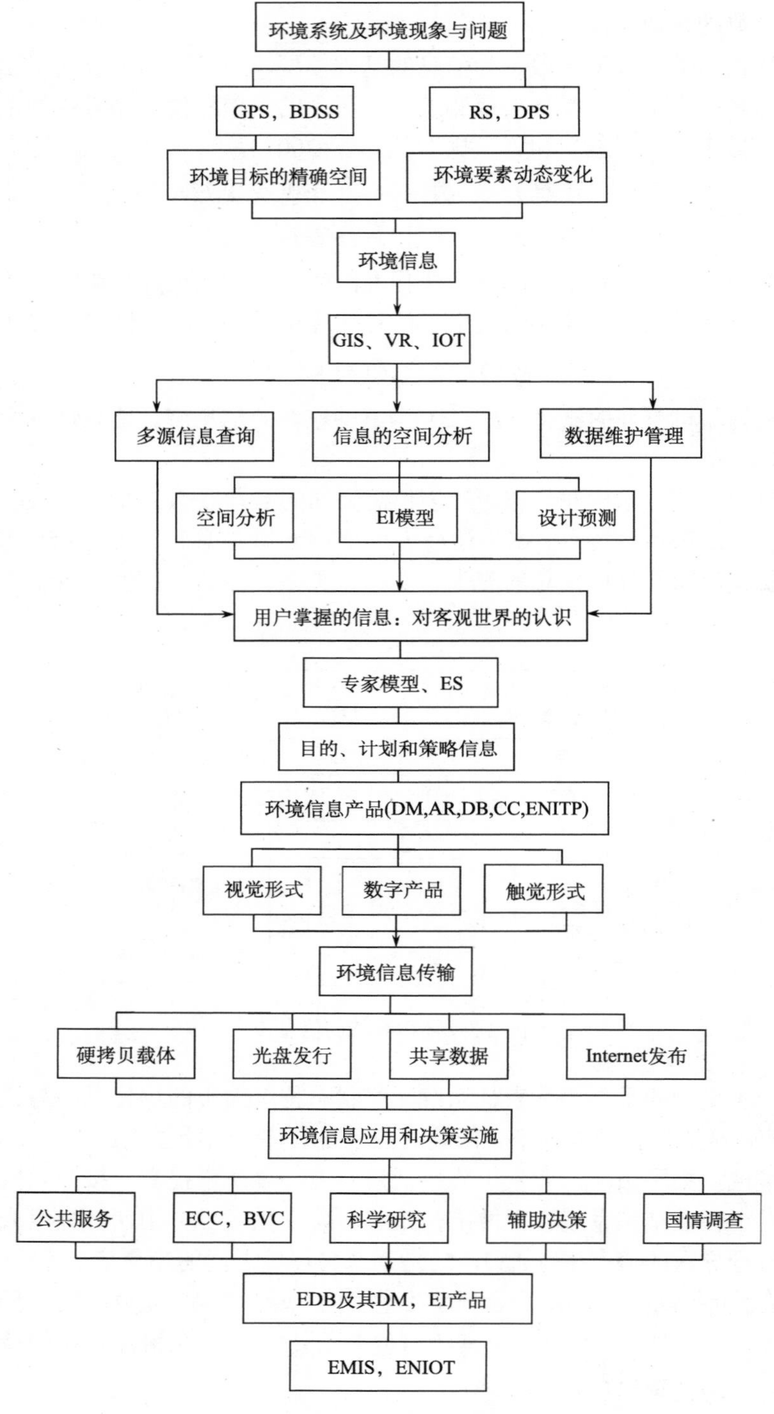

图 2-4　环境信息科学中的信息

BVC 指美丽乡村建设；ENIOT 指环境物联网；ES 指专家系统

在环境信息科学的研究中，环境信息的输入、检测、加工、利用、反馈和输出的流程图如图 2-5 所示。

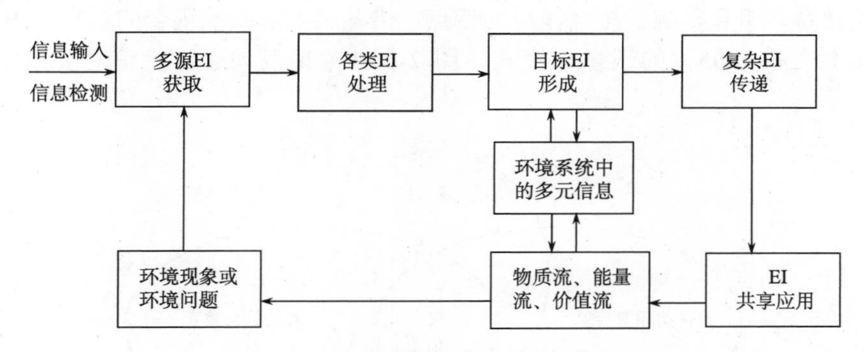

图 2-5　环境信息方法的一般流程

在现实中，大气污染、水体污染、土壤污染、噪声污染、固体废物等一系列环境问题的出现，实际是由于人类活动导致的熵产生连同系统内部不可逆熵产生超过了负熵输入，使环境系统的总熵大于零，其核心是自然环境的熵平衡被打破。因此，熵原理是环境信息科学的重要原理之一。环境要素及其环境问题信息熵的状况特征和变化规律是把握环境信息特征及规律的重要切入点，也是科学认识环境信息机理的关键。

2.2.3　环境稳定性原理

环境系统内部包括众多的环境要素及环境子系统，不论什么级别或层次的环境系统，都具有相同的性质和原理，即环境系统性原理。环境系统的整体性、多样性、开放性和动态性共同构成了环境系统性原理，它们相互联系，从不同方面刻画了环境系统的稳定性特征。

环境系统的稳定性是系统在干扰要素的胁迫下保持不变的能力，以及受干扰要素影响下，发生改变并恢复到原有状态的可能性。抗干扰能力与可塑性是衡量环境系统稳定性的两个重要方面。一般来说，多样性明显的环境系统，由于系统内部各要素之间以及系统与环境之间的物质、能量和信息联系广泛，抗干扰能力强大，系统表现出明显的整体性和开放性，而其动态性则不明显，环境系统就处于原有的状态。相反，环境系统就可能处于变化状态，并可能出现不稳定态势。

环境承载能力分析有助于把握环境稳定性的特征。基本原理是基于许多环境和经济系统中存在固有界限或阈值这一事实，主要从识别潜在限制因素开始，根据各种限制因素的数值限制（阈值）列出数学方程来描述资源或系统的承载能力。通过这种途径，可以根据限制因素的剩余能力来系统地评估一个规划施加于资源所能够允许的总体影响。

2.2.4　环境系统耦合原理

环境系统内部各组分之间经过长期作用，形成了相互促进与制约的关系，这些关系构成了环境系统复杂的关系网络。环境系统中要素与要素和子系统与子系统之间的密切联系均是环境系统耦合关系的本质。该原理指出了保证环境系统稳定性的机制，要求人类在开发利用资源时，注意整个环境系统的网络关系（武赫男，2006）。基于环境信息之间相互联系、相互影响、相互作用的特点，借鉴《生态系统耦合的原理与方法》（王让会和张慧芝，2005）的理念与模式，图 2-6 抽象地反映了环境信息要素之间的耦合关系。

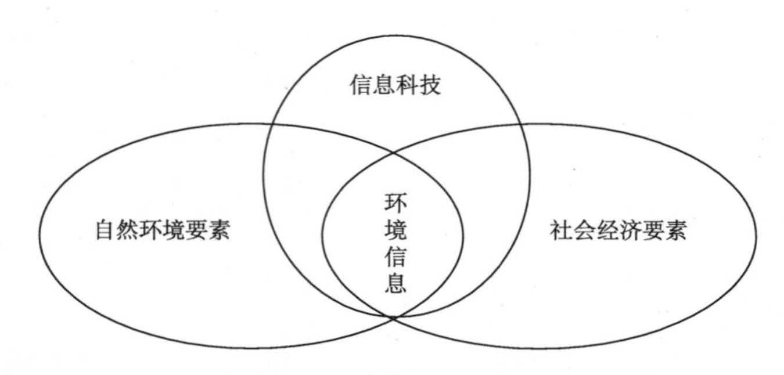

图 2-6　环境信息要素耦合关系

在环境系统中，诸多环境要素之间具有十分复杂的联系。复杂性科学思想认为组织即是功能耦合系统，内稳态是组织的基本性质，而组织的稳态是在负反馈机制作用下的结果，耦合系统中只要有两种事物存在着耦合，就必然包含着信息反馈，因而耦合造就了内稳态和维系它的负反馈调节。大气、水文、土壤、植被等环境要素始终紧密地耦合在一起，形成了彼此密切的联系，有时难以单独考量；在环境规划中必须考虑它们之间的联系，并分析它们的相互作用，以合理规划其功能及维护策略（赵珂和冯月，2009）。显然，从解析环境信息或者环境要素之间密切而复杂的关系出发，对于认识与评价环境信息的特征，揭示环境信息的变化规律，最终制定科学的环境信息调控策略具有重要的作用。

2.2.5　环境要素尺度效应原理

环境要素和环境问题与其时空尺度特征和变化密切相关，若脱离了尺度问题谈环境问题是有局限性或者不够准确的。尺度效应是一种客观存在而用时间及空间尺度表示的限度效应，尺度选择对许多学科的再界定具有重要意义（张洪军，2007）。在探索环境信息科学相关问题的过程中，空间尺度是指所研究环境信息的面积大小或最小信息单元的空间分辨率水平，而时间尺度是其动态变化的时间间隔。环境要素及环境问题在时空尺度上表现出来的一系列特征是随着尺度的变化而变化的，环境要素随时空特征变化表现出来的尺度特征（如稳态与非稳态、正负作用、促进或减缓作用等）对于人们认识环境变化规律、揭示环境问题的实质具有重要指导价值；它们共同构成环境要素尺度效应的内涵，同时对解决现实环境问题具有启示作用。

上述环境信息科学的基本原理未能涵盖环境信息科学研究的全部理论体系，只是为了便于人们思考、认识、应用环境信息科学的基本理念而提供的进一步探索环境信息科学的基础。毋庸置疑，环境信息科学的理论体系还在不断地拓展与完善之中。

2.3　环境信息科学的方法与途径

2.3.1　环境信息监测途径

2018 年是中国改革开放 40 周年，改革开放以来，政治、经济、科技、教育、文化等诸多领域发生了一系列变化。环境保护作为中国国策之一，环境保护事业也蒸蒸日上。中国环境监测经过近 40 年的发展，已初步建立以环境分析为基础，以物理测定为主导，以生物监测与生态监测为补充的环境监测体系。同时，也初步形成了环境监测导则规范、环境监测分析方法、环境质量标准体系和环境质量报告制度，并逐步探索出了环境标准化的新模式。这些研究进展及方法途径已经成为新时代低碳发展、绿色发展与生态文明建设的重要基础。

水体质量要素是由表征水体特征的一系列理化指标所构成的，水体颜色、温度、浊度、pH、生化需氧量（BOD）、化学需氧量（COD）、营养盐、有机物等是人们关注的重要指标。水体悬浮泥沙与浅水区水深监测也能体现以 3S 技术为代表的环境信息途径的优越性。清澈的水体，水底反射光强度与水深呈负相关；浑浊的水体，水中散射光的强度与水中悬浮物含量呈正相关。浅滩区水体较浑浊，而深水区水体相对清澈，从光谱学及 RS 技术的原理而言，可以根据受水体浑浊度影响后的散射光造成的图像色调变化来判识水体相对深度。而在监测水体理化指标的基础上，判定水体是否富营养化则是了解水环境质量的重要内容。污水排放、农用化肥的大量使用并随水土流失等造成 N、P、K 等营养物质及可溶性有机物在水体中的大量富集，造成浮游生物快速繁殖，是富营养化的重要特征。在这种背景下，从环境 RS 信息获的角度而言，水体具有水和植物的光谱特性，通常以不同 RS 传感器相关波段所获取的辐射变化反演出叶绿素浓度分布情况，并用叶绿素浓度来反映水体富营养化的程度。

遥感借助辐射测量方法，通过科学算法反演出表征大气、陆地和海洋状态的各种物理量和环境信息参量，在大气监测、灾害监测等方面发挥了重大作用。遥感对大雾监测具有一定的有效性。卫星遥感可实时监测各地雾情的变化，便于天气预警和应急决策。利用卫星 RS 监测大雾，具有便捷、及时而又宏观的明显优势。根据中国风云卫星（FY）、美国国家海洋大气局（NOAA）系列极轨卫星数据以及雾在可见光波段和中红外波段的光谱特性与云类不同，从而分析雾的成因、辐射特性等信息，且具有有效性。

目前，大气污染作为严重的环境问题备受各方关注，而气溶胶又是研究大气污染的热点方向。一般而言，气溶胶是液态或固态微粒在空气中的悬浮体系。气溶胶一方面可以将太阳光反射到太空中，从而冷却大气，使大气的能见度降低；另一方面却能通过微粒散射、漫射和吸收一部分太阳辐射，减少地面长波辐射的外逸，使大气升温。RS 技术可以实现对气溶胶的厚度、浓度、成分、属性等信息的监测与分析。随着环境卫星及其新型传感器的不断升级，越来越多的卫星传感器开始适用于气溶胶的探测，也出现了多种气溶胶遥感反演算法。

2.3.2　环境要素分析评价

2.3.2.1　环境要素的分析

环境因子分析是将多个环境实测变量转换为少数几个综合指标的多元统计方法。环境因子分析可以提炼数据，以较少环境因子反映原始资料的大部分信息，根据环境因子分析的结果可以提取反映数据特征的关键因子。现实当中可通过环境因子分析对多维环境信息进行简化，也可以通过分析环境污染物，界定出影响环境质量的主导因子。

目前，AZ-E0100 生态地球化学观测系统被广泛应用在实际监测中。该系统主要原理是基于激光光谱法，在样品表面形成等离子体，光谱检测系统对等离子体的光谱特征进行分析，进而得到样品的元素组分和含量。这种方法无须样品制备，数秒内就可快速检测土壤、岩层、植物、气溶胶等样品的 70 多种元素。常量元素如 C、N、P、K、Ca、Mg、S 等，微量元素如 Fe、Cu、Mn、B、Mo、Ni、Cl 等，痕量元素几乎包括了化学周期表中的所有元素。从这个意义上而言，仪器设备的更新对于环境要素的监测与分析具有重要的现实意义。

大气环境污染源多采用现场实测法、物料平衡法、排污系数法等进行评价。对于环境空气检测中的采样点、采样环境、采样高度及采样频率的要求，有关环境监测的技术规范有严格规定，各污染物数据统计的有效性规定按当年研究时的《环境空气质量标准》（GB 3095—1996）中的规范执行，见表 2-1。

表 2-1　各项污染物数据统计的有效性规定

污染物	取值时间	数据有效性规定
SO_2、NO_x、NO_2	年平均	每年至少有分布均匀的 144 个日均值；每月至少有分布均匀的 12 个日均值
TSP、PM_{10}、Pb	年平均	每年至少有分布均匀的 60 个日均值；每月至少有分布均匀的 5 个日均值
SO_2、NO_x、NO_2、CO	日平均	每日至少有 18h 的采样时间
TSP、PM_{10}、B[a]P、Pb	日平均	每日至少有 12h 的采样时间
SO_2、NO_x、NO_2、CO、O_3	1h 平均	每小时至少有 45min 的采样时间
Pb	季平均	每季至少有分布均匀的 15 个日均值；每月至少有分布均匀的 5 个日均值
氟化物（以 F 计）	月平均	每月至少采样 15 日以上
	植物生长季平均	每一个生长季至少有 70%的月平均
	日平均	每日至少有 12h 的采样时间
	1h 平均	每小时至少有 45min 的采样时间

AEQ 监测评估中气象观测是不可或缺的。气象要素的监测和调查与大气环境评价范围内的地形复杂程度、水平流场是否均匀一致、污染物排放是否连续稳定有关。常规气象观测包括常规地面气象观测资料和常规高空探测资料。

地表水环境质量的污染物按照排放方式可分为点源和面源，按照污染性质可分为持久性有机污染物（POPS）、非持久性污染物、水体酸碱度和热效应四类。污染源调查以搜集信息为主。如前所述，对于反映受纳水体水质状况的常规水质因子，监测及调查指标主要包括 pH、DO、高锰酸盐指数或者 COD、5 日 BOD、TN 或 NH_3-N、酚、氰化物、As、Hg、Cr^{6+}、TP 及水温，并根据水域类别、评价等级及污染源状况进行适当的调整监测与评价指标；而对于特殊水质因子需要具体问题具体分析。对于水环境状况常用单项指标法进行评价；同时，也采用极值法、均值法以及内梅罗法等方法通过实测统计代表值进行评价。

地物的物理特性和地球化学成分不同，其反射或辐射的电磁波谱特性不同，因而在 RS 传感器上反映的信息特征就有所不同，这也成为 RS 判定和分析地物性质的主要依据。因此，环境污染或环境条件改变而引起的地物波谱特征的差异性，反映了污染物的性质及特征；基于 RS 获取的地面信息具有连续性和周期性，可揭示污染扩散的规律。环境分析中不可缺少的环境背景信息可以通过 RS 信息处理技术以获取环境要素补充地面监测的局限性（彭海琴等，2011）。

通过 RS 手段可以获取地表蒸发量、作物表面温度、土壤热容量、土壤水分含量、植物水分胁迫及叶片含水量等，对作物生长的土壤含水状况、作物缺水或供水状况、植被指数等指标进行分析，间接或直接地分析出研究作物的旱情。

在环境信息分析过程中，聚类分析也是一种重要的数值分类方法。该方法根据数据关系，将 DB 中的记录划分为一系列有意义的子集，通过聚类将具有相似性的事物聚为一类，使得同一类的事物具有高度的相似性，不同类的事物之间具有很大的差异性。现实当中可以从排污企业的排污记录中发现不同的排污信息，并利用排污模式来反映不同企业的环保特征。

2.3.2.2 环境规划与管理

在环境评价中，许多环境现象和环境变化过程都可通过成熟模型予以表达，如水质模型、大气扩散模型等。运用 GIS 技术建立拓扑关系，可以将环境数据和环境信息图谱关联起来，进行空间分析并制作各类专题图，从而能够形象、直观地显示环境质量和污染状况。此外，还可以选择各种评价方法进行单要素评价和区域综合评价，完成评价因子的分析、计算和评价结果的输出，进而提高工作效率。在 EIA 中，通过 GIS 的叠图分析，把同一区域不同时段的多个环境影响因素及其特征叠在一起，可以显示区域环境质量演变与其他因素之间的关系，综合反映预测区域的环境质量。

ANN 是利用工程技术手段模拟人脑神经网络结构和功能，由简单神经元所构成的非线性动力学系统。它具有分布式存储信息、高强的容错性能、并行处理信息、信息存储和处理合二为一、自学习性、非线性映射逼近能力等特征。目前，ANN 已在水体、土壤、大气等环境要素信息的质量评价、污染源解析、环境监测点的合理布局等方面获得了广泛的应用（雷蕾等，2007）。以往的 EQA 方法主要有综合指数法、模糊综合评价法和灰色聚类法等，而 ANN（尤其是 BP 神经网络）的发展又为 EQA 提供了一个有效实用的工具。

在环境规划中，随着信息技术的发展，往往将 GIS 空间分析方法与基础性环境数据和空间图形库结合起来，综合判识环境数据的收集与管理、EQA 与预测及污染控制，以保障决策过程的科学性及有效性。未来环境规划管理的重点是能够快速地解决错综复杂的环境问题，而且能够从时空的角度预测环境质量的变化趋势，为决策者制订环境管理措施和方案提供经验与模式。

2.3.3　多源环境信息挖掘

环境信息来源广泛，数据结构复杂，形成了不同类型、不同用途的环境大数据。基于 DM 的理念与方法，对多元环境信息进行深层次挖掘，可以拓展环境信息的作用与功能，更好地为环境信息机理研究以及环境信息管理提供支撑。

环境空间数据分为点状、线状和面状三类要素，按一定的规律对三类要素的空间数据进行科学合理的分层，提取出行政区、利用类型的各个层次数据，可满足最基本的现实应用。DM 是 DB 知识发现（knowledge-discovery in databases，KDD）中的一个重要步骤，是通过算法从大量的数据中搜索隐藏信息的过程。DM 通常与计算机科学有关，并通过统计、在线分析处理、情报检索、机器学习、ES 和模式识别等诸多方法来实现。或者说 DM 是使用过去的数据，在已发现的知识基础上，采用预测分析方法（如决策树方法、规则推理方法和 ANN 等），建立相应的预测模型或函数，对空缺数据、属性分类、发展趋势等进行预测，并将预测的结果辅助于决策的技术方法。

如前所述，环境信息包含了大气、土壤、水体、噪声、固废等来源的污染信息，也包含了遥感监测（RSM）、在线检测、化验分析等获取的信息；同时，还包括科学研究、文献记录、模型模拟、统计分析、现实经验所得的信息。通过 DM 形成的新信息进一步丰富了信息的功能，借助于信息技术，特别是信息的共享机制，有利于实现信息的再利用，完成环境信息科学研究、客观实践以及综合管理功能。图 2-7 反映了环境信息共享模式。

环境信息科学的重要任务之一是将通过空间遥感、实际调查、综合监测等方法得到的环境信息输入计算机软件平台，利用计算机软件平台对环境信息进行分类、检索、综合，并根据专家的经验和国家的法律法规对环境进行管理、监督、规划、评价，从而为环境保护与社会经济发展提供有力的保证。

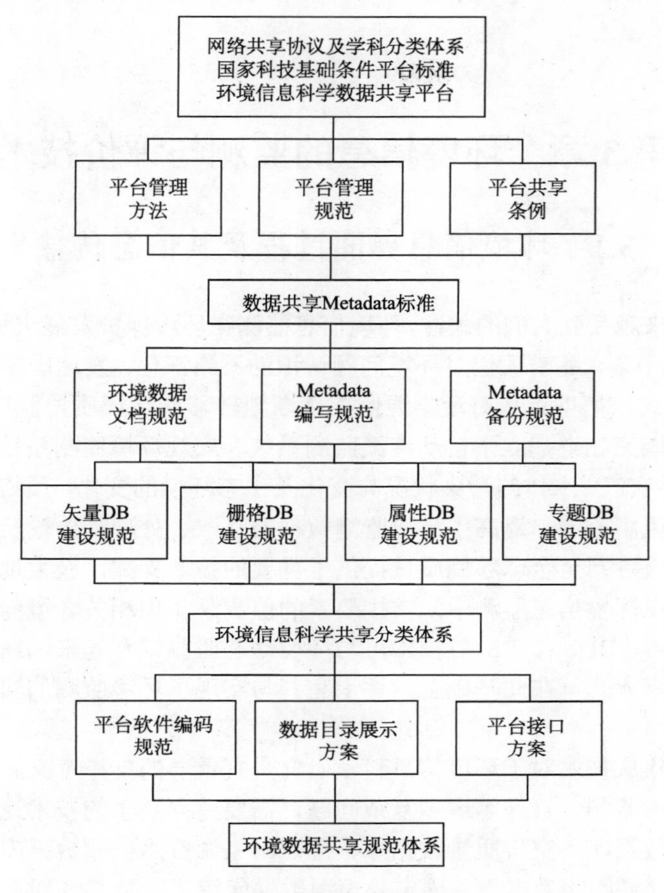

图 2-7　环境信息共享模式

第3章 环境信息的监测与评价技术

3.1 环境信息界面过程及其信息传输

环境保护越来越受到人们的关注，环境信息监测在环境保护发展进程中逐渐被重视。20 世纪 70 年代中期，随着人们对环境问题认识的不断深化，发达国家调整了环境监测等方面的关注重点，把重点从对污染源监控逐渐地转移到环境质量监控方面。20 世纪80 年代初，发达国家相继建立了自动连续监测系统和宏观环境监测系统，并借助 GIS 及 RS 技术连续观察空气、水体的污染状况与变化及生态环境的变化，预测预报未来环境质量，拓展了环境监测范围，提高了环境监测数据的获取、处理、传输及应用能力，为动态监控区域环境质量乃至全球环境质量提供了重要的技术支撑，极大地促进了环境监测的信息化发展。在环境信息监测中，常规要素的监测是认识相关环境问题并进一步实施 EIM 的基础。GIS、BDSS、RS 等技术可与环境动态监测结合起来，提升环境信息监测的效率与数据共享方式。在此基础上，逐步完善与实现了环境监测的实时性、连续性和完整性。

BDSS、3S 集成技术对于环境信息科学研究具有重要的支撑意义。解决环境信息的采集、处理、动态监测、管理等诸多复杂问题，需要建立科学的技术途径与方法体系。建立水环境质量数据库、空气质量数据库、重点污染源废水监测数据库、重点污染源废气监测数据库、交通噪声数据库、固定噪声源数据库等，需要 GIS 对所获得的环境监测信息进行输入、编辑、处理、统计、分析，使环境问题能够得到及时解决（彭海琴等，2011），其中 DB 技术发挥着至关重要的作用。

环境是一个多相复杂系统，相邻的两相之间存在着界面，在这些界面上存在着各种环境过程，并对地球化学元素以及污染物在环境中的迁移、转化、归宿有着直接的影响。环境界面是联系不同环境介质的重要桥梁，也是主要环境要素的基本特征（王让会，2014）。环境界面在宏观上可以看作是水-气-固三相的界面，物质和能量在三相中的传输、交换以及变化是自然界中最基本的环境界面过程，在该过程中伴随着极其复杂的信息传输过程。面对严重的环境污染问题，通过环境界面过程的研究，可望有效地解决大气环境、水体环境、土壤环境、噪声污染、固废污染等存在的严重问题。而解决环境问题的关键是能够将调控政策和科学研究相结合，科学认知污染现状及污染形成过程，并进行长期的环境规划治理，从根本上解决环境污染问题，维持低碳发展与社会经济的可持续发展。

界面特征及界面过程是界面生态学等学科研究的重要方向，在环境信息科学中，环境界面也被人们关注。大气环境中水面、地表以及大气颗粒物与大气之间所构成的界面，土壤环境中土壤、植物根际与其填充介质之间构成的界面，水环境中悬浮物、底泥与水之间构成的界面，这些界面在环境要素及环境问题的变化过程中发挥着重要作用。同时，环境界面过程也是环境污染控制方法，是化学、物理和生物等方法的研究基础；环境界面过程是环境污染控制以及环境演化过程研究的重要内容，是近年来对环境污染研究的前沿，也是把握环境信息、认识环境演变规律、拓展环境信息监测与分析的技术，促进环境信息科学技术体系的重要发展。

3.1.1　环境中三相要素的界面过程

界面区域由特殊的生物与环境要素构成，常具有特别的界面反应特征，在许多的天然环境过程和许多污染控制工艺中，物质的传输以及转化发生在固-液、固-气和气-液等界面上（杨晓芳等，2010），具体表现为土-水界面（soil-water interface, SWI）、土-气界面（soil-gas interface, SGI）、水-气界面（water-gas interface, WGI）等界面过程。物质循环主要体现在水循环、碳循环、氮循环等各种地球化学元素以及特定污染物的循环等方面，环境系统中的物质循环与能量转化的核心集中在碳循环方面，也是地球系统土壤圈-大气圈-水圈相互作用的纽带（宋冰和牛书丽，2016）。

SGI 过程中，土壤是环境的重要组成要素，它与水圈中的地下水相连，各种化学元素、营养物质以及污染物质在 SGI 进行传递与交换。土壤为生物提供了生存条件，而土壤中大量及痕量气体的交换，影响着大气圈的化学组成、水分与能量平衡；特别是土壤生物吸收 O_2，释放 CO_2、CH_4、H_2S、NO_x 和 NH_3 等过程，影响着区域及全球大气状况的变化。大气中所含的多种元素通过一系列反应沉降于土壤中，大多数离子是大气中的气体经过氧化还原反应溶于水后存在于土壤中，还有一部分离子溶于水后影响着土壤的 pH 及其理化性质。需要提及的是大气中的 NO_2、SO_2 等酸性气体，经过降雨到达土壤表面会形成酸性土壤；而土壤中微生物以及土壤中含有的各种酶在对土壤中 N 进行硝化、反硝化等生物化学反应时，会对土壤进行脱氮，在脱氮过程中会产生 N_2O 等温室气体（高会旺等，2014）。SO_2、NO_x 等废气以及烟（粉）尘等，在大气中发生反应后随雨、雪、雹和雾等沉降至地面，导致土壤 pH 降低，对地面土壤及生态系统造成严重的负效应。在 SGI 过程中，POPS 的迁移途径就是“挥发-迁移-沉降”的多次复杂过程，并最终沉积到高海拔、高纬度的高寒地区，其实质是污染物在大气和地表土壤介质之间的界面交换过程。研究表明，温度是影响 SGI 交换的主要因素，很多研究都发现 SGI 分配与温度的相关性十分显著，这与化合物本身的理化性质对温度有着依赖性有密切关系。因此，地球化学元素和污染物质通过 SGI 在土壤圈和大气圈进行物质循环和信息传递，保持着整体的稳定与平衡。

生物所需的各种元素在 WGI 通过光合作用进行 O_2 和 CO_2 的物质循环。物质随着地球表面的水分，通过蒸发进入大气，又随着水汽在大气中凝结以降水的形式回到地表。这些物质能够随着水和大气的循环过程在 WGI 不断变化。CO_2 可由大气进入海水，也可由海水进入大气，这种交换发生在 WGI 区域。这两个方向流动的 CO_2 通量大致相等，大气中 CO_2 量增多或减少，海洋吸收的 CO_2 量也随之增多或减少。但随着大气中温室气体浓度的不断增加，由此引发的全球变暖等的一系列问题引起了人们对温室气体“源-汇”效应的广泛关注。对于 WGI 温室气体的最初研究主要集中在北温带和寒带的湖泊等区域，这类湖泊 WGI 的 CO_2 排放主要与新陈代谢的平衡相关性较大。在全球变化和人类活动影响下，AP 和沙尘向海洋的输送和沉降增强，改变海洋大气气溶胶的理化特性，进而影响大气辐射平衡，产生明显的气候效应。

水循环过程不仅影响着水分在陆地和水域的重新分配，还影响着元素的地球化学循环过程及水平分布。降水对土壤的形成产生重要的影响，如影响全球气候变化和C循环的重要因素与土地利用/覆被变化（LUCC）密切相关，LUCC改变了地表的景观格局，并产生了一系列的环境效应。LUCC也会对C、N循环和污染物转移等产生影响。在SWI过程中，海洋、河流、湖泊、沼泽等水资源是土壤圈维持生命力的源泉，水循环过程伴随着SWI中地球化学元素的循环变化，决定了土壤中的化学成分，并在供给土壤养分同时也影响着土壤的形成与演化过程，水中含有的微量元素也会通过SWI作为营养物质供给土壤。当然水中的污染物也对土壤造成破坏，产生严重的环境负效应。

3.1.2　环境信息传输中的交互作用

环境信息可以在空间位置上将一切环境要素及环境问题通过多模式进行表达，因此，环境信息并不是简单的环境数据，而是用于表征环境问题及其环境管理的特定要素的质量、分布、数量以及联系和规律等的数字、文字和图形等。环境信息不仅信息量大、信息源广，而且具有结构复杂、类型多样以及处理方式不一致等诸多特征。在生态学中，有专家曾把生态信息划分为物理信息、化学信息、营养信息与生物信息等，并对其在生态系统中的信息传递及其特征进行了分析。在环境信息中，也有诸多类型的信息，它们构成了丰富而复杂的环境信息体系，表现出一系列信息传递的特征，成为环境信息科学的重要研究内容。

3.1.2.1　水环境污染的信息传递

在自然界中，水的形成、转化以及消耗所处的空间环境形成了水环境。从来源而言，陆地淡水资源主要来自降雨，但由于地球水资源在时空分配上很不均衡，导致差异很大——有些区域洪灾频发，而有些区域则干旱少雨。在水资源短缺及其脆弱性明显的情况下，人们还在不断地污染水源，导致水体质量下降。水环境的污染是当今世界的主要环境问题之一，制约着区域社会经济的发展，并严重危害公众健康。

针对水环境污染问题，需要开展一系列监测与化验分析工作，以便科学了解与判定污染的来源及传递过程与危害状况。一般而言，主要从地表水环境和地下水环境两部分进行分析。地表水环境包括河流、海洋、湖泊、沼泽、水库等，而地下水环境主要包括浅层地下水、深层地下水、泉水等。城市化进程的加快、农药化肥过量使用以及工业加速集聚，伴随着长期的粗放式发展和滞后的水资源管理模式，导致流域的水环境承载能力下降，水环境脆弱性明显，在一些区域水环境急剧恶化。目前，中国的地表水污染情况仍然很严重，各类河流、湖泊都存在着不同程度的污染问题。

在农业生产过程中，使用的化肥、农药等污染物主要通过地表径流、农田排水进入水循环过程，在一定程度上改变了水化学的特征，导致水体的污染和水体富营养化。目前的生产模式，农村多为肉、蛋、禽等农副产品的生产基地和农业养殖畜禽对水环境也直接造成了一定的污染。随着城市化进程不断加快以及人类活动的影响，重金属污染越来越引起社会的广泛关注（Nath et al.，2014），尤其是水体中的重金属污染物易于富集于沉积物中，一旦外界条件发生改变，重金属就会重新释放到水环境中（Fu et al.，2014）。了解地球化学元素及其主要物质的理化性质，把握水分循环机理，有利于科学认知水污染过程的环境效应。

3.1.2.2　土壤环境污染的信息传递

土壤是地球陆地表面具有肥力并能生长植物和微生物的疏松表层环境。土壤环境是岩石经过物理、化学、生物的侵蚀和风化作用，在地貌、气候等多因素长期作用下形成的一种特殊生态环境。母岩的自然环境决定了土壤形成的环境，各地区的自然因素和人为因素不同，就会形成不同类型的土壤环境。目前，土壤流失严重、农田土壤肥力减退、草原土壤沙化以及局部地区土壤环境被污染和破坏等是中国土壤环境存在的主要问题。

1. 土壤重金属（SHM）的环境效应

目前，中国部分地区土壤污染比较严重，土壤重金属（soil heavy metals, SHM）污染主要由重金属或者其他化合物造成，污染来源较为广泛，其中包括金属加工、采矿、冶炼等工业排放的废弃物，农药和化肥的过度使用，汽车尾气的排放等。SHM 积累到一定程度时，能够引起土壤组成、结构和功能的变化，并通过地表径流或者淋洗等引起水环境的污染，更为严重地是通过直接接触或者食物链传递对生物健康造成一定程度的危害，并威胁生物安全。

SHM 主要来源于成土母质和人类活动。由于人类活动，中国多数地区的农田土壤受到不同程度的污染。近年来，由于工业“三废”、机动车废气、生活垃圾等污染物的排放，中国的 SHM 含量呈现人为富集现象，使得土壤环境受到严重的污染。

2. 土壤有机污染物（SOP）的环境效应

土壤环境不仅受到 SHM 的破坏和污染，还受到土壤有机污染物（SOP）的严重影响，而 SOP 的主要来源是农药、塑料制品、石油等，其中最主要的是农药。

随着工农业的快速发展，有机物通过各种途径进入土壤环境中。通过对 SOP 在土壤中的吸附-解吸、降解-积累等微界面过程进行系统分析，王玉哲和周启星（2012）探讨了土壤有机组分与无机组分等因素对 SOP 相关土壤界面过程的影响。相关研究结果表明，现今长江三角洲地区土壤污染除了常见的污染物如农药外，POPS 也是重要的污染物。

随着社会经济的不断发展，人为因素成为土壤污染的重要影响因素。土壤污染是环境污染的主要部分，通过改变土壤的理化性质，影响植物的生长，污染农作物，并通过食物链传递进入人体，最终危害人体健康。

3.1.2.3　大气环境污染的信息传递

大气环境是指生物赖以生存的包围在地球周围的空气及其所具有的化学、物理与生物学特性。但人类的生产和生活以及工业生产排放出的 SO_2、碳化物、氟化物与氮化物等气体改变了原始空气的组成成分，导致大气环境的不稳定性及脆弱性，进一步引起大气污染。大气污染问题不仅是一个国家、一个地区的问题，而且成为世界各国面临的严峻环境问题。目前，在应对气候变化、治理大气污染、倡导低碳GD的背景下，国内对大气污染的关注程度也越加明显；无论从环境信息科学研究还是从环境信息管理，都是如此。

基于对大气污染的现状的研究，近年来发现城市大气污染物（AP）问题主要是大气中的悬浮颗粒物含量超标。胡晓宇等（2011）通过敏感性对珠江三角洲地区不同的城市的 PM_{10} 浓度进行了分析，监测了其浓度随不同污染源的削减变化情况，并定量分析了城市间空气污染的相互影响。此外，他们通过后向轨迹的聚类统计方法，在针对不同区域排放源对局地污染的影响问题方面也取得了诸多新进展。对中国华北地区的空气重污染过程的研究表明，颗粒物浓度越高，空气越潮湿；浓度越小，空气越干燥（吉东生等，2009）。基于全球气候变化的背景，王跃思等（2014）通过对京津冀区域的研究，分析了其空气霾污染频发的客观要素以及内在原因，并推测了京津冀以及东亚地区大气污染状况的未来发展趋势。

城市化、工业化进程的不断加快以及社会经济的快速发展，加之污染控制方式的局限性，导致许多地区出现大气污染问题，尤其是以颗粒物为主的污染，使大气能见度降低、空气质量恶化事件频繁发生。近几年来，中国大城市出现的霾污染现象越来越严重，其危害性也逐渐引起了各界的关注。

3.2　环境信息的多元监测技术

环境信息监测是把握环境信息特征变化与环境质量状况的重要途径。随着定量化研究的深入，人们对环境信息的研究已经从单要素的定性分析转向多要素综合地定量分析。环境信息监测内容和形式的多元化已成为环境信息科学的重要组成部分。环境信息监测与分析所获得的多元化数据，又是ERA、EQA、环境规划和EIM的重要基础。基于环境信息的识别、获取、处理以及应用等需求，环境信息的监测与分析技术成为科学把握环境现象与环境变化过程的重要途径。

环境信息监测是EQA和环境执法与环境督查的重要手段。环境信息监测的过程包括环境现场调查、信息收集、样品处理与保存、分析测试、数据处理及综合评价等不同环节。目前，在大力倡导GD与节能减排的背景下，环境信息监测也是低碳环保的基础。环境信息评价有多种方法，但最基本的方法是环境信息监测，它是了解环境是否稳定与安全的科学性证明。日常的低碳环保生活实施状况可以直接参考环境信息监测数据；另外，据此还可以判断低碳环保行动实施后大气环境、噪声环境、生态环境是否改善。与此同时，环境信息监测贯穿整个低碳环保评价体系的过程。

3.2.1　遥感监测技术

遥感监测（RSM）技术是借助对电磁波敏感的传感器，在不与探测目标接触的情况下，获取并记录目标物对电磁波各个波段的吸收、辐射、反射、散射等信息，从而揭示目标物的特性及其变化的综合探测技术。遥感的空间分辨率、时间分辨率及波谱分辨率是衡量遥感信息质量及其应用潜力的重要标准。图3-1反映了对地观测各种信息以及获取信息的各类遥感传感器（陈述彭，2007）。

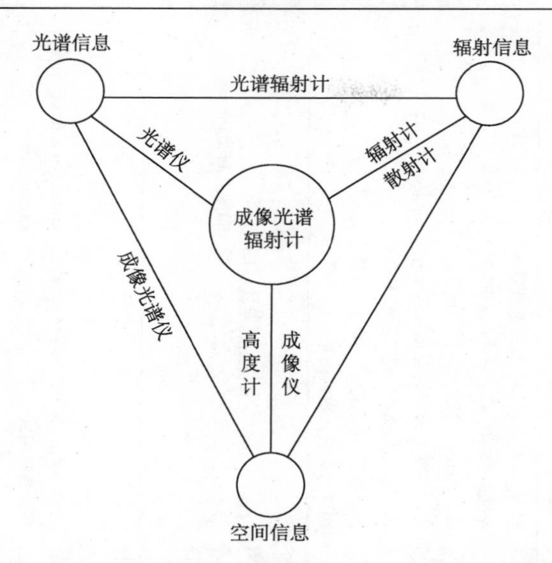

图 3-1　对地观测各种信息以及获取信息的各类遥感传感器

RSM 方式包括利用气球、无人机（unmanned aerial vehicle, UAV）、人造卫星、航天飞机和太空观测站等多平台联合监测。其可搭载各种用途的传感器，应用多种技术手段，实现对地球系统所包含的水体、土壤、大气等的立体、实时和动态监测，成为人们了解和获取地球表层和深层时空信息的重要手段，也将成为智慧环保（SEP）建设获取基础数据的重要途径。目前，快速发展的无人机遥感（unmanned aerial vehicle remote sensing，UAVRS）在环境信息的监测与获取方面具有一系列新特点。UAVRS 是利用先进的无人驾驶飞行器技术、遥感传感器技术、遥测遥控技术、通信技术、GPS 差分定位技术和遥感应用技术，实现自动化、智能化、专用化快速获取国土资源、自然环境、自然灾害等空间遥感信息，且完成 RS 数据处理、建模和应用分析的应用技术，是 RS 技术的重要组成部分。环境治理与 ECC 及社会可持续发展对 RS 数据的需求日益提高，UAVRS 以其全天时、实时化、高分辨率、灵活机动、高性价比等优势，在生态环境、美丽乡村建设（BVC）、自然灾害监测、公共安全、水利、矿产资源勘探、测绘等各个领域发挥着重要作用，成为继卫星遥感和载人通用航空遥感技术之后的新兴发展方向。UAVRS 作为空间数据采集的重要手段，具有续航时间长、影像实时传输、高危地区探测、成本低、机动灵活等优点，已成为卫星 RS 与载人航空遥感的有力补充。特别是快速发展的 UAV+GIS 技术，在林业、农业、环保、工程填挖量计算、绿色植被调查、数字城市建设等方面的潜力正不断显现，UAV 获取的正射影像产品经过一系列处理，通过 ArcGIS 对 UAV 采集样点数据判读与展示，可以实现环境信息的分类与定量分析。随着 UAVRS 技术不断发展和无人机市场逐渐成熟，UAVRS 将成为未来的主要航空遥感平台之一，已经成为世界各国争相研究的热点课题。天、地、空三位一体化 RSM 技术是实现 SEP 的重要支撑技术。表 3-1 反映了环境信息处理中经常运用的遥感技术软件平台。

表 3-1　主要遥感技术软件平台信息表

软件名称	公司名称	研发国家	功能特征	主要操作系统	数据库管理系统	数据结构	网址信息
ArcView	ESRI	美国	具有灵活易用的点击式图形用户界面，能快速装载空间及表格数据，以地图、表格、图片形式显示；优于传统桌面制图系统软件功能	Unix、DOS、Windows	SQL 连接控制可以连到关系数据库管理系统（如 ORACLE、SYBASE、INGRES 或 INFOMIX），并通过 SQL 查询检索外部 DB 中的记录	主要包括 TIFF、TIFF/LIW、ERDAS IMAGINE、BSQ BIL 及 BIP、Sun Raster file、BMP、JPEG、Image Catalags 及 ARC/INFO 的 GRID 等	http://www.esri.com
ENVI	RSI	美国	ENVI 是处理、分析并显示多光谱数据、高光谱数据和雷达数据的遥感图形处理高级工具；基于 IDL 交互式数据语言开发而成，是数据分析、可视化及跨平台应用开发的良好环境	Unix、Windows、Windows NT	可以对 SEASAT, ERS-1、2, JERS-1, SIR-A、B, RAD ARSAT 等遥感卫星相关传感器相关波段的数据进行处理	ENVI 5.4 新增如下传感器和数据格式：ADS80 Gaofen-2 GOES-R、Himawari-8、NetCDF-3、TripleSat 等。科学数据集浏览器可从 HDF 或 NetCDF 文件中建立新的 ENVI 栅格数据，包含数据、属性、纬度/经度信息的元数据信息	http://www.rsinc.com
IDRISI	克拉克大学	美国	IDRISI 是具有很强的数理统计、空间数据分析及图像处理功能的图像处理软件	Unix、DOS、Windows	能直接与 ARC/INFO、ERDAS 等进行数据转换；支持丰富的数据模型，在 ASCII 和二进制方式下，均可支持整型、实型、字符型和行程编码四种数据类型	以栅格为主，可兼容多种传感器的多种数据格式	https://clarklabs.org
ERDAS	ERDAS	美国	以其卓越的功能，成为遥感图像处理领域及地学分析方面的主流产品之一	Unix、Windows、Windows NT	在 ERDAS 系统可执行 ARC/INFO 命令，在 ARC/INFO 环境下可调用 ERDAS 命令；能直接读入 TM、MSS、SPOT Pan、SPOT XS、NOAA/AVHRR 及 USGSDEM 等数据类型	矢量，栅格；可兼容多种传感器的多种数据格式	https://www.hexagongeospatial.com
ER Mapper	EARTH RESOURCE MAPPING	澳大利亚	作为新一代图像处理软件，ER Mapper 6.0 及其以上版本全面增加了雷达等图像处理的高级功能	Unix、Windows NT	通过先进的动态连接技术，实现了 RS、GIS、DB 的全面集成，可直接读取、编辑、增加、存储 GIS 数据，可以直接读取 Oracle 的数据并加入到图像中	可直接存取如 TIFF、Geo-TIFF、BMP、ESR IBSL、SPOT View、UDF、JPEG、ESRI BILL 等数据格式	http://www.ermapper.com

需要说明的是，随着计算机技术、DB 技术、网络技术以及图像图形技术的发展，RS 图像处理软件的研发也层出不穷，无论是传统的 RS 软件，还是新研发的软件，都在不同专业领域发挥着巨大的作用，帮助人们科学地认识复杂的客观世界。如 MapInfo（http://www.mapinfo.com）、MGE 等众多图像处理软件同样具有强大的功能和广泛的实用性；特别是加拿大 PCI 公司（http://www.pci.on.ca）开发的用于图像处理、几何制图、GIS、雷达数据分析以及资源管理和环境监测的多功能软件系统 PCI，是图像处理软件的先驱，以其丰富的软件模块、支持数十种数据模式、适用于各种软硬件平台、灵活的编程能力和便利的数据可操作性代表了图像处理系统的发展趋势和技术先导。限于篇幅等原因，此处暂不赘述，但它们都能为环境信息的获取、处理、表达、共享提供重要的技术支撑。

遥感作为一种信息获取的重要手段，已广泛应用于环境监测与分析的诸多方面。如利用 NOAA 卫星信息进行气象预报和农作物估产，利用 Landsat、SPOT、中分辨率成像光谱仪（MODIS）数据信息进行热污染、泥沙、土地利用变化研究，利用航空相片、UAV 进行城市环境研究。热红外遥感（thermal infrared remote sensing，TIRRS）对研究全球能量变换和可持续发展具有重要的意义，在地表温度反演、城市热岛效应、林火监测、旱灾监测、探矿、探地热、岩溶区探水等领域都有很广泛的应用。在环境监测和环境调控时，许多环境参数都具有确定的边界，可以用矢量数据来表达。但在环境模型研究中，环境参数经常是连续的，并不具有确定的边界，如污染物的扩散、某种环境因子的影响范围等，这时栅格数据就更为适用。也就是说，环境模型在利用矢量数据、统计数据的同时，可以利用栅格数据来提高模型反演的精度。因此，RS 必将作为主要环境数据源而广泛应用于环境模型研究中。

3.2.1.1　水环境遥感监测

基于水环境的 RSM 技术，可以获取多平台、多时相、多波段的 RS 信息，实现多尺度及高精度的监测分析结果。该技术提供动态监测与分析，可以建立水污染灾害评价及预警系统，最大限度地控制水污染事故的发生和减轻已发生事故的危害（陈文召等，2008）。从监测的机制而言，水质 RS 基于污染水与清洁水的反射率差异，以及由此而导致的 RS 光谱影像的颜色差异来确认水污染状况。在目前的环境 RS 特别是水环境 RSM 中，监测的水质污染因子主要包括水体悬浮物（suspended matter，suspended substance，SS）、可溶性有机物质（dissolved organic matter，DOM）、病原体、油类物质和藻类（叶绿素 a、类胡萝卜素等）等。根据水体的热学及光学特性，可利用可见光和 TIRRS 对水体的污染状况进行监测。清澈无污染的水体反射率一般低于 10%，水体对光有较好的吸收性。正是根据不同水体的光谱特性，才可以实现 RS 对水环境的监测。常见的水环境 RSM 方法如表 3-2 所示。

水体油污染一直是水污染研究的重点，运用 RSM 技术监测水体油污染不仅能够发现污染源，确定污染的发生区域，估算出石油污染的含量，还能依靠连续监测获取溢油的扩散方向和速度，预测污染区域和污染路径（陈文召等，2008）。水体热污染（HPW）是人类活动向水体排放的“废热”引起水体环境的增温效应。HPW 直接影响水生生物的多样性，导致局部水生生态系统产生一系列负效应。目前，TIRRS 和微波 RS 在 HPW 监测中具有较为广泛的应用。

表 3-2　水环境 RSM 的常用方法

监测类型	遥感方法	影像特征
水体富营养化	彩色摄影、多光谱摄影、多光谱扫描成像、相关辐射仪	IR 图像上呈红褐色或紫红色，在 MSS7 上呈浅色调
水体悬浮物（SS）	彩色 IR 摄影、多光谱摄影、多光谱扫描成像	MSS5 图像上呈浅色调，彩色 IR 影像上呈淡蓝、灰白色调，水流与清水交界处形成羽状水舌
油污染	可见光、紫外（UV）、多光谱摄影，多光谱扫描成像、激光扫描成像，IR、微波辐射计	可见光、UV、NIR、微波上呈浅色调，在 TIR 图像上呈深色调，为不规则斑块状
热污染	IR 辐射扫描、微波辐射仪等	TIR 图像呈白色、羽状水流

3.2.1.2　土壤环境遥感监测

土壤环境 RSM 技术是在电磁波谱的可见光、IR、中红外和 TIS 波段范围内，获取光谱连续的影像数据，监测土壤属性及质量等要素，以达到土壤环境监测与评价的综合性技术手段。土壤环境 RSM 与评价始终是土壤 RS 研究的难点之一。20 世纪 80 年代以来，成像光谱技术的出现为土壤信息的获取提供了有力支撑。高光谱遥感技术（HRST）可以获取土壤表面状况及其性质的空间信息。HRST 的发展为土地质量评价、土壤环境监测、精准农业施肥、土地资源勘察以及基础土壤学研究等方面提供了技术支撑（陈红艳，2012）。多光谱数据具有估算土壤重金属元素含量的潜力，评估土壤有机质含量与土壤反射率的定量关系，建立区域土壤有机质 RS 预测模型。目前，利用 RSM 技术监测土壤组成与反射光谱间关系的常用统计分析方法主要有多元逐步回归分析、主成分分析法（PCA）和偏最小二乘回归（PLSR）分析，ANN、小波分析、遗传算法等应用尚不多见。尽管有研究表明，土壤属性与光谱之间存在着非常显著的相关性，但是在综合应用各种 RS 数据时，有必要采用非线性和非统计学方法分析和识别各种因素的作用。许多研究力图通过整合一些变量，如生物预测变量、土壤物理参数、化学测试参量等，评估重金属污染类型、程度及其分布和影响。物理参数中，土壤磁化率的测量能快速且高效地区分重金属污染（HMP），许多空间变化的控制因子使得土壤磁化率的测量变得可靠、有效和敏感，该方法能够有效地弥补传统化学分析技术的缺憾。就土壤定量化技术的发展趋势而言，土壤监测技术逐步向精度更高的微观探索技术和节约时间成本的中高尺度监测技术发展；RS、BDSS 及其他科学手段能做到的仅是大面积、快速估算土壤各组分含量，而环境监测技术的进一步精准化是今后研究的热点。RS 用于区域土壤监测时需要考虑尺度变化对土壤组分光谱特征波段的影响，随着尺度的不断增大，需要考虑的环境因素必然会越来越复杂和多样化。还有土壤本身的诸多特性，特别是对光谱有较大影响的因素以及元素本身的地球化学特征也会给区域 RSM 效果带来影响。此外，建立在影像基础上的土壤组分量化分析技术，随着定量模型的完善和 EBD 的应用，有望产生更为可靠的结果。

3.2.1.3　大气环境遥感监测

目前，随着 RSM 技术在环境领域的广泛应用，RSM 技术因大范围连续实时监测方式成为大气环境监测的重要工具。光学 RS 技术采用发射一束光通过待测气体并在另一端接收的技术模式，监测大气的成分及其特征。在 RSM 中需要考虑大气传输问题，如大气分子吸收和散射、气溶胶散射和吸收、大气折射率变化及湍流。1～15μm 光谱区域的吸收主要是 CO_2、水蒸气分子、CH_4，N_2O 和 O_3 也有少量吸收，在 UV 波段主要是 O_3 和 O_2 的吸收，当气溶胶的密度较大，尤其是有云雾时，其散射较强。气候条件影响光学 RS 测量的精度，另外，大气温度、水汽含量的变化对测量也有明显的影响。目前，大气气溶胶、有害气体和城市热岛效应的 RSM 是大气环境监测中最主要的内容。

3.2.2　ENIOT 监测技术

物联网技术（IOT）是通过各种传感器、射频识别技术（RFID）、BDSS、IR 感应器、激光扫描器、气体感应器等信息传感设备和技术，对需要监控、连接、互动的物体或过程进行实时监测，采集其声、光、热等信息，结合 Internet，实现对目标定位、监控和管理的技术（徐敏和孙海林，2011）。而 IOT 是通信网和 Internet 的延伸和拓展，利用感知技术和智能装置感知识别现实环境，通过网络传输感知信息，并进行信息处理、数据计算、知识挖掘，实现物与物、人与物的无缝连接和信息、数据交换，可对现实环境进行实时监控、科学管理和决策。其特征可概括为对外界情景全面感知、信息可靠传输、数据和信息智能分析处理等方面。IOT 实质是为 Internet 添加对外界的感知功能、交互功能及智能处理功能；而 Internet 则是 IOT 的基础和核心，发挥物与物、人与物之间的信息交换和通信功能（李学危，2012）。IOT 结构复杂、形式多样，根据信息采集、传输、处理的原则，IOT 体系结构可分为感知层、网络层及应用层。感知技术是 IOT 的核心技术，网络层负责把感知层采集的信息安全、可靠地传输到应用层，而应用层负责数据汇总、转换、分析、呈现等功能。IOT 涉及数据获取、传输、存储、处理、应用和软件、嵌入式系统、微电子等技术领域，因此其关键技术繁多，涉及物体标识与识别、通信和网络、安全和隐私、软件服务和算法等。IOT 的关键技术包括 RFID、传感器、智能技术和嵌入式技术（程曼和王让会，2010）。

环境监测是 IOT 应用的重要领域之一，IOT 广泛应用于生态环境监测、水质监测、大气监测、噪声监测、降水监测、土壤监测、电磁辐射监测、排污监控、森林植被防护等方面。将 IOT 应用到环境监测，不仅为环境管理、污染治理、防灾减灾提供可靠的信息支持，还能支持科学研究、安全保障服务和智能化 EIM 机制，并且监测目标范畴也由单纯的环境信息和污染指标扩展到更为广泛的领域。

在环境信息的监测与集成分析方面，IOT 具有重要的作用，在一定程度上是信息化、网络化及智能化的体现。在大气监测方面，将在线监测仪器、有毒或有害气体传感器布置在污染源、人群密集或敏感地区，当监测点的大气发生异常变化时，传感器通过传感节点将数据上传至传感网，最后交给应用层程序进行处理，应用层程序能够根据事先制定的事故应急预案执行相应处理。对于污染单位排放超标的情况，IOT 可通知环保执法单位，对污染单位的污染事故进行处理。在水质监测方面，主要包括饮用水监测和水污染监测。在饮用水的水源安装传感器、监控摄像等设备，将水质的 pH、Fe、Mn、Cu 等指标值实时上传到水质监测中心，实现对饮用水的监测和预警。水污染监测主要是通过在污水排放单位安装污水自动分析仪器和监控摄像设备，对污水的 COD、Cr、BOD_5、TOC、NH_3-N、流量等指标进行实时监控，并将污染信息发送到排污单位、监测中心，对污染事故做出及时有效的处置。

环境物联网（ENIOT）技术则是运用 IOT 技术对环境信息之间关系进行监测、管理的技术（蒙海涛等，2013）。ENIOT 监测技术在水体和大气的监测方面发展很快，而对土壤监测的应用还处于探索实验状态（马力等，2014）。ENIOT 监测技术的研发与应用，不仅是中国 EIM 工作的需求，而且为中国环境问题的解决找到一种有效监测和治理环境的机制。国内利用 IOT 技术监测水体最典型的是太湖蓝藻监测，该工程对太湖蓝藻发生状况进行感知和智能地进行车船调度，并实现相关业务数据的集中管理，建立了一个集智能感知、智能调度和智能管理能力为一体的综合管理及服务系统（徐恒省等，2008）。该系统可实时监测 pH、DO、温度、浊度、电导率等各项指标，可以立体呈现水体状况，再结合陆地监控和环境卫星 RS 数据，形成太湖水域三位一体的监测体系。大气监测则包括空气在线质量监测、AP 监测和大气降尘监测三个方面。空气在线质量监测是针对人流相对集中的敏感区域，以现有空气质量自动监测站点为基础，根据网格化布点的要求增加自动监测点的部署，提高对监测区的实时监测精度（贾益刚，2010）；AP 监测是对敏感区的易燃易爆、有毒有害气体进行监测，当监测点出现异常时，系统将自动驱动应急指挥程序；大气降尘监测是将人工降尘监测改进成传感器自动收集数据的方式。为达到大气环境监测的要求，往往采用 IOT 结合 ZigBee 无线传感器网络通信技术进行大气环境信息监测采集（邵刚，2012）。IOT 技术监测土壤可以不受地域时空限制，对各种土壤因子进行实时监测控制，使数据获取的精确度和效率大大提高（Bonastre et al.，2012）。目前，该技术在国内发展还处于起步阶段，对于土壤环境因子监测研究还没有达到成熟的应用（李道亮，2012）。国内外研究大多围绕土壤温度和水分等最基本的土壤属性进行研发工作，且更多的 IOT 监测土壤技术有待研发。

目前，ENVIdata 生态环境物联网系统集成全球测量土壤、植物、环境的仪器，结合最新的数据采集平台和通信技术，对土壤、植物、大气连续体（SPAC）、地表水环境及地下水环境进行自动、连续观测，可直接将数据传输到中国生态环境物联网网站或者用户指定的网站，通过对监测的生态环境因子的时序变化和相关性分析，确定监测对象的状态及趋势。

3.2.3　环境模型仿真技术

环境模型仿真是指包括地形、大气、海洋和空间在内的整个自然环境的仿真领域。美国于 1995 年发布了建模与仿真计划（Modeling and Simulation Master Plan，MSMP）。现代仿真系统正向大型化和复杂化的方向发展，大气环境仿真技术也实现了由简单的一维静态大气环境向复杂的多维动态大气环境转型，由单一大气环境仿真到大气环境对自然实体的影响仿真的突破（蔡军等，2010）。大气环境的建模、表达、存储、环境效应生成及其应用，成为整个大气环境仿真系统的基本研究内容。大气环境分布式仿真关键技术已得到一定发展，诸多技术逐渐得以应用，包括大气环境多分辨率建模技术（Xu et al.，2008）、大气环境仿真实时 DB 技术（王行仁，2004）、基于综合环境数据表示和交换规范（SEDRIS）的大气 EBD 表示和交换技术（郭刚等，2002）、基于高层体系构架（HLA）的仿真应用服务协议、接口和数据分发管理技术以及大气环境 VR 表达技术（蔡军等，2010），成为进一步开展环境仿真技术研发的基础，也是拓展环境信息仿真技术的支撑。

目前，国内外水环境模拟仿真常见的软件包括 WASP、MIKE 和 Fluent 等，其中 WASP 是美国环境保护局（EPA）开发的用于水质模拟分析的工具，能够模拟出各种水质的组分，并通过 I/O 文件与其他模型联合运行（唐迎洲，2004）；MIKE 是丹麦研发的系列软件，主要用于水域的水力学参数和水质特征以及泥沙传输的模拟，在水资源水质管理和水利工程设计规划方面都得到了广泛的应用；Fluent 属于国际上最流行的商用计算流体力学软件包，其核心部分是 N-S 方程组的求解模块，在水环境模拟方面取得了良好的效果。还有研究结合 Web 技术、Flex 客户端技术和 GIS 技术，在水环境领域实现远程仿真应用，能够在水质扩散过程中使用 GIS 进行动态模拟展示（樊文杰，2012）。

关于土壤仿真模型的研究主要通过综合运用现代分析测量技术、3S 技术以及统计技术进行监测，形成输入参数，对地形、植被、气候和母质成土因素等基本信息展开预测。土壤建模方法种类繁多，包括地统计、分类树、模糊聚类、多元线性回归、ANN 等模型（王昆昌等，2012），在土壤要素模拟仿真中效果良好。结合野外土壤样品采集实测数据，运用 DEM 技术和 RS 技术分别提取对土壤形成、发育具有较大影响的环境因子，建立基于 PLSR 的土壤环境预测模型，分析土壤属性与环境信息间的关系，为区域 LUCC 等研究提供决策的理论依据（Guanter et al.，2009）。

3.2.4　基于信息技术的环境监测

随着计算机、Internet、DB 等现代信息技术在各领域应用的不断深入，信息技术也被广泛应用于环境监测中。

无线传感器网络技术在环境信息监测与传输中作用重大。环境监测应用中无线传感器网络属于层次型的异构网络结构，最底层为部署在实际监测环境中的传感器节点，向上层依次为传输网络、基站，最终连接 Internet。传感器节点由传感器模块、处理器模块、无线通信模块和能量供应模块组成。基站是能够和 Internet 关联的计算机（或卫星通信站），它将传感数据通过 Internet 送到数据处理中心。监护人员（或用户）可以通过任意一台 Internet 的终端访问数据中心，或者向基站发出命令。

可编程逻辑控制器（PLC）技术是集自动化技术、计算机技术和通信技术为一体的新一代控制装置技术。在结构上对耐热、防尘、防潮、抗震等都有一定的精确考虑；在硬件上采用隔离、屏蔽、滤波、接地等抗干扰措施，适用于条件恶劣的户外及工业现场。该技术可以实现对雨水的远程监测及控制，并对农业生产及防洪抗旱有着积极的意义。其系统由 PLC 系列产品进行组建，通过对雨水、河水的水位、流速、水质（如酸碱度）的测量实现远程监视。

环境监测的主要结果是环境数据，必须建立起一套环境监测的数据库，才能实现多元环境监测数据的信息化管理。而传统的 DB 结构不能很好地表达、存储空间信息，无法实现空间数据的管理和空间信息的分析，EBD 也很难保证数据的一致性和准确性。解决环境问题必须与现实的地理空间信息相结合。GIS 数据库是特定时空背景下地理要素特征以一定的组织方式存储在一起的相关数据的集合。GIS、DB 具有数据量大、空间数据和属性数据不可分割以及空间数据之间具有显著的拓扑结构等特点，将其 DB 管理功能应用到环境监测领域，就成为 EIM 的重要技术手段。

3.2.5　基于生物技术的环境监测

随着生物技术的迅猛发展，生物信息学得以快速发展。与此同时，以现代生物技术及生物信息学为代表的高新技术也促进了环境信息科学领域的发展。生物是环境信息的重要组成部分，生物技术在环境监测领域日趋重要的地位和作用充分说明拓宽学科的研究领域，加强学科间的交流、渗透和合作，对科学的整体发展和进步是至关重要的。

现代生物技术是以 DNA 重组技术的建立为标志的多学科交叉的新兴综合性技术体系，它以分子生物学、细胞生物学、微生物学、遗传学等学科为支撑，与化学、化工、计算机、微电子和环境工程等学科紧密结合和相互渗透，极大地丰富了各学科的内涵，推动了科学理论和应用技术的发展。现代生物技术正逐渐地被应用到环境信息监测领域，构成了现代生物监测技术。目前研究和应用比较广泛的聚合酶链式反应（PCR）、生物传感器、生物芯片、酶联免疫、单细胞凝胶电泳等技术，在 EIM 领域发挥着重要作用。

目前，生物大分子标记物检测在 EIM 中的应用不断得以拓展。与其他研究手段相比，生物大分子具有特异性、预警性和实用性等特点，可以在分子水平阐述分子适应等生态问题的机制，有助于更好地揭示生物与环境之间的相互作用机制，为环境污染的生物修复提供理论依据。生物大分子标记物及其检测技术主要有核酸分子损伤检测技术、DNA 芯片技术、酶分子标记物检测、抗氧化剂防御系统检测等。与此同时，PCR 技术在 EIM 中的应用也逐渐广泛化。该技术通过选择生物的一段特异性基因进行体外扩增，再由凝胶电泳等 DNA 分析技术确定其种类及含量。PCR 手段作为最现代的生物技术之一，具有快速、灵敏、准确、简便、特异性强的特点，且 PCR 及其相关技术的研究应用在生命、环境等科学发展中，有着传统技术无可比拟的优势。

3.2.6　基于光电技术的环境监测

3.2.6.1　检测主要特点

AP 的污染特征与其理化性质及所引起的非均相化学反应有密切关系，许多全球性的环境问题，如臭氧破坏、酸雨形成和烟雾事件的发生，都与颗粒物（particulate matter，PM）的环境有关。大气颗粒物对人体健康、生物效应以及气候变化有不可忽视的作用。目前，大气颗粒物的采样主要通过过滤、惯性沉降、离心沉降、重力沉降和热表面捕集等方法实施，在离线分析中样品采集由独立的大气采样器完成（刘永春和贺泓，2007）。测定大气颗粒物浓度的方法主要有重量浓度法、光散射法、浓度规格表比较法、光度测定法和粒子计算法等，随着光电技术（photoelectric technology，PHET）的发展，应用

PHET 检测大气颗粒物及相关污染物特征，为准确识别与评价 AEQ 提供了技术支撑。随着电子技术、信息技术、数字化技术、网络技术等的发展与融合，以及 CC、IOT、BD 与 SEP 领域的发展，环境监测技术将出现一系列新的特点。

PHET 是基于光的波粒二象性基本原理与光电结合的方法，实现信息的获取、发送、探测、传输、变换、存储、处理和重现等的一种技术。PHET 内涵丰富，涉及一系列基础原理、技术环节和应用领域，主要包括光辐射探测的理论基础和光电探测器、热探测器、图像传感器等光电器件的结构原理及应用技术。同时，光学信号的调制与解调技术、光电检测电路与信号处理技术等，均是目前 PHET 研发领域的热点。光电检测技术的核心是光与电之间的转换机理体现于光电器件之中，其主要特点表现在非接触式检测模式、数字化和智能化技术支撑、高精度及可靠性监测效果等方面。

3.2.6.2 检测大气颗粒物的一般方法

1. 大气颗粒物的主要特点

大气颗粒物一般是指大气中的固体（或液体）颗粒状物质。PM 的组成具有复杂性，一般可分为有机成分与无机成分，无机成分又可分为水溶性成分和水不溶性成分。有机成分含量可高达质量的 50%，其中大部分是不溶于苯且结构复杂的有机碳化合物。PM 中不溶于水的成分主要由 Si、Al、Fe、Ca、Mg、Na、K 等元素的氧化物组成，此外，还有多种微量和痕量的金属元素。PM 可分为一次颗粒物（primary particles，PP）和二次颗粒物（secondary particles，SP）。PP 是天然污染源和人为污染源释放到大气中直接造成污染的颗粒物，土壤粒子、海盐粒子、燃烧烟尘等是其重要来源。SP 是自然和人为排放的一次污染物进入大气后经过积聚、生长、化学反应等过程形成的新颗粒物，例如硫酸盐、硝酸盐、铵盐、黑炭以及大部分有机碳。针对 PP 和 SP 应选用不同的检测手段。

前文已述，大气颗粒物的化学组成非常复杂，对局地、区域甚至全球大气辐射平衡、大气能见度和元素的生物化学循环具有重要影响，对环境有明显的负效应。目前，大气颗粒物对大气环境的影响越来越受到人们的关注，对大气中颗粒物检测技术的要求也越来越迫切，人们渴望研发应用检测设备结构简单、易于维护、成本低廉，而且能够实现检测自动化与在线监测的先进技术，这将成为目前重要的研发方向。

2. 大气颗粒物检测的方法

基于大气颗粒物的来源、化学成分、理化性状以及环境效应等特征，研发与应用科学、便捷的检测颗粒物的技术手段和方法，对于科学评价大气污染状况，实施大气质量控制措施具有重要意义。光纤传感技术、激光诱导荧光技术、IR 吸收检测法等是目前在大气颗粒物检测领域应用较为广泛的技术途径。

1）光纤传感技术监测特点

光纤传感技术是 20 世纪 70 年代末兴起的一项技术，光纤技术所应用的光纤传感器具有体积小、质量轻、防腐蚀、抗电磁干扰、灵敏度高、测量范围宽、检测电子设备与传感器可以间隔很远等优点，并可以构成传感网络。目前，可用光纤传感技术测量的物理量已达 70 多种。先进的光纤传感器的灵敏度比传统的传感器要高出几个数量级，可以测量压力、温度、磁场、折射率、形变、微震动、微位移、声压等，在环境保护日益受重视的背景下，应用光纤技术检测大气颗粒物成为光纤技术应用的重要领域。

一般而言，光纤传感技术是利用外界因素使光在光纤中传播时光强、相位、偏振态以及波长（或频率）等特征参量发生变化，从而对外界因素进行检测和信号传输的技术。其基本原理是由光源发出的光经光纤送入调制区，在调制区内，外界被测参量将对光信号进行调制，再经光纤传至光电探测器进行检测；利用要监测的污染物质与光相互作用后，光纤中光的某些性质发生变化的特点，如光的强度、波长、频率、相位、偏振态等发生变化或污染物质与其他物质相互作用后能间接地使光纤中的光信号特性发生变化，通过检测光纤中光信号的改变进行传感监测（艾锦云等，2004）。光纤传感技术是大气环境污染要素监测的一个有效手段（迟宝倩和朱海燕，2008）。

目前，光纤传感技术由于其优异特性，在环境监测方面发挥着独特作用（梁巧桥，2009）。光纤技术中光纤传感器体积小、易挠曲，可对有毒有害、易燃易爆环境进行多点实时遥控与监测，具有较高的选择性、准确性和灵敏度，为科学了解与掌握大气污染状况提供了重要的技术支撑。与此同时，由于光纤传输光波长范围的限制，一些物质的强吸收特征谱线还不能用光纤传感器检测，在一定程度上又制约了检测的可行性。光源技术、探测器技术和光学滤光技术的发展将有利于实现多点或分布式传感或用一个敏感元件同时测量多种物质，这在一定程度上简化了系统结构，降低了传感系统成本，提高了可靠性（贾振安等，2009）。随着对各类物质特性的逐渐认识，特别是人们对大气颗粒物来源、形态、理化性质、演变规律、环境效应等的不断了解，光纤传感器将向着实用化、微型化、高可靠性和低成本的方向发展，而基于光纤技术的大气颗粒物监测方法也将得以全面地创新发展。

2）遥感傅里叶 IR 光谱技术

不同技术在监测大气环境要素的特征及变化时，能够表现出不同的特点。目前，傅里叶变换 IR 光谱技术在大气 RSM 领域得到了有效的应用。

遥感傅里叶 IR 光谱技术主要分为主动式和被动式等类型。主动式 RS 技术多采用高强度的 IR 辐射源，通过光谱仪来观测大气对 IR 源的吸收特征。采用这种方法，能够较好地辨识大气层存在的微量组分，对大气入侵的污染物实现实时连续和多组分同时监测。傅里叶变换 IR 光谱技术在一般大气研究和特殊空气污染研究领域将不断得到加强和推广。

3）激光诱导荧光技术

大气中的各类物质都具有特定的理化性状。由于不同物质分子结构不同，不同物质的基态分子受激发光源照射时所能吸收的 UV 波长不同，在返回基态时，也用波长较短的光激发出波长较长的光，也就是能量大的光子可以激发能低的光子，这是应用激光诱导荧光技术测定 AP 的一般原理。目前，基于该原理的技术方法应用范围正在不断地拓展。

激光诱导荧光技术用于监测大气中 NO_x、CO、CO_2、SO_2 等污染物及其浓度，其监测频率在可见光至紫外光区域，根据荧光波长和强度可分别做定性和定量监测，同时还可监测大气中 HO^-自由基浓度（裴松皓等，2006）。对于大气颗粒物的监测而言，颗粒物经过具有一定距离的两个汇集的激光光斑，测量出飞行时间（相对于粒径），然后用 UV 激光脉冲照射颗粒物，通过颗粒物散射的荧光来决定粒子的散射荧光强度及其生物特性，并通过多种实验数据进行对比分析，从而达到区分其属性特征的目的（连悦等，2006）。由于大气颗粒物的化学组成和浓度在时空分布的不均匀性，现实应用中往往要求分析方法具有较低的检测限和较高的时间分辨率。

3.3　基于环境信息的 ERA 及 EIA 技术

环境信息是 ERA 及 EIA 的基础，在 EBD 的支持下，通过信息处理技术等手段，可以实现 ERA 及 EIA。

环境风险是指突发性事故对环境的危害程度，具体指由自然原因或人类活动引起的，通过环境介质传播的，能对人类社会及自然环境产生破坏、损害甚至毁灭性作用等不确定性或突发性事件发生的概率及其后果（白志鹏等，2009）。一个完整的环境风险体系包括风险源、初级控制（对风险源进行控制的人为因素）和二级控制（传播风险的自然条件的控制）。环境风险可分为自然环境风险和人为环境风险。ERA 充分利用各种监测手段所获取的环境信息，针对突发事故危害程度的评估，进行 EIM 和环境决策。目前，国际上广泛认可的 ERA 基本框架是美国科学院 1983 年提出，后被美国 EPA 1986 年采用的风险评价的四步法，即危害识别、剂量-响应分析、暴露评价及风险表征。

环境影响评价（EIA）是指对规划和建设项目实施后可能造成的环境影响进行分析、预测和评估，提出预防或者减轻不良环境影响的对策和措施，并进行跟踪监测的方法与制度。EIA 有不同的类型划分，按照评价对象，EIA 可以分为规划 EIA 和建设项目 EIA；按照环境要素，EIA 可以分为大气 EIA、地表水 EIA、声环境 EIA、生态环境 EIA、固体废物 EIA；按照时间顺序，EIA 一般分为环境质量现状评价、环境影响预测评价以及环境影响后评价（环境保护部环境工程评估中心，2009）。EIA 技术方法主要有核查表法、类比法、专家调查法、模型分析法等。基于各类环境信息的采集、加工、处理，通过环境建模，建立针对特定环境问题的风险评价或影响评价基准，实现定量化的评价。在金腊华和徐峰俊（2008）研究的基础上，表 3-3 简要地反映了 ERA 与 EIA 的主要差异。

表 3-3　ERA 与 EIA 的主要区别

项目	ERA	EIA
分析重点	突发事故	正常运行工况
持续时间	很短	很长
物理效应	火、爆炸、向空气和水体排污	排放污染物、噪声、热污染
释放类型	瞬时或短时间连续释放	长时间连续释放
影响类型	突发性激烈效应及事故后期的长远效应	连续的、累积的效应

续表

项目	ERA	EIA
危害受体	人和建筑、生态	人和生态
危害性质	急性受毒、灾难性	慢性受毒
大气扩散模型	烟团模型、分段烟羽模型	连续烟羽模型
照射时间	很短	很长
源项确定	不确定性极大	不确定性很小
评价方法	概率方法	确定性方法
应急策略	严格需要	一般不需要

对 ERA 与 EIA 以及 EQA 的了解，对于全面把握环境系统中物质循环、能量流动与信息传输的途径与模式具有重要的理论价值与现实意义。在环境信息科学研究中，还常常涉及 EQA 问题，其内涵是利用近期的环境监测数据，对照 EQA 标准，评价环境系统的内在结构和外部状态对人类以及生物界的生存和繁衍的适宜性程度，主要包括自然环境与社会环境相关的污染源调查与评价、污染物监测项目的确定、环境监测网点的布设、环境监测数据的获取、环境质量指数体系综合评价的建立、环境质量现状评价结论的获得。

总之，不同的环境要素需要采取不同的技术方法进行监测与评价。基于不同的环境信息，结合 EBD 及相关技术手段，可以开展多层次的环境信息科学研究。

第4章　环境信息的表达与重现技术

4.1　环境信息的一般特点

前面已经提到，环境信息是经过加工的、能够用于环境管理的以特定形式存在的环境知识，它们以数字、文字、图形、图像、音响等多种形式存在。环境信息也是特定时空尺度环境状况的反映。环境信息监测与分析宏观上是对环境（水体、土壤、大气等要素）、生物多样性状况和对环境发生或可能发生影响的环境要素的一切信息，及其时空变化特征和相互作用关系的信息的收集与分析；其目的是要了解、认识、表达环境信息的特征。围绕环境信息的表达与相关问题，目前在仪器设备监测、多源数据处理、仿真预测模型构建、环境数据结构、环境信息规范等方面仍然存在诸多问题，还有待进一步研究。

环境信息来源广泛、类型众多。环境信息的主要内容包括环境质量信息、环境监测信息、环境排污信息、环境管理信息。具体而言，环境质量信息包括大气、水体、噪声、放射性、土壤、固废及其他相关信息；环境监测信息包括工业、农业、生活、交通等污染源，污染发生涉及范围（图形信息和地理信息）、行业结构、技术水平、人口数量；环境排污信息主要来自于排放各种污染物单位的信息，包括重点污染源的数量、属性和空间信息、排污许可证管理信息、排污收费管理；环境管理信息根据相关管理工作的需要以及环境行政管理的职责要求，可能包括上述各类信息或者上述信息若干方面的信息。如前所述，环境信息包括环境、生物多样性状况和对环境发生或可能发生影响的环境要素在内的一切信息。环境信息包括相关环境基本要素，各个环境要素的时空动态变化特征和要素之间的相互关系。环境信息不仅仅是简单的环境数据，还表征着环境问题以及EIM过程中各环境要素的数量、质量、空间分布的图像、数字、文字等，是经过加工处理能被公众获取和环保部门利用的资源。

在环境信息科学不断发展的过程中，人们赋予环境信息许多特点。环境信息具有复杂性与多样性，也具有时空连续性与异质性等特征（程声通等，1989；李崖等，1997）。由于环境信息是对整个环境状况的客观反映，而环境状况又是多种环境要素的综合，因此，把握各种环境要素的类型、特征、变化及其规律等，就成为科学认识环境状况的重要切入点。环境信息类型众多，并具有信息量大的特征，EBD就是这种背景下的产物。环境调控与管理的对象和内容涉及自然、社会、人文、经济等多种因素，意味着环境信息具有多样性、复杂性、特殊性及综合性的特点。与此同时，环境调控与管理的信息来自各类污染源及治理规划信息、环境质量及变化信息、自然条件及社会经济信息，这些信息类型各异、结构不同，处理及表达方法也不一致。环境状况的改变常常表现为一个由量变到质变的过程，因此，环境信息具有一定的因果性与连续性。但是由于环境状况也受到一些随机因素的复杂影响，导致环境信息具有一定的偶发性与突变性。由于不同地区的自然条件、人类生活方式、经济发展水平和环境容量的影响，使得不同地区的环境信息存在明显的区域性特点（高朗和程声通，1997）。了解环境信息的一般特征，对于进一步开展环境信息的科学表达与多模式重现，具有一定的理论价值。

4.2　环境信息的主要分类

环境信息的分类主要是依据某种思路、原则、标准或方法等，对多样化的环境信息进行属性归属划分或类别归并与分割。环境信息的分类是认识环境信息的重要途径，也是环境信息科学建立的基础。

环境信息分类原则及依据多种多样，环境信息类型划分自然也具有多样性的特征。根据环境信息的数据结构特点，环境信息可以划分为矢量型环境信息和栅格型环境信息。根据环境数据模型或者数据库特征，环境信息可以划分为关系型环境信息、网络型环境信息和面向对象型环境信息等。根据环境信息的来源，环境信息可划分为环境遥感信息、实际监测信息、模型模拟信息、统计调查信息和文字档案信息等。根据环境要素属性特征，环境信息可分为地貌、土壤、植被、大气、水体、生态和经济信息等。根据环境污染属性特征，环境信息可分为水体污染信息、土壤污染信息、大气污染信息、噪声污染信息、固废污染信息、光污染信息和辐射污染信息等。根据环境行业状况，环境信息可以分为环保投入与产出信息、资源及能源利用信息和环保管理水平信息等。根据环境信息的时空尺度效应，环境信息可以划分为全球性环境信息、区域性环境信息、地方性环境信息，以及瞬时（在线）环境信息、日环境信息、周环境信息、月环境信息、年环境信息等。从环境管理等角度，可以把环境信息分为环境行政管理信息、环境保护法律法规信息、环境事故处理信息、环境监测信息、环境预测信息等。环境信息还可以分为污染源信息、环境质量信息和与环境相关的其他信息等。随着创新思维的不断拓展以及知识的不断更新，人们从不同角度对环境信息有不同的认识，也就形成了环境信息的不同类型。各种环境信息类型的特点，基于相关学科原理与方法，能够大致了解其内涵特征，因而此处未对各类型环境信息的特点及其具体归属过程进行阐述。另外，即使已经对环境信息进行了较为全面的剖析与划分，但上述环境信息并未包含所有环境信息类型。需要强调的是，这些要素是环境保护研究的重要对象，是环境监测的重要目标，相关环境信息具有多元性、复杂性、动态性，而且具有明显的空间特征与尺度效应等。数字化、信息化以及网络化的发展，也为人们更深入地理解环境信息提供了新理念与信息方法。

在环境信息科学研究中，各类信息源由多元化输入到综合决策输出，经过了一系列复杂过程，实现环境信息的一系列复杂变化。本书借鉴《生态信息科学研究导论》（王让会，2011）中信息之间的关系模式，结合新时代低碳 GD 的客观需求，以及环境信息产生、演变、融合、共享的机制，凝练出环境信息之间的耦合关系，如图 4-1 所示。

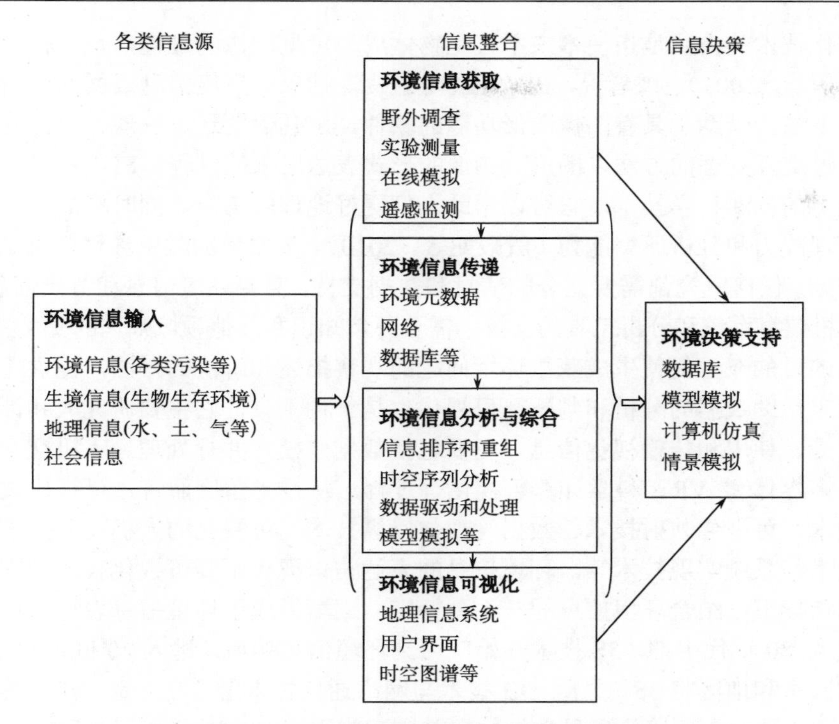

图 4-1　环境信息相关要素之间的耦合关系

4.3　环境信息可视化技术

4.3.1　可视化概念及其背景

目前，中国特色社会主义进入了新时代，生态环境保护事业得以快速发展，史上最为严格的环境保护法规逐步实施；与此同时，EIV 也对中国环境保护工作的开展起到了重要的作用。随着空间信息技术的发展，科学可视化在环境保护工作中显示出巨大优势和潜力。符合人类认知规律的 EIV 表达是发展环境信息科学研究的有效方法和手段，并推动着环境信息科学研究的不断深入发展。

近年来，为实现信息的共建和共享，提高工作效率和管理水平，很多机构建立了环境保护信息中心。通过环境信息化建设，建立科学的环境监测系统、环境污染源系统以及生态保护系统，获取大量真实有效的环境信息，为环境管理工作提供科学合理的决策支持（陈煜欣，2009）。环境信息化建设并不是一个单纯的技术过程，而是一个社会化发展过程，需要现行环境管理运行系统中的每一个因素与先进的信息技术相结合（朱怀松和白雪，2008）。中国 EIS 的建设密切跟踪信息技术发展的先进方向，将建成一个开放式、分布式、跨地区、跨行业的网络化信息系统，并将集成 3S 技术与网络技术，便捷准确地获取环境信息，系统全面地掌握中国环境污染的发生、发展与演变过程，为环境保护部门和有关机构提供基于信息系统的环境管理与决策支持手段，为社会提供全方位的环境信息服务（张志勇等，2000）。

可视化技术的内涵是指使本来不可见物体成为可见图像的过程，是一种心智处理过程（王泽华等，2001）。或者说，EIV 是将非直观、抽象的环境信息数据利用图像图形学的原理与方法，借助于具有图像图形功能的软件，用几何图形、纹理、对比度及动画等手段，通过交互处理的方法以图形、图像的形式表达出来的过程。EIV 是建立在信息可视化基础上的创新科学技术，它可以帮助人们更好地理解信息，同时提高人们对于环境信息的管理能力和分析研究能力（殷殿龙等，2010）。多要素的时空环境信息是开展 EIV 研究的基础，任何研究都需要充分的信息和数据支持，需要环境信息和背景信息的集成，需要计算机信息系统和分析工具的支持，需要环境知识和其他领域知识的交叉和融合。

EIV 的目的在于促使生成获取环境问题的观察描述和解决的办法，提供静态图形显示和动画来帮助数据的分析和判断。可视化也是一种工具，它主要研究人和计算机如何一致地感受、使用和传输视觉信息，主要包括数据建模、并行处理、人机交互、实时动态处理、多媒体和 VR、科学计算可视化等过程。从技术角度而言，可视化技术包括数据建模技术、可视化映射技术、数据管理与操纵技术、可视化的人机交互技术、实时动态处理技术、系统实现技术等。环境信息的表达与重现离不开可视化技术的支撑，在可视化技术指导下，结合环境信息的一系列特点，逐渐形成了环境信息表达与重现技术。

20 世纪 80 年代中期，3S 技术开始应用到环境信息领域。进入 20 世纪 90 年代，越来越多的国家和地区将 3S 技术、DB 技术与网络通信技术融合在一起，建立具有行业特色的 EIS。RS 技术在环境信息科学领域有着广泛应用，一些主要领域包括大气污染遥感、水环境遥感、固体废物遥感监测、城市热岛效应遥感监测、植被遥感、海洋环境遥感监测等（崔侠等，2003）。其中，RS 技术具有独特的大范围、多时相、多分辨率的特点，它在气候变化、水体监测、O_3 耗损监测以及土地覆被监测等区域及全球环境变化研究中发挥着不可替代的作用。而强大的空间数据管理能力与显示功能是 GIS 的显著特点，由于信息的查询和分析结果通常要通过人的视觉来感知，特别是抽象模型数据的表达更需要用视觉的形式显示给用户，用简单的图形图像显示用户所需的复杂信息尤为必要。可视化技术的研究和利用，给环境信息科学研究带来根本性变革，可视化技术可以使人们能够更加直观、全面地表达环境信息。目前，GIS 结合 RS 已能进行多时相、多数据源的融合分析，借助于 CC 和 ES 的支持，通过对多源、多时相 RS 图像的分析就能对历史过程进行近似的再现与模拟，并对未来的环境演变进行仿真模拟和演示。同时，GIS 在环境领域的应用正在从信息表达、信息管理、环境专题制图向 GIS 与环境模型集成（Hinton，1996）、3S 技术集成的多媒体环境系统、环境污染扩散模拟、环境治理 DSS 等方面发展。环境建模与模拟一直是环境信息科学研究的重要内容，各种数学模型、物理模型、统计模型在环境信息科学中得到大量应用；同时，基于环境过程机理的计算机模拟模型、CA 模型等也在环境信息科学领域备受重视。DM 更多的是从 EBD 中挖掘和提取对决策分析有用的、先前未知的隐含模式和规则的过程。可视化是表达和传输环境信息的有效形式，通过 3D 可视化、3D 模拟实现环境现象及过程的真实表达，能够更加逼真地传输环境信息。目前，环境模型在考虑时间变化的同时逐步 3D 化，包括环境参数描述的 3D 化、环境过程模拟的 3D 化和环境模型运算结果显示的 3D 化。近年来，VR 在环境信息科学领域的应用受到了人们的重视。针对环境信息技术集成应用的趋势，“数字环境”的概念也应运而生。数字环境是环境信息化的过程与结果，是 3D 显示的数字虚拟环境，包括环境信息数字化、环境信息传输网络化、环境分析模型化和环境空间决策智能化、环境过程和管理可视化。信息化技术在环境信息科学研究中的应用，推动了环境信息表达与重现技术的发展；特别是信息化背景下，模型模拟技术在环境规划、决策支持、过程控制等方面的应用，如大气模型、水质模型、污染物扩散模型、生态系统模型和“生态—社会—经济”大系统模型等，也成为环境信息表达的重要思路与模式。

前已述及，EIV 是通过强大的、有效的地图系统，将环境要素复杂的空间和属性数据以地图的形式展现出来，从而挖掘数据之间的关联性和发展趋势，监测环境动态、发现环境问题，最终做出环境管理决策。随着 GIS 的发展，空间信息的应用被推广和加强，目前在农、林、水、牧、渔、地质普查及勘探、交通运输、公用事业、居民服务及咨询、科学研究与综合技术服务等行业均有应用（谢东升和李旭祥，2004）。涉及各个行业的应用领域主要有宏观决策、环境保护、基础数据库、资源管理、规划管理、电力电信公路等公共事业、城市建设、公安、消防、土地管理等。由于不同领域行业应用的需求有所不同，空间信息的可视化形式表现出多样化的特点。

可视化理论和技术应用于地图学，逐渐形成了地图可视化理论；到目前为止，地图仍然是人类直观认识自然的重要表现形式。随着计算机技术的发展，地图在一定程度上逐渐被 GIS 所取代，制图学问题在一定程度上转变为 GIS 中的可视化问题。GIS 具有非常强大的图形显示和地图制作功能，它是一个将环境污染监测、环境信息管理、地理特征和社会因素等有关信息结合在一起的信息管理系统。信息的表达和可视化借助于地图、表格和图形，并在它们之间同时实行动态连接、管理和查询，使大量抽象、单调、无规律的数据变得生动、直观和易于理解。特别是近年来 GIS、VR 的应用和发展，为研究环境污染的空间分布及扩散规律提供了准确、直观的可视化工具。由于环境组成和变化错综复杂，有时很难准确定量地加以描述，在一定程度上制约了环境信息科学的发展。可持续发展战略的实施和环境保护、环境治理工作的深入，特别是网络化、信息化及 AI 技术的发展，提供了 3D 立体及可视化交互实景模拟环境的可视化工具，相关可视化技术在环境信息科学研究和管理中的应用将不断加强。

4.3.2　EIV 表达原理与方法

4.3.2.1　EIV 相关原理

图像是对客观世界的一种相似性的生动模仿或描述，通常所讲的图像是指能为视觉系统或者成像传感器所感知的客观世界物体的信息描述形式。其实质是客观世界反射或者透射的某种能量辐射的空间分布被人眼或者成像传感器记录下来的内容。在不同的应用领域，利用上述原理，就形成了一系列广泛而富有特色的具体应用，如针对人眼的能量形式就是可见光，对于不同传感器，这种能量形式就会表现出多样化，如 IR 光（热红外图像）、X 射线（CT 图像）、超声波（B 超图像）以及微波（微波雷达图像）等（于起峰和尚洋，2009）。

图像所记录的内容与辐射源的强度、波长、透射能力有关。为了运用各种数学工具、数学算法来处理和分析图像，需要用数学函数来描述一幅图像。由于计算机和数字成像设备的离散特性，需要将自然界的连续光强图像进行离散化，并用离散数学函数进行描述，即数字图像。数字化包含对图像空间离散化为像素点和对图像光强值离散化为像素灰度。了解了图像获取、转换与储存的信息特点，对于可视化问题就不难理解了。前已述及，可视化（visualization）是利用计算机图形学和图像处理技术，将数据转换成图形或图像在屏幕上显示出来，并进行交互处理的理论、方法和技术。它涉及计算机图形学、图像处理、CV、CAD 等多个领域，成为研究数据表示、数据处理、决策分析等一系列问题的综合技术。目前正在快速发展的 VR 技术也是以图形图像的可视化技术为依托的。而将光学成像设备、数字成像设备获取的信号，经过特定的处理器进行处理，就可以通过数字图像硬件系统的图像显示输出设备获得具有可视化的图像。

EIV 表达的方法依赖于 EIS 的功能。当前以 GIS 的平台管理系统可视化表达功能可以实现交互式的可视化查询，环境专题图表达、趋势与过程的动画表达、RS 图像与 GIS 图形融合、3D GIS 表达等多种功能。不同的环境信息处理内容和要求决定可视化表达的方式。

在 EIV 表达中，能够帮助实现图像图形表达与重现的相关软件与硬件构成了 EIV 庞大的体系。但从学科的角度而言，摄影测量学的理论与方法具有不可替代的作用。摄影测量学（videometrics，videogrammetry）是近年来快速发展的新兴交叉学科，它主要由传统的摄影测量学（photogrammetry）、光学测量（optical measurement）与现代计算机视觉（computer vision, CV）和数字图像处理分析（digital image processing and analysis）等学科交叉并取各学科的优势和长处而形成（张祖勋，2007；Legac，1994）。摄影测量学是研究摄像机、照相机等对动态、静态景物或者物体进行拍摄得到序列或者单帧数字图像，再应用数字图像处理（DIP）分析等技术结合各种目标 3D 信息的求解和分析算法，对目标结构参数或运动参数进行测量和估计的理论和技术（于起峰和尚洋，2009）。该学科的发展推动了图像图形学的发展，对于 EIV 具有重要的理论指导与方法借鉴价值。随着计算机科学与技术的发展，CV 以及与之相关的 DIP、图像分析、图像理解等得以不断完善。CV 领域以目标识别、图像理解和显示、监控等应用为主，形成了一系列图像处理、分析算法，为 EIV 提供了重要的理论支撑与技术保障。数字化以及多元数据结构及其转化研究的不断深入，数学建模与图形图像数据的融合，AI 与 ANN 等的快速发展，均对 EIV 具有重要的促进作用。

4.3.2.2　EIV 表达方法

1. 专题图形表达

环境要素多种多样，专题表达因环境要素属性及其时空特征差异与尺度效应的不同，而具有一系列表达方式。目前主要采用符号法、等值线法、统计图法等表达方式。

2. 动态形式表达

可视化的环境信息除具有空间特征外，还具有时序特征。随着时间的变化，环境要素也可能发生动态变化，如污染物出现、扩散、消失的变化趋势，这种动态变化特性可以利用动态模式连续和流动的时间特性来表达。这不仅可以解释环境变化过程，还能对环境要素和现象间的关系进行分析，从而推测未来环境变化的可能性及变化趋势。利用 GIS 的动态技术以及快速发展的 3D 动漫技术，可以通过交互操作的方式获得任意时段环境要素的变化过程。多媒体技术、3D 动画技术在提供 3D 立体、可视化、交互的实景模拟环境方面为环境信息的表达研究起到重要作用。

3. 3S 融合表达

遥感图像在环境监控领域已得到广泛应用，如 AEQ、土壤及生态状况等特定区域的卫星影像，通过图像的几何纠正、投影变换、图像增强和分类处理，可以和 GIS 中环境要素图层叠合在一起，进行多要素分析，增强环境信息的直观性，提高环境信息分析水平。同时，在 GPS 信息融合背景下，更能反映环境信息要素的时空等多方面特征。

4. 3D GIS 表达

计算机计算能力的提升、宽带网络技术的发展及信息系统软件功能的完善，促进了 3D GIS 显示技术的发展。通过提取 RS 影像图建筑物信息，GIS 可实现虚拟景观，并可以改变用户的观察视角。在此基础上，叠加用户需要的环境信息，就可以真实地表达现实场景，为 EIM 提供更高层次的可视工具。随着 GIS 与 Internet 等相关技术的完善，可以实时监控视频监控区域内重点污染源、显示环境应急事件（ENEM）的现场状况。

5. VR 技术表达

VR 是利用 3S、3D 动画、多媒体、多传感器及高分辨率显示等新技术，使环境工作者产生自身在仿真环境中的存在感与仿真环境的交互作用感。环境问题的计算机仿真可用于环境问题表达的诸多方面。

随着 VR 及 AR 技术的快速发展，将其应用于环境管理具有明显的优越性。VR 是具有很强的人机交互能力的现实情景模拟技术，它以仿真技术为基础，综合了计算机图形图像处理及显示技术、传感技术、位置跟踪技术、人机交互及控制、通信等技术手段，是一种 3D 空间环境的再现技术。

在环境规划中，将区域环境现状研究的各要素、各指标结合相应的地形图、交通图等进行数字化，通过采集多源信息建立数据库，以该数据库为基础建立 VR 系统。以此系统为基本平台，在交互、3D 可视化的环境规划中，对环境现状及其存在的问题进行综合分析，根据目标要求进行规划方案的实景模拟，从多个方案中选择综合效益最佳的方案，并虚拟该方案的实际执行过程，确定可能出现的环境问题，从而指导环境管理工作的开展。在环境治理中，借助于 VR 技术模拟多种环境要素间的相互影响，实现对大气、土壤、生物、水文、噪声等多种环境要素的综合集成、3D 可视化等多途径分析。根据相关的数据建立区域环境现状的虚拟环境，模拟生产、生活影响下环境状况及演变趋势，根据相应的治理方案对生产系统进行调节，对治理方案的结果进行模拟与仿真，并及时对治理方案进行调整与完善。在环境决策中，借助于 VR 技术，结合不同期的环境监测数据、区域发展现状、区域总体规划要求和环境分析模型，决策者可在虚拟环境中获取所需的各种信息，并进行信息的综合处理与分析，从而实现多目标决策。环境模型将与GIS、RS、GPS、ES 在 Internet 上集成起来，并在有关数据库的支持下，与实时监测数据有机地结合起来，建立环境决策支撑系统（EDSS）。在环境预测中，对环境演变规律进行分析研究，进而研究其演变趋势、预测未来一段时间内环境的状况，是实现环境监测、管理、规划的必然要求。环境预测需要计算机技术、数理模型的支持。充分利用虚拟环境中对现实生产系统的模拟，按照动态发展的规律和趋势，建立与区域生产、生活、经济发展相适应的环境演变模型，成为解决环境预测的重要途径。

4.3.3　EIV 表达技术的趋势

目前，EIV 技术可以提供给环境管理者和研究者更直观、更符合人类认知规律的信息表达方式和方法。通过环境信息的分类以及特征研究已经证明，大多数环境信息可利用可视化方式进行表达。不同的环境信息的处理要选择不同的可视化方法。RS 与 GIS 的融合、3D GIS 的可视化、实时的监控和 VR 是 EIV 未来发展方向。科学可视化的理论与方法日趋成熟，可以为环境制图与研究提供更易理解的表达与分析手段。可视化技术不断地向实时化、动态化、网络化及多维、VR 等方面发展，将其与环境信息领域有效结合必将推动环境信息科学领域研究的深入发展。

在实际工作中，由于 DB 的采集、传输、加工、存储和应用比较分散，缺乏标准的环境信息目录体系和交换体系，不同系统间的数据难以对比和关联，成为环境信息化建设的瓶颈。3S 与环境模型的融合和集成程度不高，影响了许多环保信息系统的预测精度和直观性；ES、仿真系统、控制系统等新技术还未在 EIS 中得到广泛应用。许多 EIS 还不能与 Internet 有机的融合，影响了环境空间信息在网上的发布和获取。如何充分利用以 GIS 系统进行的 EIV 表达，采用何种表达方式进行表达，都是环境管理者及环境研究人员需要关注的问题；因此，同样有必要在 EIV 的方法方面进行探索研究。

首先，环境信息化可以突破 EIM 的时空限制，尽可能地保障所获取环境信息的准确性，增强环保部门的执法能力；其次，环境信息化建设有利于及时建立环境监测体系和应急系统，使人们更加有效地应对各种突发事件的发生；另外，环境信息化建设有助于政府和公众之间的互动和联系，调动和发挥公众参与环境保护的主动性和积极性。尤其是随着 VR 和 GIS 集成的技术系统——虚拟地理信息系统（VGIS）的发展，建立集 VR 技术、EIS、空间分析模型、AI 专家系统等于一体的虚拟 EDSS，将是环境管理实现自动化、信息化、智能化、可视化的有力保证，必将极大地推动环境信息科学的发展。

4.4　环境信息图谱表达技术

4.4.1　图形图像思维主要特征

地图是根据构成地图数学基础的数学法则和构成地图内容地理基础的综合法则，将地球表面缩绘到平面上的表象，它反映各种自然和社会现象的空间分布、组合、联系及其在时间中的变化和发展。一般而言，图是指地图、图像、图形、图表等空间信息的表现形式，如点、线、面、体构成的平面图、立体图等和直方图、饼状图、折线图等，以及影像图、晕眩图等。图形图像对于事物的表达更为直接、形象，富有逻辑性。目前，人类所积累的认知科学的理念以及图像图形学的理念与方法，已经拓展到了地球科学、生命科学、环境科学等自然科学与社会科学的学科体系中，也拓展到了资源、环境、生态、经济等诸多领域。

基于捷克地图学家 A. Kolacny 于 20 世纪 60 年代末所提出的地图信息传递模型，抽象出地图信息的传递特征，在一定程度上开拓了从信息论的角度研究地图的创新领域；也对运用地图理论与方法表达环境信息提供了重要的理论及技术。地图学的原理与方法之所以在诸多学科领域具有广泛应用，是由于地图学本身具有跨学科特征、信息传输特征、模型化特征以及高科技特征。图 4-2 反映了廖克（1983）先生所推崇的理论地图学、地图制图学及应用地图学三大地图学体系框架。

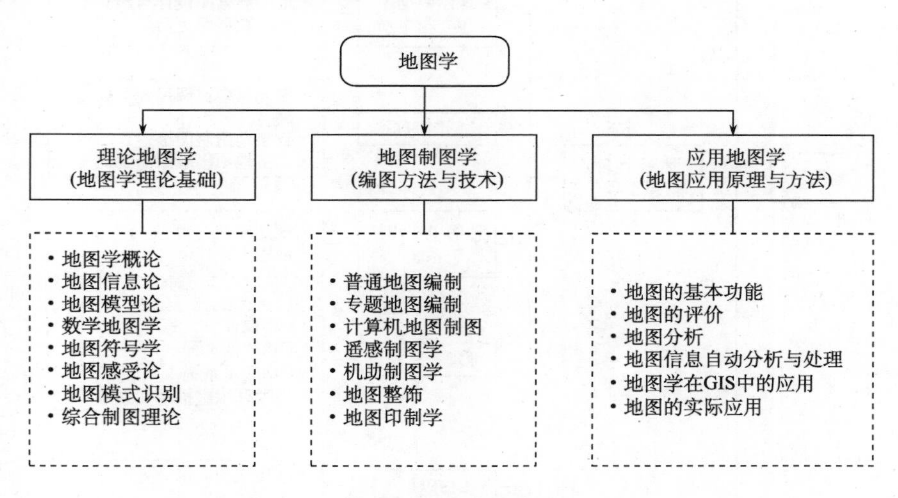

图 4-2　地图学体系

在系统地分析地图理念与方法以及现代技术体系与地图学关系的基础上，王家耀（2006）院士梳理与凝练出了现代地图学科学体系框架，见图 4-3。

不管哪种体系的理念与方法，地图在一定程度上仍是传递空间地理环境信息的工具，能够反映各种自然和社会现象的多维信息、空间分布、组合、联系、制约及其在时空中的变化和发展。用图形来表达事物，给人一种特殊的感受效果，它区别于并在诸多方面优于自然语言的表达效果，被人们当作信息传递的重要工具。因此，在环境信息科学中，运用现代地图学的原理与方法，特别是现代地图学的语言，表达环境信息类型、变化、特征、规律，对于认识环境信息时空特征，揭示环境信息机理，推进环境污染治理以及 ECC 发展具有重要的理论价值与重要的现实意义。

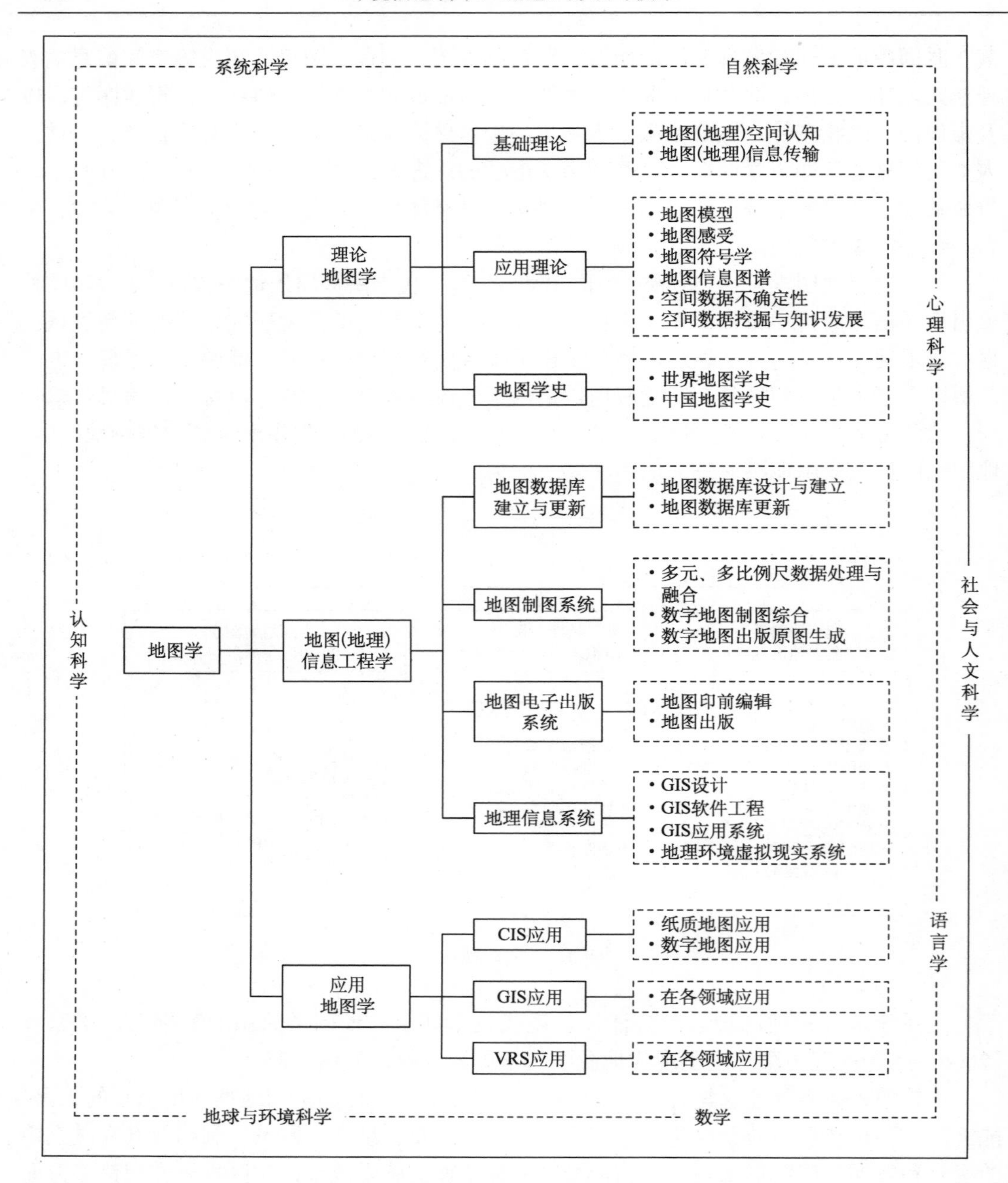

图 4-3　现代地图学科学体系框架

CIS 指接触式图像感应装置（contact image sensor）；VRS 指虚拟重扫技术（virtual rescan）

4.4.2　图谱的基本内涵及特征

谱是不同类型事物特征有规律的序列编排，如光谱、色谱、指纹谱、家族谱、电磁波谱、昆虫图谱、植物图谱、戏剧脸谱、化学元素周期表（图 4-4）等。图谱是指经过分析综合的地图、图像、图表形式，是反映事物和现象空间结构特征与时空序列变化规律的一种信息处理与显示手段，如植物地理景观图谱、中国山地垂直带图谱等；图谱具有地理空间的图形表达和按照特征有规则排序的特点。

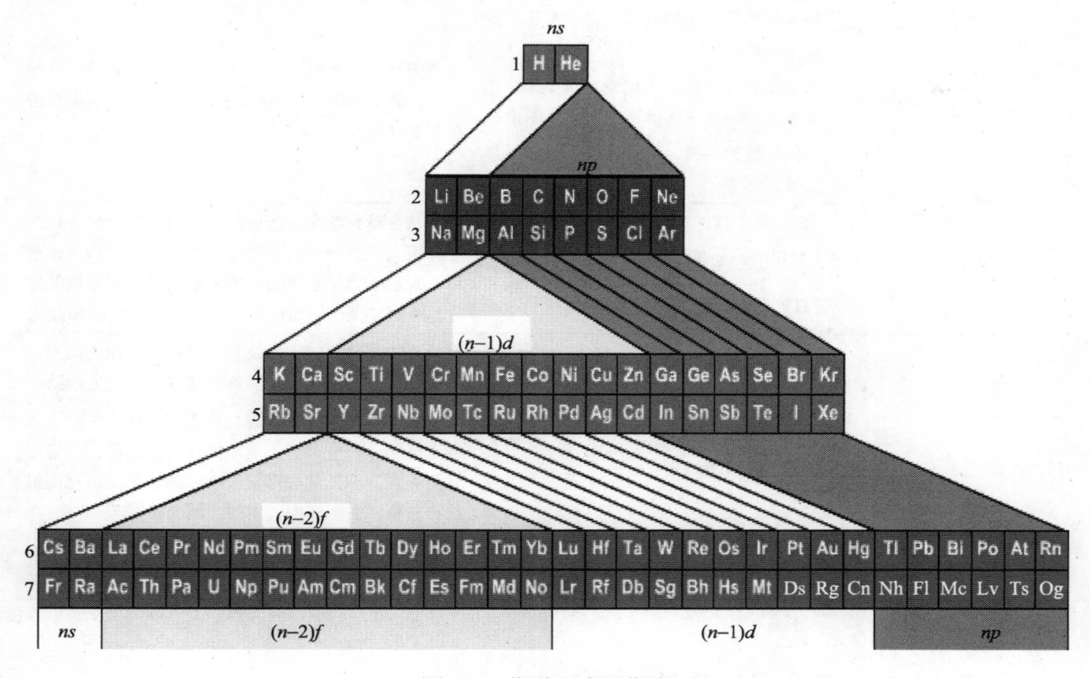

图 4-4　化学元素周期表

在环境信息的表达中，学者们结合各自的研究领域，应用 RS、GIS、VR、DM 等技术手段，结合图像图形学原理，特别是数字制图技术，研发了一系列各具特色的信息图谱（ITP），拓展了人们对环境信息传播与变化特征的认识，推动了图谱研究的进展，也极大地促进与丰富了 ENITP 研究的发展。而 ENITP 来源于中国学者对于地理信息图谱（GITP）研究及其对地球信息科学的贡献。植物图谱、动物图谱、微生物图谱、土壤图谱等主要反映了要素类型划分方面的特征；水系图谱、地质构造图谱、山地垂直带图谱、交通运输图谱等，更多地反映了要素的空间格局特征；气候变化图谱、历史断代图谱等则反映了要素时间序列的特征；热带气旋图谱、环境污染图谱、城镇变迁图谱等反映了要素发展过程的特征。表 4-1 反映了 GITP 研究的重要进展（廖克，2007；王让会，2011），对于进一步拓展与完善 ENITP 及环境信息科学相关领域的进展具有重要的借鉴价值，并将形成环境信息科学具有特色的研究方向。

在具体研究中，不同的学科均可以通过图谱的形式表达相关要素及特征，帮助人们创新思维，发现新特征，建立新认识。叶型图谱、花图式、根系类型图谱、冠型图谱、果实图谱、资源植物类型（功效）图谱等，都是在图谱理念下的创新与发展，类型多样，别具特色。在地理学、地貌学、地质学及相关学科中，水系结构是一种复杂多样的类型，形成了水系复杂而多样化的图谱类型。

表 4-1　GITP 的主要分类

划分依据	典型图谱类型		特征说明
ITP 性质	分类系统	如动物图谱、植物图谱、昆虫图谱、地貌图谱等	三类图谱各有所侧重，往往相互交叉，甚至三者结合成综合信息图谱，当然 GITP 的建立只能根据需要和条件逐步开展
	空间格局	如地质构造图谱、山地垂直带图谱、水系图谱、海岸带图谱、交通网络图谱等	
	发展过程	如热带气旋图谱、环境污染图谱、城镇发展图谱等	
ITP 尺度	地学宏观 ITP（大尺度）		涉及从全球到较小的区域，所反映的时空分布规律差异很大，划分不同时空尺度信息的综合和对比研究，有利于地学系统演化的一般性原则和原理的建立，从而实现一定精度条件下的推理、反演和预测
	中观 ITP（中尺度，如景观亚带、景观类型）		
	微观 ITP（小尺度，如地理单元）		
ITP 应用功能	征兆 ITP		反映事物和现象的状况及异常变化或存在的问题，为进一步分析与推理提供基础信息与格式化数据
	诊断 ITP		对征兆 ITP 所反映的问题与隐含的规律，借助于各种定量化分析模型与工具，找出问题症结，并进行分类处理，即把过去对某一区域的认识，通过图形综合分析，以图谱形式实现区域诊断
	实施 ITP		以诊断 ITP 为依据，通过改变各种边界条件，提出不同调控条件下的决策与实施方案

4.4.3　ENITP 的概念及其表达

如前所述，ITP 更多的是融合了信息科学理念及技术特点，把信息流的特征与信息属性特征紧密地结合起来，形成具有特定信息内涵的图谱表达模式。在此基础上所产生的环境信息图谱（environmental information TUPU, ENITP；environmental information spectrum, ENIS），则更具特定的内涵。ENITP 是按照环境信息自身的特征综合分析后，依据相关原则提取出的能够反映环境时空规律的信息处理与显示方法，地图、图表、曲线或图像均是它的表现形式。

在建立 ENITP 的过程中，首先必须对图谱信息进行广泛搜集与深入分析，对图谱的对象进行深入研究与深刻认识，然后进行实质性的抽象概括，建立定性定量指标体系与数学模型，并进行计算机多维与动态可视化设计，建立数据库与检索体系，最后形成完整的图形谱系，为分析环境现象及环境过程以及揭示环境规律提供新的思路与模式。ENITP 创造性地采用图形思维、环境认知与信息思维相结合的方法，结合数值模拟方法，对环境信息的时空变化规律进行抽象概括、归纳和描述；同时，从环境领域的图形单元入手，从复杂的环境要素中提取其基础信息；运用 CV 及计算机多维动态可视化技术，研究各类 ENITP 的表现形式与综合集成方法（王让会等，2009；王让会，2011）。

ENITP 是在 ITP 原理的发展过程中形成的，ENITP 所研究的环境空间规律和环境过程均具有一定的区域相似性，在空间和时间上具有一定的区域特征，因此，对 ENITP 的研究均有空间和时间尺度方面的内涵特征。尺度是研究客体或过程的空间维和时间维。根据研究性质、研究对象的空间规模等方面的不同，ENITP 的空间尺度可分为大尺度、中尺度和小尺度；按研究的时间尺度不同，ENITP 的时间尺度可分为长时间尺度、中等时间尺度和短时间尺度。ENITP 的时空维是指其数据源的时空维或 ENITP 可以表达的时空维，不同的时空维表达不同的特征和内容。

图谱所反映的事物特征及规律具有综合性、系统性、典型性、多样性及个性化等特点。图 4-5 反映了河节标数为 5 的 14 种拓扑观念网络河网，抽象地展示了河网格局图谱的数学参数特征（陈述彭，2007），在涉及水域环境问题时具有重要的启示意义。

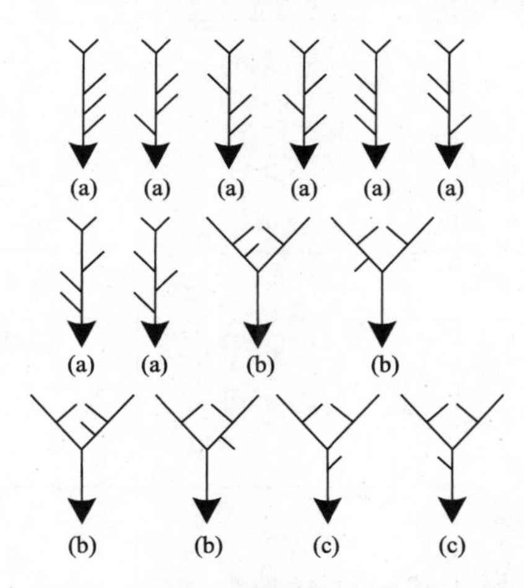

图 4-5　河网格局图谱的数学参数描述

图4-6反映了生态系统或者景观随时间的变化的一般规律（Forman and Godron,1986；肖笃宁等，2003），在包括环境信息科学在内的学科研究中，形成了特定的规律，具有普遍适用性。该变化趋势可用三个独立的参数来表征，其一，变化的总趋势；其二，围绕总趋势的相对波动幅度；其三，波动的韵律（规则或不规则）。该规律性图谱表达对各类环境污染要素及环境问题表达具有规范性与指导性。

基于以上原理与方法，在 ENITP 表达过程中，可以对大气污染[有机污染物（OP）、PM、SO_2、NO_x、CO、O_3]、水体污染（COD、BOD、NH_3-N、pH）、土壤污染（SHM、SOP、TN、TP、TK）、固废、噪声等指标及参量进行图像图形表达，并进一步进行环境信息的图谱化，实现真正意义上环境信息的系统化、特色化、多样化表达与重现。

ENITP 不仅应用于数据采集和数据开发利用，而且服务于科学预测与决策方案的虚拟。在环境调查研究与动态监测基础上，可进行环境综合信息图谱（EIITP）分类和 DB 建设。EIITP 是按照一定指标递变规律或分类体系排列的一组能够反映环境空间信息规律的数字地图、图表、曲线或图像，是区域自然过程与社会经济可持续发展的时态演进与空间分异，是研究区域自然环境与社会发展的一种现代化的科学方法和高新技术手段（陈述彭等，2000）。深入研究利用图形和影像信息自动或交互式数字化生成图谱信息的方法，有助于建立图谱数据库与双向检索模式，开展图谱信息的 3D 可视化表达与动态模拟，以拓展图谱类型自动概括方法。EIITP 是在生态环境数据库与综合系列地图基础上，经过信息挖掘、知识发现、抽象概括、模型分析而形成的综合性图形谱系。同时，

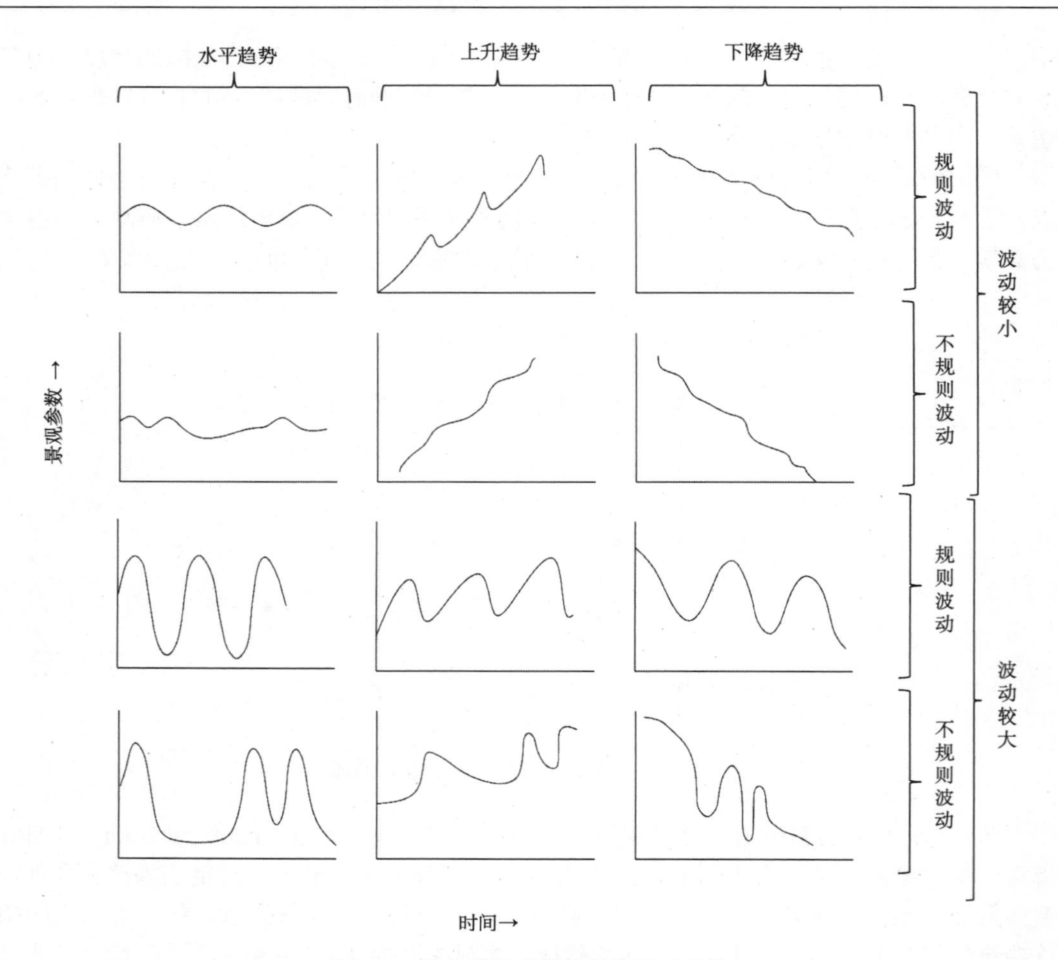

图 4-6　生态系统或者景观的若干变化

EIITP 是在环境调查研究与动态监测基础上，运用环境基础与动态数据库的大量数字信息，经过图形思维与抽象概括，并以计算机多维动态可视化技术，显示环境及其各要素空间形态结构与时空变化规律的一种方法与手段（廖克，2002）。通过对 EIITP 数据库的建设，可以从不同侧面研究生成一系列的图表，构成环境空间格局信息图谱，利用图谱分析生态环境空间格局特点和变化规律。建立时空模型、环境仿真动态模拟，进一步为实现 ENITP 的可视化奠定基础。

EIITP 不仅是生态环境数据库的基础资料，而且以 EIV 技术揭示环境的空间格局与时空变化规律，可为环境规划治理与决策咨询提供深层次的科学依据和具体方案。

第5章　环境信息管理技术

5.1　EIM技术研发现状

环境信息管理（EIM）技术是一种利用信息技术对环境信息迅速采集、处理、存储、管理、检索和传输的信息管理技术，这种技术能够为管理者提供科学、有效的决策信息。环境信息管理技术常应用于环境管理中的诸多方面。

环境信息是环境管理的信息基础，而GIS是环境管理的技术支撑；对环境信息系统科学地分析和管理是实现环境管理信息化的必要前提，开发高效科学的环境管理信息系统（EMIS）可为环境评价和环境调控提供重要的技术支撑，并有效提高环境管理决策分析能力。从现有环境信息和空间关系中挖掘并产生新的环境数据，将引导环境管理者产生形象思维，拓宽思路和视野，发现并解决现实环境新问题。因此，有必要建立专门化的环境管理信息系统。

EMIS是以数据库（DB）管理技术为核心，利用计算机软硬件，实现对环境信息的输入、输出、修改、增加、删除、传输、检索、计算和共享等各种DB技术的基本操作。同时，它是结合地学统计、空间分析、图形图像处理、环境评价模型、决策分析模型等应用软件构成的复杂而有序、具有系统性功能的技术工程应用系统。EMIS的基本内容由基础数据库、环境管理模块和辅助决策模块等部分组成。20世纪70年代初期以来，计算机在工业发达国家的环境保护工作中得到了广泛的应用，国外的一些政府机构和软件开发商着手EMIS的开发和完善，陆续建立起各种MIS，在环境监测、规划决策、环境预测与评价、科学研究等各个领域发挥着不可缺少的作用（赵玉勇和吴永明，1999）。如EPA的STORET系统和AIRS系统、英国环保局的WQIS系统、挪威的ME Mbrain系统（李积勋和史培军，1997）、欧共体的ECDIN、UNEP的GRID等（宦茂盛等，2000）。在这些系统中，EMIS与ES结合为环境战略决策服务，与GIS结合进行环境分析模型和趋势预测研究，表达形式上利用了CAD制图、多媒体等技术。近年来，网络化与智能化是EMIS新的热点之一，人们不仅探讨了EMIS向网络化与智能化发展的理论与途径，而且开展了一系列实践活动，欧洲环境信息观测网络工程等就是其中的典型代表（杨艳等，2000）。目前，国外在EIS建设领域已经取得长足发展。20世纪70年代，美国利用RS、GIS和DB管理技术构建了EDB和EMIS，并将该系统运用到环境管理中。美国的EDB涵盖大气、水体、土壤、毒物处理、突发事件等，数据覆盖面大。1989年，EPA应用ARC/INFO进行了EIA、地下水保护、污染源分析、酸降解分析等方面的工作。1985年，欧洲环保署构建了欧洲共享环境信息系统（SEIS），SEIS为成员国提供了可共享的环境信息服务。1974年，联合国环境规划署（UNEP）建立了国际环境资源查询系统，该系统通过国家级环境机构，构成国际环境资源查询网络体系。此外，UNEP还建立了全球环境监测系统、全球资源信息数据库、国际潜在有毒化学品登记管理系统等，对环境信息实现科学的国际化管理。

从国内 EIM 的发展历史来看，该领域经历了环境信息标准化、省级 EIS 建设、城市级 EIS 建设、环境管理广域网建设等阶段（金勤献等，2001）。目前，以国家级环境信息网络系统为中枢、省级环境信息网络系统为重点、城市级环境信息网络系统为基础、县级环境信息网络系统为补充的 4 级全国环境信息网络系统已粗具规模，此外，在环境信息建设、网络系统建设、环境管理办公自动化、GIS 应用以及一系列信息技术、网络技术的开发与应用方面都取得了快速的进展，并在环境管理工作中得到了广泛应用。

随着信息化发展战略与网络强国战略的提出，生态环境部加大了环境信息化的建设力度，在环境监测、污染控制、“生态红线”（ecological redline）管理、CEED 和生态规划信息化进程方面发展迅速，为推动 EIS 的建设提供理论基础和实际经验。中国 EIS 的发展大致经历了三个阶段，20 世纪 80 年代处于探索阶段，初步开展了 EIM 系统理论研究，并构建了一些研究型的 EIS；20 世纪 90 年代，各环保部门应用先进的计算机技术构建了日常的 EMIS 和 DSS，EMIS 成为环境管理工作的重要手段，国家和地方 EMIS 逐步建立；进入 21 世纪，国家环境监测信息系统（NESMIS）的研制标志着国内 EIS 逐渐走向市场化发展道路，通过政府引导和市场机制有机结合的工作方式，为未来 EIS 和环保产业发展提供了可行性方案和机制（张学敏，2010）。

目前，发达国家已经逐步建立了基于 GIS 技术的环境监测和 DSS，初步实现了环境信息数据的可视化表达，运用 3S 技术进行环境质量监测、污染事故预警、污染应急处理和决策支持等。利用 GIS 的数据管理和空间分析功能，结合专家知识系统构建环境评价专家 DSS 是 EIS 的一个重要发展方向。

EIM 是可持续发展战略的重要组成部分。未来加强环境信息管理，首先需要突破环境管理时空尺度的限制，需要保障数据获取的准确性，提高环境信息管理的水平；其次，应加强国家整体环境信息化建设，建立环境监测体系和应急系统，以便能够更加迅速地应对各种 ENEM 的发生；再次，应通过城市环境信息化建设，有效地开展政府和公众之间的互动和联系，进一步调动和发挥公众参与环境保护的主动性和积极性。具体而言，EIM 的发展应该始终注重信息标准化的保障，强化环境信息平台的数据资源深化共享的水平，以 BDM、CC、AI、模型应用、3S 集成为技术领域的发展途径，拓展 EIM 的功能。

科学与创新理念以及“互联网+”理念在 EIM 中具有重要地位，但目前的 EIM 理念尚未与新时代的新理念相适应；如何把“两山”思想落实到 MWFGLLC 的稳定发展方面，努力践行“河长制”“湖长制”政策，大力推进环保督察制度与 CEED 制度，是实现新时代 GD 与和谐发展的重要切入点，也是 EIM 的重要关注方向。尽管目前已经积累了大量环境信息，但是并未对这些历史信息进行综合分析和有效利用，特别是在污染信息变化迅速的情况下，其实时性与动态性需要加强。

环境问题与地理要素紧密联系，通常具有很强的地理分布特征。GIS 实现了地理信息的图形表达，集成了地图符号化、地理空间分析和数据库管理等功能，突出地理空间实体及其关系。GIS 在环境保护、环境管理、区域 EQA 和辅助决策等方面将空间功能应用到具体实践中。GIS 技术的逐步完善，为 EIA 迈向信息化提供了技术支持，由于 GIS

在建立和分析地理对象之间的拓扑关系上具有强大的功能；因此，可以对环境因素、污染物的数据属性和它们的空间分布进行科学分析（张学敏，2010）。3S 技术和 Internet 技术的有机结合是 EIS 的平台和基础，同时结合 ES 构建环境评价 DSS 将是 EIS 的一个重要方向。

5.2 “互联网+”与 EIM

“互联网+”是创新 2.0 下的互联网发展新业态，是知识社会创新 2.0 推动下的互联网形态演进及其催生的经济社会发展新形态。在“互联网+”的时代背景下，中国环境监管工作在 EIM 智能化、ENEM 处理和环境监测的网络化等领域面临着新的机遇和挑战。“互联网+”在环保工作中的应用主要表现在环保产业的网络化与政府环境监管的信息化方面（王腾，2015）。在“互联网+环保”背景下，提升中国环境监管水平要加强环保的跨界联动，建立健全环境信息共享机制；着力在创新环境监管方式上取得新突破，促进 EBD 与生态环境保护深度融合，加快完善综合执法与监察制度，探索构建多层次生态环境风险防范体系。同时，要加强环保意识的网络宣传，建立政府与社会环境信息沟通协调机制；提升环境监管人员的综合素质，不断完善互联网人才培养与社会引智机制。“互联网+环保”背景下，环境监管工作需要改变传统的环境监管模式，实现管理主体与社会主体之间的环境信息共享，实现环境共同监管的长效机制。“互联网+环保”的发展，提高了环境监管的实效，节约了环境监管成本，增强了国家环境监管能力，拓宽了公众参与环境监管的途径。图 5-1 反映了“互联网+环保”的内容及模式。

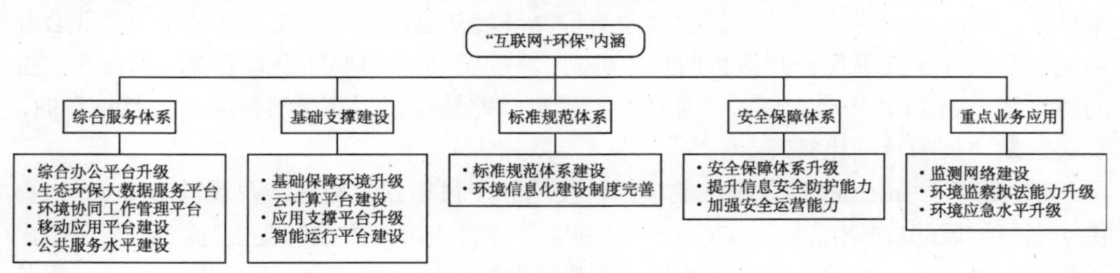

图 5-1 “互联网+环保”内容及模式

5.2.1 EBD 与 CC

BD 是随着数据获取和数据存储技术逐渐发展起来的一种新的知识获取方式。BD 来源于传统数据，但 BD 能够提升传统数据的研究及使用价值。目前，普遍认可的 BD 特性，即数据量大、数据类型多、高速数据流动性和数据价值大，这些特性可以作为判断数据集能否成为 BD 的基本指标（Zikopoulos and Eaton，2011）。EBD 同样具有 BD 的一般特征。从 20 世纪 80 年代开始，环境技术快速发展，环境管理部门也进行了大量的环境监测工作、生态环境调查及污染源管理工作，积累了大量的环境信息数据。EBD 把 BD 的核心理念和关键技术运用到环境领域，对环境数据进行采集、处理、分析并应用到实际的环保工作中。

EBD 的应用对政府、企业和公众都具有重要意义。对政府决策者而言，集成化 EBD 可以帮助政府从全局角度掌握环境数据信息，为环境政策的制定提供科学、全面的数据支撑，对环境的实时监测、分析可以提高环境监测、管理和应急处理的能力。对企业而言，BD 能够实时监测各个生产环境的能耗和污染情况，有利于企业生产管理和成本管理。同样，EBD 能够为公众提供公益性的 EQA 服务，帮助公众关注自身周边的环境（常杪等，2015）。从“十三五”规划开始，中国的环境管理战略逐渐转向以改善环境质量为导向，环境管理方式从经验型粗放式向科学化与精细化方向转变；目前实施的环境保护督察及巡视制度，极大地促进了环境执法与环境治理的进程。EBD 技术作为一种新的数据集成管理和分析处理技术，可以将海量环境信息数据有效连接，真正实现用数据处理结果驱动环境管理和决策制定。

将 BD 处理的一般理论和技术手段引入环境管理工作中，可为科研人员和决策者提供认识环境问题和解决环境问题的新方法。目前，EBD 理论和技术还处于发展阶段，在环境管理的诸多领域缺乏应有的理论基础和实践经验。EBD 管理的问题大致可分为如下几个方面：①从数据分析和处理的过程来讲，环境数据类型混杂，大量的异构数据增加了数据处理和利用的难度。解决数据分析和处理的问题需要研究人员利用环境数据的特性和 BD 整合处理技术，提高快速整合各类环境数据的能力，为进一步开展 EBD 挖掘提供技术支撑。②从 BD 应用现状来讲，目前中国的 BD 技术发展尚处于起步阶段，EBD 的应用方法尚不清晰，缺少专业的分析应用工具对环境问题进行深入分析。需要进一步融合信息技术和环境科学，培养出掌握 BD 技术和环境管理理论的复合型人才，为 EBD 在环境管理领域的应用提供智力支持。③从环境数据管理来讲，目前环境数据的利用效率较低，完善 EBD 管理，一方面需要政府提高环境信息的公开程度，激励相关企业公开环境信息，并建立确保公开信息的长效机制；另一方面也需要加强政府部门间合作，推动建设统一的 EIM 平台。同时，加快环境管理战略转型，以环境质量考核为目标导向，实现定量决策和精细化管理。

CC 是基于 Internet 相关服务的增加、使用和交付模式，通常涉及通过 Internet 来提供动态易扩展的虚拟化资源。CC 是一种商业计算模式，其方法的提出为 DM 平台指出了新的发展方向，能够向用户提供动态资源和虚拟化的计算平台。基于 CC 的 DM 服务架构使用户能够灵活使用服务资源，同时能够实现对用户需求的动态反馈服务。实现 EBD 挖掘服务，最重要的是依据服务架构分析，为每一个 DM 服务建立服务组件模型（丁静等，2012）。CC 服务模式基于开放式的标准化架构，用户可依据需求灵活地构建云服务。CC 主要有 3 种服务模式，包括基础架构即服务（IaaS）、平台即服务（PaaS）、软件即服务（SaaS）。基础架构表示用虚拟化技术作为服务代表，最大限度地利用已有的硬件资源。CC 数据中心的建立能够决定控制单元中数据集中管理的方式，当访问用户数量较多时，且对 GIS 功能需求相对简单时，可用 WebGIS 技术实现云服务中心与客户端的空间信息交互（万鲁河等，2015）。

5.2.2 EBD 挖掘

2018 年 5 月 26 日，中国国际大数据产业博览会开幕，中国数字经济环境不断优化，预计到 2020 年，中国数据总量的全球占比将达到 20%，中国将成为数据量最大、数据类型最丰富的国家之一。在这种背景下，DM 及其应用成为至关重要的研究方向。

DM 是指从人们生产、生活的环境中所隐藏的大量的、模糊的、不完整的、带有随机性的实际数据中，提取出未知的或者具有潜在价值的知识和信息的过程（靳秀英和董丽，2015）。DM 能够完成自动预测趋势分析、聚类分析、偏差分析、关联分析等。研究 DM，离不开元数据（meta data），元数据是关于数据的数据。在数据仓库领域中，元数据被定义为描述数据及其环境的数据。一方面，元数据能提供基于用户的信息，另一方面，元数据能支持系统对数据的管理和维护。正是元数据具有这样的特征，使其与 DM 具有密切的联系。在各类软件程序中，元数据不是被加工的对象，而是通过其值的改变来改变程序的行为的数据，依次实现数据的拓展与衍生，即数据的挖掘过程。元数据以非特定语言的方式描述在代码中定义的每一类型和要素。在环境信息科学研究中，环境信息或环境数据的应用离不开 DM，也离不开元数据。

元数据主要是描述数据属性的信息，用来支持如指示存储位置、历史数据、资源查找、文件记录等功能。在元数据的原理及方法的基础上，探索 EDM 的原理与方法，对于拓展环境信息以及开展 EDM，具有重要启示意义。EDM 方法包括机器学习法、统计分析法、BP 神经网络法等。随着数据和 DB 的急剧增长，仅仅靠 DB 管理系统的查询机制和统计分析方法已经不能满足现实需要，迫切需要智能化地将数据转化为有用的信息和知识。EDM 技术就是用于开发环境信息资源的一种新的数据处理技术。图 5-2 反映了环境数据超市模式下，数据加工、处理、共享等过程的关系，特别是元数据的作用。

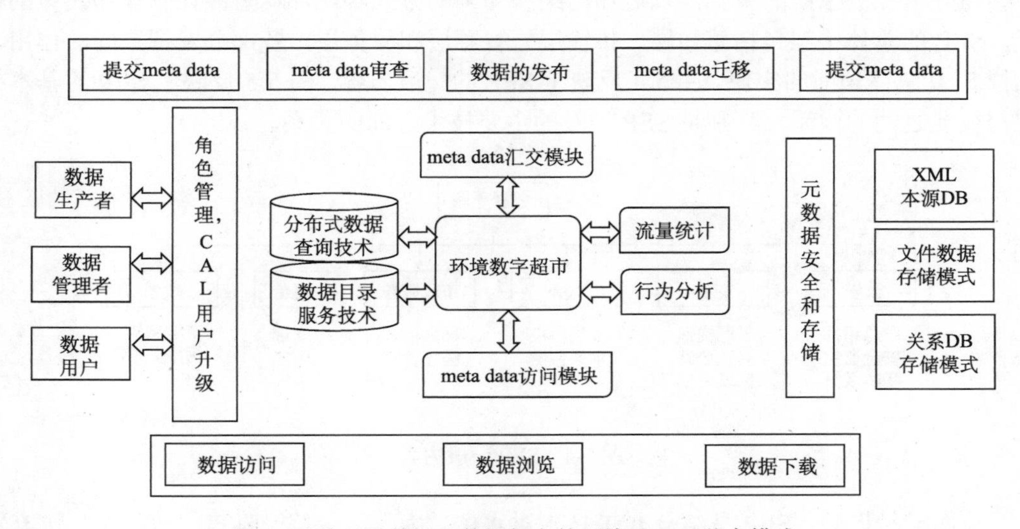

图 5-2　基于元数据及数据超市的环境 DM 及共享模式

环境管理涉及的环境信息、环境管理对象繁多，环境信息数据是环境管理的重要基础。环境信息数据主要包括环境行政管理数据、环境保护法律法规数据、环境质量数据、环境事故处理数据、环境监测数据、环境预测数据等。如何实现这些环境信息数据的专业化处理，是目前环境数据处理的重要问题。EDM 方法是从机器学习、AI 等方法发展而来，结合了数理统计方法、可视化表达等技术，以 DB 为操作对象形成的一种新的知识发现方法和技术。图 5-3 显示了 EDM 的主要过程。

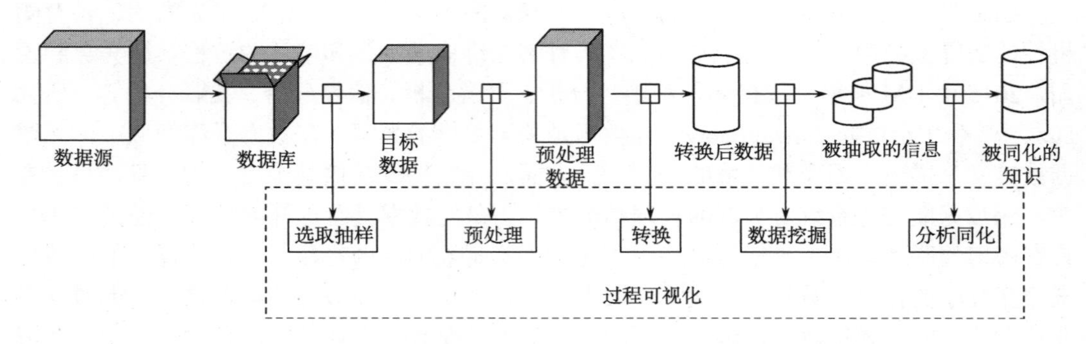

图 5-3　EDM 过程示意图

5.2.3　SEP 与 ENIOT

智慧环保（smart environmental protection, SEP）是信息技术以及网络化、智能化、数字化等快速发展并在环境保护领域的应用。目前对于 SEP 的概念不尽相同，一些学者认为，SEP 是“数字环保”概念的延伸和拓展，它是借助 IOT 技术，把感应器和装备嵌入到各种环境监控对象中，通过超级计算机和 CC 将环保领域 IOT 整合起来以实现人类社会与环境业务系统的整合，以更加精细和动态的方式实现环境智能化管理和决策的模式。SEP 的总体构架包括感知层、传输层、智慧层和服务层，各部分发挥不同的作用，支撑 SEP 总体功能的实现。图 5-4 反映了 SEP 的一般内容。图 5-5 反映了 SEP 的基本构架与彼此之间的联系，特别是 SEP 涉及的主要技术之间的关系。

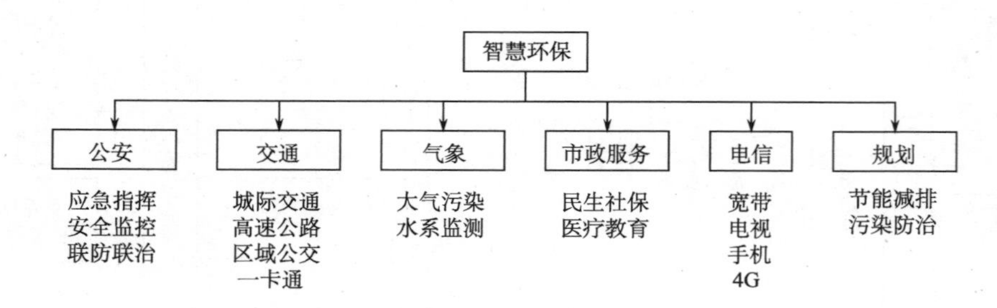

图 5-4　SEP 一般内容

前面已经提到，SEP 是结合 IOT 技术对水体、大气、土壤、噪声、放射源、废弃物等进行感知、处置与管理而建成的一个集智能感知能力、智能处理能力和综合管理能力于一体的新一代网络化智能环保系统。SEP 更加注重智能数据采集、DM、模型模拟、AI 综合性决策等问题，并以更加精细和动态的方式实现 EIM 和决策的智能化，为“美丽中国”建设提供模式借鉴。

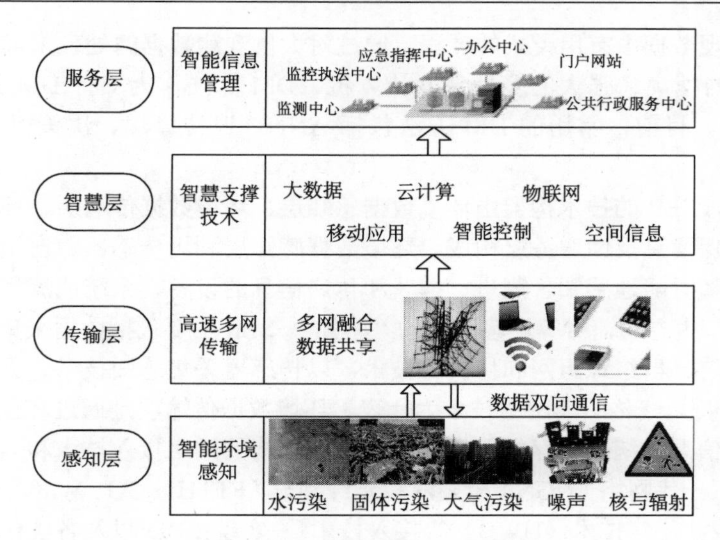

图 5-5　SEP 总体构架与技术构成

ENIOT 技术是指通过各种传感设备（传感器、RFID、BDSS、IR 感应器、激光扫描等）采集声、光、热、电、力学、化学、生物、位置等各种信息，并与互联网、无线专网进行信息交互传输的一个巨型网络，能够实现物与物、物与人的网络连接、识别、管理和控制（凌志浩，2010；Kranz et al.，2010）。具体而言，就是把感应器嵌入和装备到电网、铁路、桥梁、隧道、公路、建筑、供水系统、大坝、油气管道等物体中，并被普遍连接形成 IOT（Yap et al.，2008；Szewczyk et al.，2004）；它实现了物体信息智能化识别、定位、跟踪、监控与管理，在 SEP 中，是数据实时获取、更新与管理的重要手段（王希杰，2011）。IOT 技术主要包括传感与 RFID 融合技术、IOT 节点及网关技术、IOT 接入与组网技术、IOT 软件与算法、IOT 交互与控制、IOT 计算与服务等。图 5-6 反映了 ENIOT 的一般构架及模式。

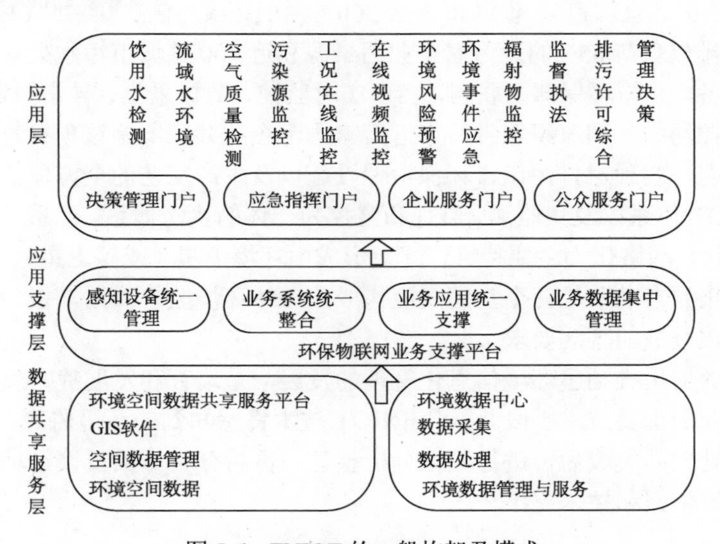

图 5-6　ENIOT 的一般构架及模式

DM 是发现数据中有用模式的过程，通过对大量观测数据的处理来确定数据的趋势和模式。BD 的搜集、强大的多处理器计算机、DM 算法作为支持 DM 的基础技术已逐渐发展成熟。目前，常用的 DM 方法包括 ANN、遗传算法、决策树方法及模糊集方法等。

如前所述，SEP 的技术构架由环境数据感知层、环境数据传输层、环境大数据处理智慧层以及环保信息反馈服务层构成。环境数据感知层利用传感器、自组织传感器网络以及任何可以随时随地感知、测量、捕获和传递信息的设备、系统或流程，实现对环境质量、污染源、生态、辐射等环境因素的“感知”。SEP 主要包括数据采集、处理技术以及传感器的部署、自组织组网和协同等技术，以传感器采集感知技术、无线射频识别技术（FRID）以及无线传感器网络技术为代表。环境数据传输层是通过环保专网、运营商网络，将各类信息系统中储存的环境信息，利用异构的网络接入技术和基础核心网络技术[包括基础下一代网络（NGN）核心网和光纤到户（FTTH）、3G、WiFi、蓝牙、ZigBee、（超宽带）无载波通信技术（UWB）等接入技术]，实现 EBD 以及各类信息的交互和共享。环境大数据处理智慧层以 CC、虚拟化和高性能计算等技术手段，整合和分析 BD 的跨地域、跨行业的环境信息，实现 BD 存储、实时处理、深度挖掘和模型分析，通过 CC 技术的支持提高 SEP 的智能化水平。环保信息反馈服务层利用云服务模式，建立面向对象的业务应用系统和信息服务门户，为环境质量、污染防治、生态保护、环境管理等业务提供智能化决策。

随着技术的进步，国控重点污染源自动监控系统发展迅速。2008 年，原环保部（现生态环境部）在全国 31 个省、自治区、直辖市及 6 个督查中心和 333 个设区市部署的国控污染源在线监控系统，可以说是 IOT 在环保领域的行业级实践。该系统是污染减排指标体系、监测体系和考核体系建设的重要组成部分，其目标是通过自动化、信息化等技术手段，准确而实时地掌握重点污染源的主要污染物排放数据、污染治理设施运行情况等与污染物排放相关的各类信息，确保污染减排取得实效。该项目分 3 级 6 类，建设了国家、省（自治区、直辖市）、设区市 3 级 300 多个污染源监控中心并联网，在占全国主要污染物工业排放负荷 65%的近万家工业污染源和近 700 家城市污水处理厂安装了污染源自动监控设备，并与环保部门联网，实现实时监控、数据采集、异常报警和信息传输，形成统一的监控网络。国家组织省、市近万家排污企业共同实施该项目，实现了数万个点位的信息联通，实现对排污口、环保治理设施以及生产工艺的全方位监控，构建了一个庞大的 ENIOT 体系以及集监测、监视和监控为一体的执法体系。该系统使环保部门以自动化、信息化、网络化为主要特征，逐步形成由环境卫星（或碳卫星）、环境质量自动监测、重点污染源自动监控三个空间尺度构成的立体环境监管体系，极大地适应了目前打好污染治理攻坚战的客观要求。

IOT 技术的应用推动了环境信息化管理的发展，是培育和发展战略新型环保产业以及环保信息产业的重要技术手段。利用 ENIOT 技术将感知到的环境监测、环境管理数据通过相关技术处理并集成后，进行数据分析整理，再将分析结果反馈给环境用户，为决策分析提供理论依据和技术支撑。

5.3　GIS 与 EIM

5.3.1　主要 GIS 软件的特点

如前所述，地理空间数据的采集与整理、数据集成化管理、数据分析等是 GIS 的基本内容。空间位置、空间分布和空间关系构成了 GIS 的基本概念，GIS 的基本研究对象是被抽象成点、线、面且明显具有空间分布特性的空间实体（如水、大气、土壤、人口等）及其相关属性。

EIS 是以环境管理和环境信息科学研究为对象的计算机系统。随着计算机软硬件技术的发展，EIS 在近年来取得了快速发展，并开始应用于环境数据调查、环境评价与预测、环境规划与管理、环境科学研究等领域，成为一个跨学科、集成多种高新技术的研究领域。

前面已经多次提到，GIS 作为管理空间数据的计算机系统，在环境信息及环境资源的管理中发挥着重要作用。目前，世界范围内的 GIS 软件层出不穷，特别是可视化、智能化、BD 与 CC 等技术的现实需求与发展，极大地促进了 GIS 软件开发者在以往 GIS 功能的基础上不断地增加新功能，以满足相关专业及行业的需求。目前，基于 Web 技术的 GIS 更符合 CC 技术的特点，诸多网络化、开放式的 GIS 软件平台为环境管理等发挥了重要作用。在全球具有众多用户的 ArcGIS，支持云 GIS，是具有强大功能的 GIS 平台，同时，追求“GIS-RS”一体化；ArcObjects10 带来了一些新的功能和更好的体验，比如 Add-in、Graphics Tracker、Basemap layers 等；在 3D 方面，ArcGIS 的进步是明显的，在提升数据显示性能的同时加强了对 3D 数据的创建和管理能力，丰富和完善了诸多 3D 环境下的分析功能，力图使用户感受到一个不仅具有强大可视化功能，更注重强大分析功能的 3D GIS。据王让会（2002）《地理信息科学的理论与方法》，表 5-1 反映了主要的 GIS 软件特征。

国内外的 EIM 主要依托 EIS 及其衍生的支撑技术，开展对基础环境信息的获取、存储与分析工作，从而实现对环境信息的专业化管理。由英国研制的影响与评价 DSSIMAS 具有专家知识管理模型与实时响应功能（王宗军，1994）；泰晤士河流域规划 DSSWATER WARE，具有水文过程模拟、水污染控制、水资源规划管理等功能（Jamecison，1996；Fedra et al.，1996）。国内已使用的环境领域的 MIS 内容多样，如国家污染控制 MIS（施晓清，1996）、危险废物 MIS（杨艳茹，1996）、国家环境监测信息系统（罗海江等，2001）、国家环境监理信息系统（林宣雄等，2001）等。

目前，EIS 可以按照不同技术核心划分为基于关系数据库的 EMIS 和基于 GIS 的环境地理信息系统（EGIS）。EMIS 是利用 MIS 和办公自动化（office automation，OA）技术实现对环境数据进行管理的计算机系统，它广泛用于中国各级环境保护部门对环境数据进行的统计、分析、查询等日常管理，其最根本的技术基础是关系数据库。就某种程度而言，EGIS 是 GIS 在环境方面的应用，由于相当多的环境数据具有空间性特征，EGIS 在环境数据处理方面比 GIS 更加直观和有效。目前，由于 EIM 的需要，EMIS 系统与 EGIS

表 5-1　主要 GIS 软件特征表

软件名称	公司名称	国家	主要操作系统	数据库管理系统	数据结构	地理坐标	数据集成	网　址
ARC/INFO	ESRI	美国	Unix、DOS、Windows	DB7、dBase、INFO、Infomix、Ingres、Oracle、SyBase	矢量、栅格、TIN	地理经纬度、平面坐标、UTM、用户定义、坐标变换、地图投影、投影变换等	栅格至矢量、矢量至栅格以及两者之间的叠加	http://www.esri.com
MAPINFO	MAPINFO	美国	Unix、DOS、Windows	Dbsse、Foxbase、Oracle	矢量、栅格		矢量至栅格以及两者之间的叠加	http://www.mapinfo.com
MapGIS	中地	中国	Windows	SQL Server、 Oracle	矢量、栅格	多种坐标系统	栅格至矢量、矢量至栅格及两者之间的叠加	http://www.mapgis.com.cn
GEOSTAR	吉奥	中国	Windows、Windows NT	SQL Server、SyBase Oracle、Ingres	矢量、栅格、TIN	汇集了 40 多种投影方式和 100 多种世界各国参考大地坐标系，包括了中国和世界目前常用的如高斯-克吕格、UTM、多圆锥、兰勃特等投影	矢量数据、属性数据、影像数据以及 DTM 数据高度集成	http://www.geostar.com.cn

两类系统在研究、开发和运用中呈融合趋势。EMIS 主要包括各类专项环境保护的管理系统，如排污申报管理系统、项目环境评价申报管理系统等，以及网上信息发布系统、各级环境保护部门的办公系统。

5.3.2　GIS 在 EIM 中的应用

5.3.2.1　环境专题图编制

环境制图是环境信息科学研究的重要手段，基于 GIS 及可视化等技术的 ENITP DB 有着制作周期短、更新速度快等优点，在 EIM 中被广泛使用。环境专题图主要包括污染源分布图、污染要素特征图、环境污染趋势图、环境污染动态图、环境质量图、环境要素控制图、土地利用功能区划图、生态保护红线图等，能够实现数据一次输入、多次利用的目标。与此同时，其友好的制图模式及高质量的成图效果，对揭示环境要素特征及环境变化规律具有重要启示。

5.3.2.2　各种 EMIS 构建

环境信息有着数量大、种类多的特点，GIS 软件平台拥有强大的空间数据采集、编辑、处理功能和对空间数据的管理能力，结合环境信息与其地理位置进行综合分析和管理，建立实用的 EMIS，能够实现空间数据的输入、查询、分析、输出和管理的可视化。例如，部分城市建立了城市环境空间 DB 和污染源监测属性 DB，在此基础上开发了污染源信息管理 DSS，实现了城市环境污染源空间增减、查询、统计分析等的可视化表达。

5.3.2.3　环境信息动态监测

环境信息的动态监测是 EIM 的重要基础，信息来源主要是各类环境监测站点。面对 EBD，利用 GIS 平台可对实时采集的数据进行存储、处理、显示与分析，建立环境监测信息系统，实现为环境决策提供辅助手段的目的（张晓杰和孙萍，2008）。基于 GIS 技术，环境监测信息系统向综合集成、信息获取和利用的实时性等方向发展。陈艳秋等（2012）研发的污染源自动监控信息系统，其设计规模可以容纳上千个受控终端，设计监控因子也高达 16 种，可根据各污染源排放的废气、废水等的自然特征，确定不同的监控因子，具有数据采集、数据处理、中心台监控以及现场监控终端的内部监视、管理、联网等功能。

5.3.2.4　环境应急预报预警

GIS 技术在重大环境应急预警中也具有广泛的应用。建立重大环境污染事故区域预警系统，能够对事故风险源的地理位置、事故敏感区域位置进行管理，提供污染事故的大气、河流污染扩散的模拟过程和应急方案。例如，大连市的重大污染事故区域预警系统在 EGIS 系统中实现了重大污染事故的多种预测模型与 GIS 技术相结合，当某一风险源发生事故时可提供应急措施、报警信息和救援信息，为 ENEM 应急指挥奠定基础。图 5-7 反映了环境应急系统的一般模式。

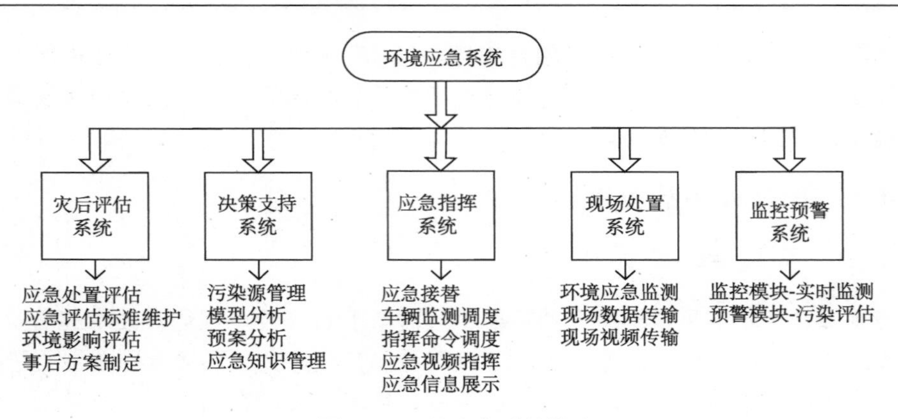

图 5-7　环境应急系统模式

5.3.2.5　GIS 与 EIM 的应用

GIS 具有多领域的理论指导与技术应用价值，特别是在 EIM 中，GIS 具有不可替代的作用。利用 GIS 技术采集、处理、存储、管理、分析并可视化表达区域地理信息，可对空间属性和地理属性加工处理，并综合考虑环境影响因子，建立适合环境预报的空间分析模型，以提高数据处理的效率，建立起可供决策者参考的环境地理信息系统（张肆红等，2010）。

将 GIS 理论和技术应用于水资源环境监测管理，主要是对水质数据、供水部门数据及 RS 数据进行管理与分析。由于水环境系统中涉及的环境信息和环境过程大都具有空间性、非线性、随机性等特点，在水环境管理体系中引入环境数学模型，能够拓展人们对水环境问题的理解程度。但传统水环境数据模型在空间模拟计算和可视化表达方面具有一定的局限性，而 GIS 更好地实现了空间数据管理、空间分析和可视化表达，能够反映环境信息的空间分布特性及变化。GIS 技术在水资源和水环境领域的应用主要集中在地表水和地下水模拟、水环境评价与规划、突发性水污染事件应急响应、非点源污染（non-point source pollution）模拟和水资源 DB 集成等方面。随着水环境数学模型的发展和水环境信息获取能力的提升，水环境资源管理对 GIS 技术的要求越来越高，需要建立一种集成 GIS 技术、AI 技术、水环境模拟技术的空间 DSS，以满足决策者对水资源与水环境管理的要求。

利用 GIS 相关理论和分析技术对大气环境数据进行统一、高效的管理，已经成为相关领域的一个重要趋势。目前，GIS 已广泛地应用于大气环境监测、科学研究、规划决策、预测与评价等领域。GIS 在大气环境领域中的应用方式一般可以分为研究工具、环境管理及公共服务（代新宁等，2013）。环境管理是通过 GIS 集成化的二次开发，实现对 AEQ 准确的预测及评价，并依据 AEQ 现状或污染控制状况为环境管理者提供科学化建议，以辅助科学决策；公众服务是通过 WebGIS 等实时化网络信息平台，发布 AEQ 的现状，以满足社会公众对环境质量信息的需求。

GIS 对于土壤信息及土壤环境的管理具有广泛性。土壤是地球表面复杂的复合体系，一个地区内的地形、地质、土壤、气候、水文、动植物和人类活动，是环境问题的重要组成部分。通过 GIS 提供的空间分析功能，从已知的土壤信息中获取隐含的环境信息，这对于环境信息科学相关问题的研究是十分重要的。GIS 的叠加分析功能依据要求组成不同的土壤专题数据，形成新的土壤数据集，产生出新的综合土壤信息，以便分析出土壤各种因子的相互作用与相互影响。基于 GIS 的土地适宜性评价有机地结合了统计分析和符号化表达，实现了土地评价单元空间信息与属性信息的结合。GIS 技术中的符号化表达方法可以表示不同评价单元的评价结果，有利于可视化地体现土地适宜性的分布状况，可指导土地总体规划和结构调整，提升土地生产力。

5.4　EIS 的技术研发

EIS 的开发一般运用系统工程的理论和方法来进行结构化设计。结构化系统设计通过将系统模块化、自上而下、逐步求精等基本原则，贯穿系统研发的整个过程。

5.4.1　基于 C/S 架构的 EIS 设计

客户机/服务器（C/S）架构下 EIS 的开发步骤分为两个部分，即前端应用程序的开发和后端数据库设计与实现。前端应用程序主要面对系统用户，一般以 PC 机为硬件平台，为用户提供专业化的图形用户界面（GUI）。后台数据库设计（data base design, DBD）除了遵循 DBD 的一般原则，还应该考虑 DBD 必须满足 EIM 的基本要求和环境数据分类存储，DB 开发既要实现环境信息的资源共享，又要保障关键环境信息的安全。

面向对象方法（object oriented method，OOM）是编程语言和系统设计的重要方向，是一种符合人类思维模式的方法学。OOM 是把数据和过程视为对象，以对象为基础对信息系统进行处理的综合性方法。OOM 的目的是为了提高 MIS 的可重用性、扩展性和可维护性，使系统更加适合用户未来需求的发展。OOM 最主要的特征是整个开发过程中使用相同的概念、表示方法和策略；面向对象的分析通过分析系统中的对象和这些对象之间相互作用时出现的事件来把握系统的整体结构。面向对象的分析模拟人们理解和处理客观对象的方式，把系统看作为对象的集合，每个对象都处于某种特定的状态。面向对象设计（OOD）将分析的结果映射到特定实施工具的结构上。当采用 OOM 的实施工具时，这个映射过程有着比较直接的一一对应管理，面向对象技术使得分析人员、设计人员、程序员和用户都使用相同的概念模型。OOM 从分析、设计到实施的转变非常自然，简化了维护过程和开发过程，使系统易于扩充。

针对 EIS 的开发与应用研究进展，从新时代背景下的 EIM 方式、EIM 技术及 EIS 开发方法等方面进行分析，可促进 EIS 的快速发展。转变环境信息化技术理念，把握好“互联网+”模式的应用，同时结合专家知识库系统来构建环境信息智慧型 DSS。推动移动互联网、CC、BD、IOT 等理论和技术与环保领域的深度融合将加快实现绿色低碳环境信息化工程的建设。

5.4.2　基于 B/S 架构的 EIS 设计

浏览器/服务器（browser/server，B/S）结构模式是 Web 的一种网络结构模式，Web

浏览器是客户端最主要的应用软件。这种模式统一了客户端，将系统功能实现的核心部分集中到服务器上，简化了系统的开发、维护和使用。客户机上只要安装一个浏览器，服务器安装 SQL Server、Oracle、MySQL 等数据库，浏览器通过 Web Server 就可以同 DB 进行数据交互。

组件对象模型（component object model，COM）是一种二进制和网络技术标准，用来实现跨平台组件间的相互通信，便于应用程序的开发和移植。COM 提供了创建兼容对象的技术规范和操作系统下的进程规范，COM 规范提供了一种与编程语言无关的以面向对象应用程序编程接口（API）形式提供服务的组件式方法。遵循 COM 的规范标准，使组件与应用、组件与组件之间可以相互操作，便于建立可伸缩的应用系统。ActiveX 是一个开发的集成平台，遵循 COM/DCOM 规则，为开发人员、用户和 Web 生产商提供一种在 Internet 上快速创建程序的方法，是用于 Internet 开发的一种对象链接与嵌入技术（OLE），它提供了将组件嵌入到 Web 页面以拓展交互功能的应用机制。在上述体系结构中，将 COM 组件运用到服务器中，首先由客户端浏览器发出 HTTP 请求给 Web 服务器，Web 服务器接受请求并将请求传送给应用服务器，应用服务器将用户请求传送给 DB 服务器，DB 服务器依据用户请求调用数据并将数据反馈给应用服务器，然后由 Web 服务器将数据传送到客户端。通过在页面中嵌入 ActiveX 控件，实现对动态网页的设计和一些特殊功能的可视化表达。

随着 Internet 技术和 B/S 架构的发展，GIS 技术与网络技术的结合使得 WebGIS 成为可能。Internet 技术、WebGIS 技术及 EMIS 建设策略的完善，实现了环境信息的快速传递与共享，使用户能够直观形象地获取并应用环境信息。数字环保概念的提出、网络技术的发展、GIS 的强大分析功能，使基于 WebGIS 的可视化 EIM 分析系统成为发展的重要方向，并将成为 EIM 的主体模式。

5.5　FCSMIS 研发

5.5.1　系统结构总体设计

林业碳汇管理信息系统（FCSMIS）是基于 ArcGIS Engine（以下简称 AE）二次开发技术构建的 MIS，AE 提供了若干 GIS 接口，通过使用这些接口实现一般 GIS 功能和专业分析功能。

FCSMIS 涉及地学信息、环境信息、生态信息和林业碳汇中的各种数据类型的数据结构，包括各类要素的矢量数据、栅格数据、统计数据、文档文本等。其中，RS 数据来源于 RS 空间数据共享网，依据所需的时间序列获取不同要求的 RS 产品，获取的 RS 产品利用 ENVI 和 ArcGIS 统一处理。系统所需的其他数据，如统计数据、清查数据等，主要通过相关行政管理部门获取。

5.5.1.1　系统拟定功能分析

综合分析林业碳汇特征、林业碳汇管理模式及 URA（UTRAN registration area），利用三层架构原理、OOM、AE 二次开发技术、空间数据模型等手段，将系统功能开发分为若干模块进行。

FCSMIS 中，需要利用 ENVI 和 ArcGIS 分析处理好的影像数据来进行专题制图。在制图过程中，需要调用符号库对专题图进行特征描述，也需要将系统专业分析及评价结果体现在专题图中。在实现成图制图功能时，需要增加查询和调用功能；同时，为了突出专题制图的美观性，还需要在开发该功能的过程中研发构建用于描述图片特征的专题符号库。如前所述，FCSMIS 涉及多要素、多类型的信息数据，因此，在实现数据管理功能之前，需要对数据进行统一规范的集成化管理，便于用户查询和数据更新。此外，不同安全等级与保护级别的数据需要进行分级标注，便于系统依据不同用户的等级调用相应的环境信息数据。

5.5.1.2　系统开发原理及技术

1. 三层架构原理

在 FCSMIS 体系结构设计中，最为常见的就是逻辑分层设计。这种分层结构设计有利于系统后期维护和移植。三层结构体系就是在用户端和 DB 之间插入一个“中间层”，将系统主要功能和业务逻辑放在这个“中间层”上进行处理。在 OOD 中，为了增加用户体验、方便用户操作，将用户端与业务逻辑层分开，在保证系统功能完整的前提下，提供易于操作的用户端界面。FCSMIS 架构原理见图 5-8。

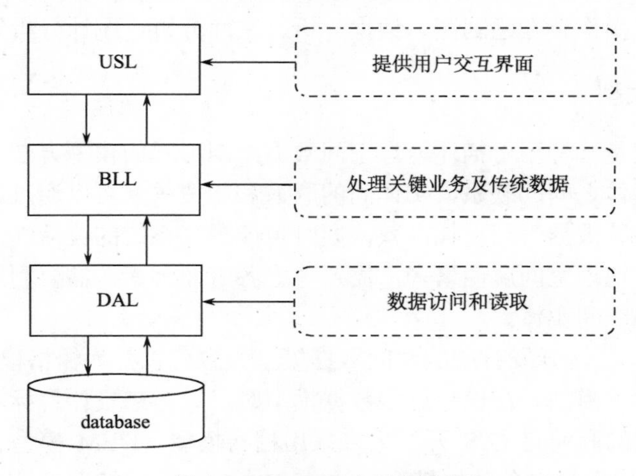

图 5-8　FCSMIS 架构原理图

USL 指表示层（user show layer）；BLL 指业务逻辑层（business logic layer）；DAL 指数据访问层（data access layer）

2. 面向对象技术

传统的结构化设计方法是面向过程的，在实现系统功能时将系统分解成若干过程，将这些系统功能看作一系列有待完成的任务，利用函数依次解决这些问题。而 OOD 是从另一个角度出发，以对象为基础，将属性和操作融合在一起，从而保护数据不被外部函数任意调用或改变。OOM 能够有效地解决代码重用问题，可以在程序设计过程中多次调用，能够完成从对象客体描述到系统结构之间的转换。

OOM 强调在软件开发过程中面向客观世界，从人类认识事物的角度出发，直观、自然地描述客观世界中的事物。OOM 的封装性、继承性和多态性在 OOD 中得以充分体现。封装性是指将对象的属性和操作封装起来，将对象内部处理细节隐藏，在系统开发过程中，用户通过接口就可实现对象的外部连接，简化开发过程，避免代码重用的问题。继承性可以使子类具备父类的各种属性和方法，在继承的同时，为了实现某些特定功能，子类也可以重新定义某些属性，覆盖原有父类的属性。多态性是指同一个实体同时具有多种形式，意味着一个对象有多种特征，在特定的情况下，可以表现出不同的状态，这些不同的状态对应不同的属性和方法。

3. AE 开发技术

如前所述，AE 提供了实现 GIS 基础功能的若干编程接口，支持多种开发程序，具备一套完整的嵌入式 GIS 组件库和工具包，能够脱离 ArcGIS Desktop 平台开发独立的 GIS 桌面应用程序。在 GIS 桌面软件定制中，依据不同的定制需求，可以通过 AE 访问各种复杂的 GIS 逻辑，节省了开发时间和成本。

AE 是基于 COM 的集合，并不是一个类似 ArcMap 的应用软件，而是一个能够提供 GIS 二次开发的工具包。对于普通用户，利用 AE 开发的 GIS 桌面应用程序脱离了 ArcGIS Desktop 平台，用户只需按照一般系统操作步骤就能够完成专业处理。借助 AE 可以实现的功能有地图基本操作、专题制图、数据分析、空间分析、统计分析等。

4. 空间数据模型

空间数据模型是一种用于描述地理空间数据组织形式的模型方法，通过空间数据模型可以建立地理实体之间的联系，实体间的联系和相关关系可以通过属性表达。空间数据模型的建立使系统数据管理更加高效，同时也能提高系统的灵活性，实现大多数定制属性的行为。由于地理空间属性繁多，需要考虑各方面因素，需要利用多种不同类型的数据模型模拟地理空间实体。

目前，与 GIS 二次开发有关的空间数据模型大致可以分为栅格模型、DEM 模型、矢量模型、面向对象模型。在设计这些数据模型时，只考虑设计目标对应的地理实体及其相关关系，成熟的商业化 GIS 开发大多采用栅格模型、DEM 模型、矢量模型这三种类型。FCSMIS 采用面向对象数据模型——GeoDatabase，能够准确地反映现实地理空间实体的属性和行为，对空间要素的表达和描述更加贴近我们的现实世界。

5.5.1.3　系统总体结构设计

从三层架构原理的角度出发，可从 USL、BLL 及 DAL 三个层面反映 FCSMIS 总体结构设计特征。

USL：依据安全性原则，在系统主界面前设计登录界面，用户输入正确的用户名和密码才能登录系统和运用系统查询、调用、分析地理空间数据库。登录成功后，用户进入系统主界面，也即为用户提供交互操作界面，用户通过该操作界面，实现基础FCSMIS功能运用和专业技术分析，获取分析结果。

BLL：依据系统建设原则、面向对象技术和AE二次开发技术，将FCSMIS业务分为4个功能模块，即图层管理模块、数据管理模块、成图制图模块和空间分析模块；根据用户需求，将系统通过4个模块实现关键业务处理和数据传递。

DAL：利用GeoDatabase、C#语言和ArcCatalog工具，实现对GeoDatabase的访问和调用。对GeoDatabase进行合理分析，分类型处理不同的数据，包括属性数据、矢量数据、栅格数据。

5.5.2 FCSMIS的详细设计

5.5.2.1 登录界面设计

依据系统研发的安全性和稳定性原则，在系统主界面前设计一个登录界面，用户必须输入正确的用户名和密码后才能进入系统主界面。在登录界面中设计用户名和密码两栏，用户名栏中默认为“admin”，在密码栏中输入登录密码时将输入内容显示为“******”以保护用户密码和维护系统安全。

5.5.2.2 主界面结构设计

根据用户需求和面向对象开发的基本过程，在Visual Studio 2010（以下简称VS 2010）开发环境下，通过C#语言和AE10.2提供的若干接口，进行FCSMIS主界面结构设计。

标题栏用于标明系统名称“FCSMIS”；菜单栏用于设计实现系统全部功能的菜单选项；工具栏用于设计便于实现系统运用的快捷工具；地图数据目录显示区主要用于显示图层数据打开时的目录树和图层列表；鹰眼图用于鸟瞰图层，从总体上浏览图层框架；地图显示区、制图区、数据目录区用于显示图层数据；状态栏用于显示图层处理的过程状态。

根据系统主界面布局图的设计思路，在VS 2010开发环境中添加实现各项功能所需的引用并更改部分引用的属性；添加实现GIS基本功能的控件，如MapControl、LicenseControl、TOCControl、ToolbarControl、PageLayoutControl等；添加实现用户对话的控件，如openFileDialog、saveFileDialog、folderBrowerDialog等；添加实现下拉式菜单和快捷键右击菜单控件，如contextMenuStrip、menuStrip等；添加显示状态栏的控件，如statusStrip等。

5.5.2.3 典型模块设计

图层管理模块：图层管理模块的操作对象为图层数据和图层属性。其基本功能如下：①图层的打开、关闭、保存、放大、缩小、漫游、刷新；②图层的树目录，在树目录中新建图层、显示图层、移除图层；③图层操作管理；④图层属性查询；⑤鹰眼图，用户可以快速选择所需显示的范围，同时也能总览全图；⑥图层右击快捷键，用户可以从快捷键中完成制定功能。

成图制图模块：成图制图模块将图层符号化显示并输出，即将布局好的图层按照不同的绘制要求添加地理要素，包括专题图的绘制。其基本功能如下：①图层的打开、关闭、保存、放大、缩小、漫游、刷新等；②各图层显示状态的打开和关闭以及各图层的增删、上下移动和鹰眼图；③图层渲染，对不同制图要素进行分色标注，突出要素属性；④地图符号化，包括在图层中插入指北针、比例尺、图例和格网等地图属性；⑤输出地图，将绘制好的地图输出，可以设置输出地图的版式、方向和分辨率。

空间分析模块：空间分析是 ArcGIS 软件的重要功能，主要任务是描述和分析空间构成，是一种提取和传输空间信息的数据分析技术（data analysis technique）。实现空间分析的前提是构建空间数据模型，其中栅格数据模型常被用来进行区域适应性评价、资源开发利用等多因素分析研究工作。其基本功能包括：①矢量数据分析，多个图层的裁剪、拼接、相交、合并；②栅格计算，对栅格图进行加、减、求平均、取最值等运算；③栅格统计，对栅格图中的像元进行统计，得出栅格统计结果。

数据管理模块：数据管理的目的是充分挖掘数据的作用，实现数据有效管理的前提是合理组织数据，对系统中不同类型和不同形式的数据进行统一规范的组织，将数据集成化处理后按照不同的分类单元录入空间数据库中。其基本功能包括：①图层添加属性，添加属性字段、属性表等；②图层删除属性，删除属性字段、属性表等；③数据入库；④数据编辑；⑤元数据管理，在属性表中添加字段并设置字段属性；⑥打开数据库，打开个人地理数据库或文件地理数据库；⑦新建数据库，新建个人地理数据库或文件地理数据库。

5.5.2.4 FCSMIS 数据组织

属性数据的组织：属性数据用于表征地理空间实体，具备属性数据的地理空间单元能够完整地表达空间信息。属性表设计的关键是正确定义各种属性使表格合理化、规范化，既要简洁明了，又无冗余数据，而且表格文件的规范化能使 DB 的维护、更新、修改等操作简单和容易。该系统中属性数据是指与林业碳汇相关的统计数据，以表格形式存储。

矢量数据的组织：矢量数据结构是利用欧氏几何学中的点、线、面及其组合体，来表示地理实体的空间分布的一种数据组织方式。这种数据组织方式能够精确地描述地理实体的空间分布特征，减少数据冗余。该系统将矢量数据存储于 GeoDatabase 面向对象数据模型中，不同的要素类别对应不同的存储形式。

栅格数据的组织：栅格数据结构是以规则的阵列表示空间地物或现象分布的一种数据组织方式。该系统中的栅格数据包括实地勘察照片和多源 RS 数据，实地勘察照片通过数码相机拍摄并标注日期和地点，数据根据不同的处理要求下载，按照时间或空间分辨率排序后入库。

5.5.3 典型范例特征分析

FCSMIS 以新疆林业为例具体应用，分析林业特征及其林业碳汇管理模式，通过 FCSMIS 实现林业碳汇信息化管理。

5.5.3.1　多元数据来源

属性数据主要用于处理分析林业特征和林业立地条件特征；从气象站点获取一定时序内的气象数据，如降水、温度、太阳辐射等属性数据。根据实地调查的方式，获取样地内的调查数据，如地表温度、海拔、坡向、坡度、土壤呼吸数据、叶面积指数（LAI）、样地清查数据等。矢量数据将属性数据叠加起来，用于分析区域地理特性；从中国科学院新疆生态与地理研究所（XJIEG）获取新疆地区 2000 年、2005 年、2010 年的土壤覆被数据，用于分析新疆地区林业时空分布状况。栅格数据包括遥感栅格和实地景观栅格，用于从大尺度范围分析新疆地区的林业特征。从地理空间数据云等 RS 数据共享平台，按照用户要求获取新疆地区不同时间序列、不同分辨率和不同产品类型的 RS 影像数据，通过分析处理，获取相应的栅格数据。

5.5.3.2　模块实现效果

系统设计的各类模块，其效果如何至关重要，该系统各模块的功能实现主要体现在如下几个方面。

（1）图层管理模块：如前所述，在该模块中，主要实现图层数据的打开、新建、修改、添加等操作，对矢量数据和属性数据进行管理。同时，还可实现鹰眼功能、图层缩放、数据视图和布局视图的切换、状态栏的工作状态显示及图层经纬度信息显示等。图层管理模块实现效果见图 5-9。

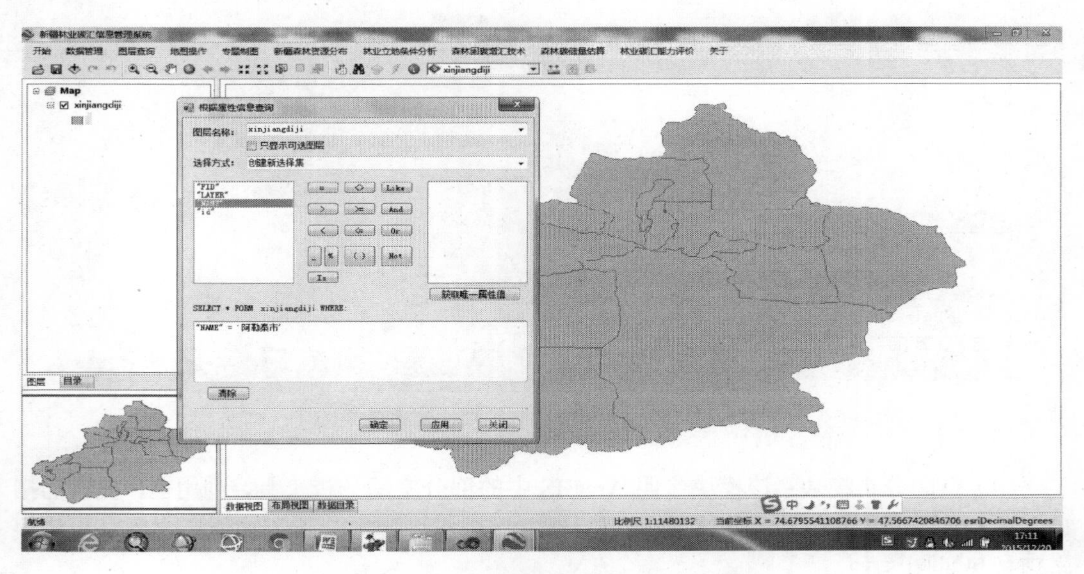

图 5-9　FCSMIS 图层管理模块实现效果图

（2）数据管理模块：数据管理模块实现系统数据管理功能，将规范化处理的矢量数据、属性数据、栅格数据录入数据库中统一管理。数据管理模块实现的效果见图 5-10。

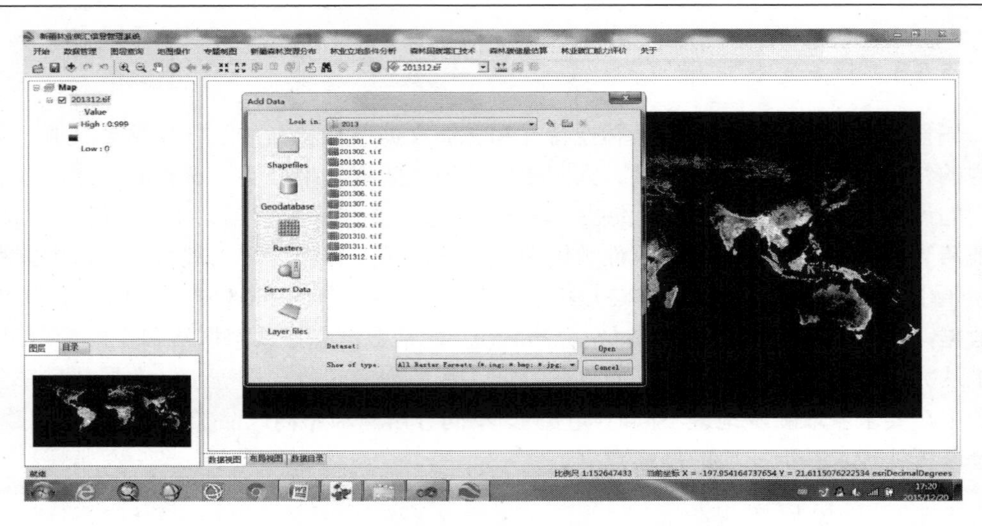

图 5-10　FCSMIS 数据管理模块实现效果图

（3）成图制图模块：该模块实现数据成图制图功能，主要利用系统中的符号库和专题制图接口实现专业制图功能、统计分析功能等。成图制图模块实现效果见图 5-11。

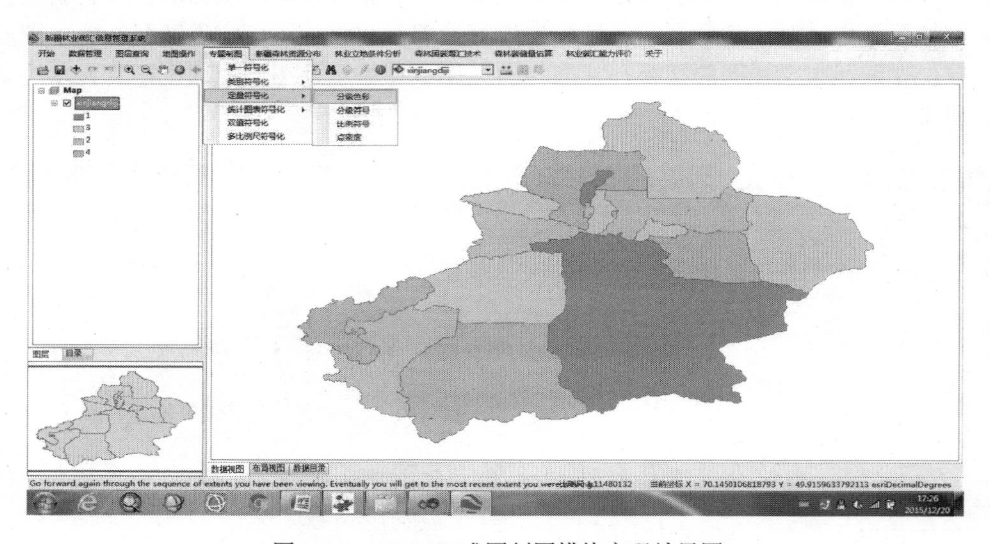

图 5-11　FCSMIS 成图制图模块实现效果图

（4）空间分析模块：该模块参照 ArcGIS 中的部分空间分析工具，利用 AE 提供的接口实现空间分析功能，包括栅格计算器、缓冲区分析、提取分析等功能。空间分析模块实现效果见图 5-12。

（5）空间数据库管理系统：主要通过利用 ArcCatalog 实现系统 DB 管理，数据包括矢量数据、栅格数据、个人地理数据库、文件地理数据库等。空间 DB 管理系统实现效果见图 5-13。

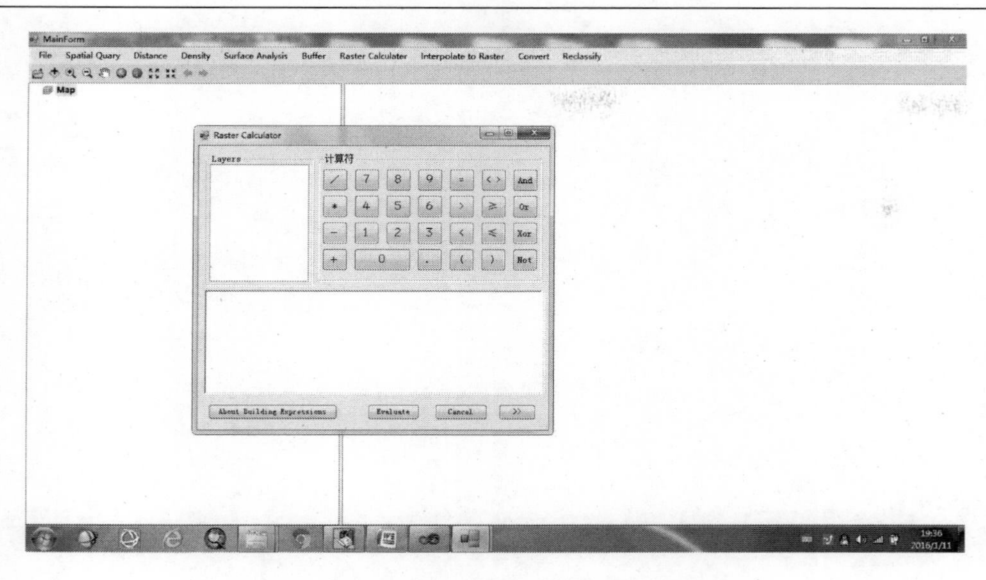

图 5-12　FCSMIS 空间分析模块实现效果图

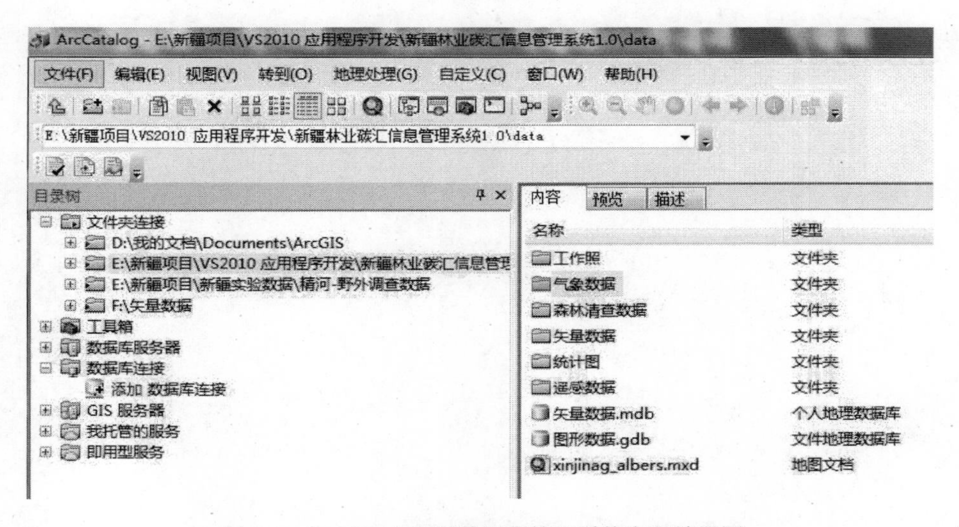

图 5-13　FCSMIS 空间数据库管理系统实现效果图

山地、绿洲、荒漠地理景观在一定程度上构成了独具特色的山地-绿洲-荒漠系统（MODS）。基于植被与环境的关系，新疆森林隶属于山地森林、平原森林及荒漠森林，形成了类型多样、景观特色鲜明、与其环境相适应的林分类型，耐干旱、耐盐碱、耐瘠薄的植被类型成为维护生态系统健康的重要资源。同时，一系列抗逆性强的森林植被及具有开发潜力的植被成为重要的资源植物，在现代经济发展中发挥着越来越大的作用。FCSMIS 为林业资源环境管理与低碳发展提供了重要保障。

下　　篇

环境信息科学技术与实践

第 6 章　基于 GIS 的环境监测及应急响应

6.1　环境监测及应急背景

6.1.1　环境治理作用

在全球变化背景下，环境问题表现出了一系列的不确定性特征；随着经济的高速发展，环境污染事件时有发生，环境问题越加复杂化。为此，有效地开展环境监测，建立环境污染评价和突发环境污染事故（environmental emergency pollution accident）响应机制（responding mechanism），采取规范科学的应对策略具有必要性及迫切性。在工业化趋势日渐明显的背景下，工业企业在一定程度上成为环境污染和突发环境事故的重要风险源，建立和完善环境监测和突发性环境污染事故的应急机制（emergency mechanism）是预防环境污染事故发生，减少环境危害的重要途径。以钢铁行业（ISI）某企业 S 为例，通过构建环境污染评价模型，分析其环境污染状况，并对 ENEM 进行风险评估，构建基于 GIS 的环境监测及应急响应系统，为推行清洁发展机制（CDM）、倡导低碳经济和实现节能减排提供技术支撑。

环境是人类生存和社会可持续发展的基础。然而，经济的迅速发展和社会发展活动引发了一系列环境问题，特别是大气污染、水体污染、固体废物污染、危险化学品污染和放射性污染等 ENEM 时有发生。2004 年 2 月，某化工公司因将 NH_3-N 超标的废水排入沱江支流毗河，导致沱江流域严重污染，影响百万群众的饮水安全。2005 年 11 月，中国石油吉林石化分公司双苯厂发生爆炸事故，引发了重大的水污染事件，给松花江沿岸的经济发展和人民生活带来了严重影响。2007 年，太湖蓝藻大面积暴发，造成无锡市饮用水源地水质恶化。2010 年 7 月，福建省某铜矿发生铜酸水渗漏，导致汀江部分河段严重污染。从一系列 ENEM 的发生过程上看，遏制污染事件发生并减少危害，成为企业承担社会责任以及自身生存发展的基础。基于现代管理科学、信息科学、环境科学的理念，在充分考虑潜在环境风险事故可能发生的原因、发生概率、事故后果危害等基础上，制定及时有效的应急预案，是科学应对环境负效应的重要举措。开展 ENEM 的风险管理研究，建立完善的企业级环境监测及评价体系，是新时代环境保护的必然要求，也是环境信息科学体系建设的重要内容。S 企业作为国家重点支持的钢铁企业，为地方国民经济和社会发展做出了重要贡献。然而，将大气、水体等污染物的排放量与国内外先进企业相比，其污染物排放控制指标还有提升空间，特别是严重危害人们身体健康的烟粉尘排放量仍较大，现有环境治理设施与实际生产规模在一定程度上还不能适应低碳发展的需求；特别是在应对气候变化，节能减排的新形势下，环境治理及信息化管理面临的一系列新挑战。

目前，在 ISI 发展过程中，存在的主要环保问题十分严重。虽然中国 ISI 环保投入不断加大、生产工艺不断完善，但在产业结构方面仍以粗放型为主，环境问题仍然十分凸显。相对落后的生产装备影响环保治理效果，环保治理设施尚待完善，烟粉尘排放控制需要加强，水资源缺乏科学管理，环境监测及管理能力需要提升。针对江苏 ISI 环保现状，在此紧紧围绕目前需要解决的污染综合整治问题，拟定重点研究对象，并在环境信息科学相关学科理论及方法指导下，制定出解决方案。其一，江苏 ISI 生产过程环境效应评价。按照江苏钢铁企业生产过程中的原料场（IMF）、焦化（TCP）、烧结（TSP）、球团（TPP）、炼铁（TIP）、炼钢（SMP）、轧钢（SRP）等生产工序，以污染物总量控制的环境绩效提升为目标，揭示江苏钢铁企业生产过程中废水、废气的排放特征，构建环境污染评价指标体系，定量化评价钢铁生产过程的环境效应，并由此提出相应的污染防治措施。其二，江苏 ISI 生产运行机制的评估。基于碳平衡原理，分析江苏 ISI 生产运行中的碳足迹（carbon footprint，CFP）的特征，参照国家钢铁行业协会的碳排放评价体系及政府间气候变化专门委员会（IPCC）的碳排放评价体系，构建 CFP 模型，包括总 CFP、吨钢 CFP、吨工序 CFP 等，定量化核算 ISI 能源 CFP。基于生态效率（ecological efficiency，EE）指标及数据包络分析（data envelopment analysis，DEA）方法，重点研究江苏钢铁企业应对气候变化及低碳发展策略。需要强调的是 DEA 方法是目前国内外最为流行的效率评价方法，在多学科和多领域都有着广泛的应用；其原因是分析对象经常有未知的复杂因素，很多活动涉及多投入和多产出之间的关系，DEA 为解决这种复杂性提供了可能。其三，江苏 ISI 环境管理及监测能力建设。强化江苏钢铁企业环境监测能力，包括环境监测站点的设置、环境监测设备的购置及环境质量监测计划的实施。通过 GIS 搭建适合 ISI 污染综合整治信息平台的一般模式，引导钢铁企业环境信息集成及综合管理。其四，江苏 ISI 科技支撑机制分析。基于低碳发展及 CDM 的严峻形势，用物质平衡法核算钢铁原料；基于 3R（reducing-reusing-recycling）原则、信息流分析以及钢铁产业链政策，重点研究江苏 ISI 应对气候变化、节能减排的科技创新能力，建立江苏 ISI 节能减排的科技支撑机制和模式。在研究上述问题的基础上，如何科学估算钢铁生产过程中的能源 CFP、EE 问题，如何建立 ISI 的环境污染评价体系构建及数据指标的选取，成为研究江苏省 ISI 污染综合整治的核心问题，并具体体现在如下两方面：其一，定量化核算钢铁生产过程中的能源 CFP 及 EE，综合判定污染状况；其二，构建 ISI 环境效应评价指标体系，提出不同污染状况的环境管理策略。为此，紧密结合国家及区域社会经济发展重大需求，以 ISI 污染整治为重点，基于 EE 分析、能源 CFP 估算等新思路，把环境科学、管理科学的原理及方法，与江苏 ISI 污染综合整治相结合，开拓 ISI 生产过程调控的思路与模式，为 ISI 污染综合整治提供依据。

需要指出的是针对江苏省 ISI 发展与环境污染的现实状况，从钢铁企业生产流程、内部生产运行机制及科技支撑等方面，加强 ISI 应对气候变化、适应 CDM 理念，降低 ISI 发展的环境代价，是绿色环保的总体要求；同时，也为江苏 ISI 低碳发展提供指导，并为江苏环保政策、环境标准和发展规划的制定提供科技支撑。在江苏严格实施《大气污染防治法》及新《环境保护法》的背景下，严格执行 ISI 污染治理的法律法规，不断完善 ISI 的 CDM，实施污染监测及治理的信息化管理，积极探索一系列污染治理的技术工艺及管理模式，成为江苏 ISI 更新换代及产业升级的必由之路。

随着应对气候变化和落实《巴黎协定》与国际经贸发展模式的变化，以及国内产业结构调整，应用 ERA 管理理论及 GIS 制图和计算机相关技术，针对 S 企业现有环境应急监测方法，提出快速便捷的 ERA 方法，并构建 ENEM 应急响应系统，实现环境监测预警与应急处理，降低 ENEM 发生概率，实现对 ENEM 的及时捕获、跟踪与评价。本研究通过具有空间表达功能的 ENITP 表达方式，及时把握污染现状及空间特征，迅速启动应急响应措施，减少污染危害。同时，为构建人文生态型、环境友好型现代企业环境提供重要支撑，最终为如何探索适合中国钢铁企业未来环境保护的新模式提供借鉴。

6.1.2　环境治理技术

6.1.2.1　环境监测技术

20 世纪 70 年代以来，国外研发了一些 EMIS 用于完善环境监测，在环境保护中发挥了积极作用。如美国的 AIRS 系统、STORET 系统和英国的 WQIS 系统以及 UNEP 的 GRID 系统。Maione 等（2004）在野外环境下用带有预浓缩装置的 GC/MS 连续监测了大气中的挥发性卤代烃含量，并搜集到丰富的样品资源。Ahmad 等（2008）针对工业污水提出了具体的监测方法，即提取废水中含氧量及各种有机物等的含量进行水污染状况分析。Balanescu 等（2004）通过对钢铁生产环境数据监测技术的研究，有效地改善了钢铁生产制造平台。Hudak（1993）利用 GIS 技术设计了针对地下水的监测网络，利用 GIS 空间分析能力，实现了对地表水和地下废物设施的跟踪监测，及时地发现潜在的污染源。

随着数字化、信息化、网络化的快速发展，环境监测信息化建设在中国迅速发展，极大地促进了环境信息科学理论与技术的完善，也促进了环境信息产业以及环境保护事业的全面进步。目前，各个行业都对环境监测技术及方法提出新要求，主要体现在监测数据的实时动态采集、跟踪评估、分析预测以及可视化的分析与管理等方面。黄明等（2008）把 GIS 技术和 SMS /GPRS 无线通信技术进行无缝集成，可以有效管理环境监测远程采集数据的实时传输和监测数据。谢槟宇等（2011）集成了 MS Server DB 技术、ASP.NET 网络编程技术及环境风险源监控，面向化工园区环境风险源构建了监控平台，并提出了相应的管理方法。经过多年的开发研究，中国已初步构建了环境监测方法体系框架，开发了一些 EMIS。目前急需开发能实现信息资源共享的综合环境监测信息系统，并进一步把 AI 与 IOT 结合起来，推进 ENIOT 的发展，不断实现环境保护现代化和智能化发展。

6.1.2.2　EE 估算分析

企业生产过程的状态需要一系列方法途径来衡量，国内外对生态效益的理论研究、评价方法和应用研究均不同程度地取得了进展。相关研发工作促进人们对于企业生产过程资源、能源等生产要素的占用，以及产品质量特征的认识。

在理论研究方面，经济合作与发展组织（OECD，1998）和世界可持续发展工商理事会（WBCSD）将 EE 的概念应用到政府、工业企业、部门，拓展了人们对于生产过程的认知。诸大建和朱远（2005）认为 EE 是 GDP 总量和资源环境消耗总量的比值，并利用经济增长与环境压力进行 EE 情景分析。周国梅等（2003）对工业 EE 的内涵进行了研究，把能源强度指标、原材料强度指标和污染物排放指标作为工业 EE 的 3 个指标，并建立了循环经济的评价指标体系。何伯述等（2001）对燃煤电站的能源利用和环境污染情况进行了分析，将发电厂的 EE 定义为有效能量与有害气体的排放量的相对关系。上述研究对于规范与深化 EE 等研究具有重要的理论价值。

在评价方法方面，由于研究对象和研究目的不同，EE 分析方法也有所不同，常用的评价方法有经济-环境比值评价法、EE 指标评价分析法、物质流分析法、生态足迹（EFP）法、非参数分析法等（Scholz and Wiek，2005）。

在应用研究方面，目前主要在企业、行业及区域等层面开展相关工作。德国化工企业 BASF 集团在考虑环境影响因素的生命周期分析方法的基础上，以矩阵形式同时表现经济效率和 EE，此方法被广泛推崇与利用（Wall-Markowski et al, 2005）。毛建素等（2011）对 39 个工业的 EE 进行了评价，评价指标选取能源消耗、污染物的排放和工业增加值，结果显示同种 EE 在不同行业相差很大，EE 的提升有赖于调整优化产业结构。

6.1.2.3　环境风险评价

国外研究中常常把对生态环境评价的研究和可持续发展联系起来，将生态环境评价的研究与生态风险评价相结合（程胜高等，2003）。同时为了应对环境污染事故，世界各国陆续制定了应对的措施。UNEP 在 1989 年提出了“APELL 计划”，即为地区级紧急事故的意识和准备；美国环境保护局（EPA）在 1993 年发布了“化学品事故排放风险管理计划”，防范突发性 ENEM 的技术方法也在同步发展，基于计算机信息管理的应急决策支持系统也得到了快速发展。法国在 1992 年开发了一个可为水污染事故提供应急决策的软件包 Seans。Desimone 和 Agosta（1994）为了模拟溢油事故过程和评估应急计划，使用 AI 和模式识别技术来辅助决策应急方案。美国一个科研小组在对墨西哥与美国的接壤地区进行 EIA 时，利用 GIS 技术建立了环境数据库、地表水污染路径模型和地下水污染路径模型，并利用 GIS 的空间分析能力，分析评价了该地区经济发展所带来的环境效应（Desimone and Agosta，1994）。

中国开展环境风险评价（ERA）的研究相对较晚，原环保部（现生态环境部）1990 年颁布了《关于对重大环境污染事故隐患进行风险评价的通知》（环管字〔1990〕057 号）文件和 2004 年《建设项目环境风险评价技术导则》，为中国 ERA 工作的开展建立了基本的准则。随着相关评价技术的成熟和标准的完善，中国 ERA 的理论、方法体系和管理机制不断得到提升。

6.1.2.4　环境污染事故应急管理

环境污染事故应急管理，需要预测事故污染物的影响范围和危害程度，为了精确地计算出污染物的迁移转化趋势，模型被广泛用于环境污染事故应急管理系统研发之中。如英国研发的核事故管理模型系统 NAME，主要用于处理偶发放射性物质排入大气事件，也能用于非核事故的应急，可以模拟事故地点污染物质的泄漏情况。李向欣（2009）设计的有毒化学品泄漏事故应急疏散决策优化模型系统，采用高斯烟团模型模拟有毒化学品泄漏后的扩散区域，并采用线性规划方法建立了应急疏散优化模型；利用 Lingo 优化软件求解该模型，确定最佳应急疏散方案，为现场指挥人员的疏散提供决策参考。高鹏飞等（2009）开展了对松花江硝基苯水污染事故的研究，建立了基于流域水污染的应急决策支持系统，能针对特征污染物进入水体后的迁移状况进行模拟，反映突发水污染事故中污染物带来的影响。在研发 ENEM 应急系统的过程中，一些学者应用了 3S 技术、AI 或 ES 技术、数值模拟技术、数据库技术（database technique）、多媒体技术、通信技术等，并取得了大量研发成果。Hormdee 等（2006）基于 GIS 开发的化学品突发事故风险管理系统，可以提供材料数据安全表、危险化学品存储地点以及可能受影响的环境和人群等信息，并且可以根据事故物质的危险度提供相应的应急响应预案，从而有助于化学品突发事故预防和应急决策。

国内在相关领域研究方面也取得了有一定创新价值的研究成果。如文仁强等（2008）开发的基于 GIS 的危化品泄漏扩散事故应急系统，可预测危化品的泄漏扩散趋势，并对污染物的影响区域进行计算，从而将事件的影响范围、危害程度、发展趋势等显示出来，为应急救援提供辅助决策的依据。廖振良等（2009）在分析 ENEM 应急需求时，引入案例推理技术（CBR），采用基于框架的案例表示方法和基于欧氏距离和重叠度的相似性度量方法，设计了 ENEM 应急预案系统 CBR- EERPS。陈国华等（2006）设计了基于 Internet B/S 模式的一套 WebGIS，该系统结合了计算机技术、网络技术和 GIS 技术，能对气体瞬时泄漏和连续泄漏两种事故扩散情况做出图形模拟。郝选文和卫海燕（2007）基于 WebGIS 技术设计并开发了一套城市环境监测信息系统，能实现空气质量、城市噪声的自动监测和数据实时传输，同时结合 GPS，利用环境监测指挥功能处理紧急环境污染事件。开展 S 企业相关问题的研究，对于科学把握环境信息机理与促进 EIM 实践具有重要的借鉴价值和启示意义。

6.2　研究方法及途径

6.2.1　研究对象的概况

S 企业厂区内自动化监控工作起步较早，目前有 13 台烟气在线监测仪、2 台水质在线监测仪，信号直接传输到市环境监测中心站和市监理支队，并且全部实行了专业化运行。同时在炼钢厂区、炼铁高炉区、中厚板卷厂、新铁厂高炉区、烧结区、焦化区都安装了图像采集系统，通过局域网对烟尘的有组织及无组织排放状况实施环境视频监控。

目前 S 企业工业废气污染物排放的大户是 TSP、TCP、TIP 和 SMP，这 4 个工序也是 S 企业环保规划大气污染治理的重点。除此之外，S 企业原料场也是重要的烟粉尘排放源。环境监测系统对废气排放情况进行实时监测，包括烟尘、SO_2、NO_x、CO 等成分和烟气参数，并统计污染源的排放量。生产废水主要产生于焦化车间，废水中的污染因子有 COD、挥发酚、氰化物、NH_3-N 等。S 企业主要污染源的监测情况如表 6-1 所示。

表 6-1　S 企业厂区主要污染源监测情况

监测项目	监测点	监测内容	监测频率	备注
废气	有组织排放源和无组织排放源	烟气量、烟（粉）尘、SO_2、NO_2、CO、F、酸雾等	1 次/周	视污染不同确定监测内容
废水	车间排放口和污水处理站排放口	pH、COD、石油类、SS、NH_3-N、挥发酚、氰化物等	3 次/周	监测因子视废水来源及水质特征适当调整

6.2.2　研究内容及途径

6.2.2.1　主要研究内容与思路

环境监测现状调查与分析主要是调查环境监测点数量、环境监测点及厂区地理位置分布、环境应急监测设备状况、环境监测系统现状、数据接口、监测联网以及环境应急预案等情况，从而确定环境监测点密度是否满足要求，确定环境风险因子是否能全部被监测，确定环境监测设备数据接口是否统一，确定环境监测点是否联网，确定环境应急预案是否完善。针对 EE 评价问题，选取资源、环境和经济三方面指标，对不同年度 S 企业的 EE 进行分析，以反映近年来 S 企业的产业生态化状况，低碳生产与节能减排的潜力和工艺技术水平。

针对环境污染评价（EPA）及 ERA 问题，通过 S 企业提供环境相关资料和监测数据，研究环境主要污染源及分布特点，分析确定主要污染因素，并将研究细化到污染因子，构建 EPA 指标体系，计算各因子权重，再对环境污染状况进行综合评价，进一步研究减少污染排放的具体措施；结合 S 企业生产、使用、存储等易燃易爆危险品现状，分析潜在的事故源，确定最大可信事故，研究可信事故污染物源强，最后进行突发环境事故的风险评价。

针对应急响应系统设计问题，按照 ENEM 的可控性、严重程度和影响范围，完善应急预案及应急处置规程；结合环境污染及 ERA 模型，基于 GIS 地图，利用 Delphi、SQL Server 等工具研发环境监测及应急响应系统，在 ENITP 上通过不同色彩区分环境污染状况等级及环境风险区域，实现对用户信息、评价指标、应急预案的编辑修改及综合查询，实现通过空间的位置计算来迅速定位，将 ENEM 空间信息、数据信息以及其他附属信息传达到指挥调度中心和相关应急人员，以实现辅助决策；利用 DB 系统自动生成应急方案。

6.2.2.2　一般研究方法及途径

基于需要解决的重点问题，采用合适的研究方法，是科学解决相关问题的重要途径。为此，针对不同对象与不同问题，需要采取不同的具体方法。

基于 GIS 环境监测及应急响应系统研究过程始终体现多种方法与途径的有机结合。其一，理论研究和实证研究相结合的方法。在总结国内外 ISI 环境污染整治理论和方法研究的基础后，构建适合江苏省 ISI 环境效应评价指标体系，结合前期收集的相关数据，运用层次分析法（AHP）及模糊综合评价等方法，对江苏省 ISI 的 EE 水平进行多层面、多角度的实证分析。其二，实地调查与专家咨询相结合的方法。通过现场调查了解典型钢铁企业生产流程、运行机制等，按照钢铁企业生产过程的生产工序，收集生产过程中废水、废气、废渣排放的参量及企业环保投入等方面的特征信息，科学估算钢铁生产过程中的能源 CFP；针对典型钢铁企业的生产现状，发挥行业专家的知识经验，运用生态预警管理模式等管理手段，有效调控钢铁企业生产过程，协调企业发展同环境保护之间的关系，限制生产过程的污染物损害环境质量的行为。其三，定性分析与定量分析相结合的方法。在运用 AHP 和模糊综合评价等方法的基础上，建立污染效应评价标准，对污染特征进行定量化的分析；同时，基于对 ISI 环境保护政策、法规等的评述，梳理污染综合治理的思路与模式，针对国家“一带一路”倡议背景下 ISI 的地位与作用，进行政策及策略的分析。

具体方法途径如下：①获取 S 企业最新厂区覆盖范围 RS 影像图，运用 ArcGIS 9.3 软件对 RS 影像数据进行格式转换，并在 ENITP 中标定 S 企业各环境监测点和各厂区地理分布，获取厂区面积和周长。②结合 ENITP 特征，实地调查已有各监测点和厂区地理分布，并记录周边环境的特征，重点分析生产工序排放情况，对排污高厂区或监测点进行环境空气及水质取样，利用已有的环境检测设备进行检测；同时针对环境监测系统及数据服务器建设情况，进一步完善监测体系。在前面的基础上，利用 DEA 方法，选取吨钢综合能耗、吨钢烟（粉）尘排放量、吨钢 COD 排放量和钢产量等 8 个指标，对不同年度 S 企业的 EE 采用 CCR 模型和 BBC 模型进行评价。与此同时，结合 S 企业现有生产工艺的排放特点，确定环境污染的主要因素，利用 2010 年环境监测数据确定环境污染评价因子，并基于 AHP 方法确定污染因子权重，最后利用模糊综合法，对 S 企业整个区域内环境污染状况进行评价；对 S 企业因生产、加工、使用和储存一些易燃、易爆和有毒危险化学品可能存在的灾害性事故进行危险源的识别，通过概率分析（probability analysis）确定最大可信事故，并通过相关计算公式对危险源泄露进行源强计算，最后利用变天条件下多烟团模式进行突发风险事故预测评价。结合 ENITP 内涵特征，包括基础地图、污染源点或面位置及环境监测点位置等，基于 S 企业现有应急方案完善 ENEM 处置规程预案；利用 SQL Server 设计系统的属性数据库和现有监测数据服务接口获取监测数据；基于环境污染及 ERA 模型构建应用算法流程，通过 Delphi 编制界面及程序，系统包括用户信息管理、环境评价管理以及环境应急管理。

针对研究内容及总体目标，本书按照前述研究方法进行实际调查、实验室检测分析和数值模拟等工作，为全面认识 ISI 生产过程的 EE 及能源 CFP 特征与规律，也为 ISI 应对气候变化及节能减排形势提供技术支撑。采取的技术路线如图 6-1 所示。

需要指出的是，相关监测数据及基础资料是根据当前 ISI 实际生产状况所获得的，并由此提出 ISI 污染整治思路及模式。但是，钢铁企业在自身发展过程中，会随时就市场需求、工艺流程、技术装备、工程方案、环境保护、配套条件等方面做出相应调整，使得研究工作的最终结果具有一定的不确定性。与此同时，法律和政策风险对本项目的影响具有决定性作用。随着国家“一带一路”倡议的逐步实施，特别是 MWFGLLC 的建设，以及公众环境保护理念的逐步加强，国家及地方政府将出台一系列新的环境保护法规及政策，对 ISI 自身发展提出更高的新要求。国家或地方的各种政策，包括金融、环保、产业政策的调整变化，将对 ISI 管理策略及污染治理模式的制定产生影响。

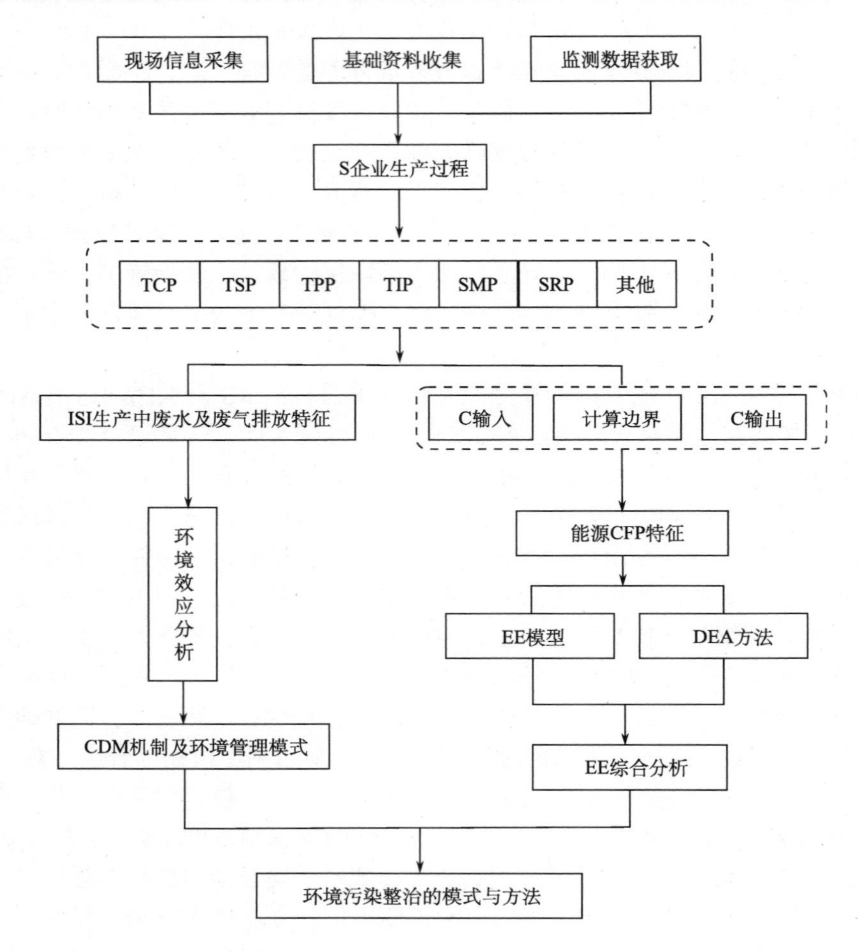

图 6-1　环境监测与应急响应技术路线图

6.3　生态效率评价

一般认为，EE 评价由 Schaltegger 和 Sturn 在 1990 年首次提出（孙宏海等，2016），随后，EE 也逐渐成为钢铁企业生态化发展的重要评价指标。目前，世界各国较为公认的 EE 定义是指生态资源满足人类需要的效率，它是产出与投入的比值。EE 分析要求钢铁企业必须兼顾生态效益和经济效率，实现资源能源的减量化、环境污染的最小化和经济增长的最优化，也就是要创造节约型、生态型、循环型的新型企业。通过 EE 评价可以反映企业某一时间段经济与环境的水平与状况、经济与环境变化的趋势，了解其节能减排的潜力，从而优化资源能源在产业内的配置，明确其发展方向和重点，提出相应的政策措施。

6.3.1　评价方法与过程

评价的尺度和目的不同，其评价指标和方法的选取也不同。DEA 方法可以对多输入和多产出的相同类型的部门、企业或者同一企业不同时期的 EE 进行相对有效性综合评价。利用 DEA 方法，可以直接对原始数据进行计算，无须统一指标的量纲，也避免了人为确定权重的主观影响。

在评价钢铁企业 EE 时，一般投入端（即供给侧）的能耗、物耗要尽可能减少，输出端（需求侧）生产钢铁的产量、利润能尽可能增大，而污染物的排放越少越好。将污染物排放作为非期望输出引入 DEA 模型，也作为输入指标。

假设某一生产部门或企业有 n 个决策单元 $\mathrm{DMU}_j(j=1,2,\cdots,n)$，在生产过程中有 m 种类型的投入要素或资源 $\boldsymbol{X}_j=(x_{1j},x_{2j},\cdots,x_{mj})^{\mathrm{T}}$，并有 s 种输出要素或产品 $\boldsymbol{Y}_j=(y_{1j},y_{2j},\cdots,y_{sj})^{\mathrm{T}}$，同时排放出 k 种污染物 $\boldsymbol{B}_j=(b_{1j},b_{2j},\cdots,b_{kj})^{\mathrm{T}}$。

设投入和产出分别对应的权向量为

$$\boldsymbol{v}=(v_1,v_2,\cdots,v_m)^{\mathrm{T}}\geqslant 0;\boldsymbol{u}=(u_1,u_2,\cdots,u_m)^{\mathrm{T}}\geqslant 0$$

如果将某生产活动的污染物作为输入指标，则定义第 j 个决策单元 DMU 的生态效率评价指数如式（6.1）所示：

$$\max\frac{\sum_{r=1}^{s}u_rY_{rj}}{\sum_{i=1}^{m}v_iX_{ij}+\sum_{r=s+1}^{s+k}u_rY_{rj}}\leqslant 1 \tag{6.1}$$

式中，$j=1,2,\cdots,n;u,v\geqslant 0;i=1,2,\cdots,m;r=1,2,\cdots,s,s+1,s+2,\cdots,s+k$。

将式（6.1）进行分式转化，分别得出基于投入的 CCR 模型 I［如式（6.2）］和 BBC 模型 II［如式（6.3）］。

CCR 模型 I：

$$\min[\theta-\varepsilon\boldsymbol{E}^{\mathrm{T}}(s^b+s^g+s^-)]$$

$$\text{s.t.}\quad\begin{cases}\sum_{j=1}^{n}\lambda_jX_j+s^-=\theta X_j\\ \sum_{j=1}^{n}\lambda_jY_j^g-s^g=Y_j^g\\ \sum_{j=1}^{n}\lambda_jY_j^b+s^b=\theta Y_j^b\end{cases} \tag{6.2}$$

$$\lambda,s^b,s^g,s^-\geqslant 0;\ \ \varepsilon\succ 0;\ \ j=1,2,\cdots,n$$

BBC 模型 II：

$$\min[\theta-\varepsilon\boldsymbol{E}^{\mathrm{T}}(s^b+s^g+s^-)]$$

$$\sum_{j=1}^{n}\lambda_jX_j+s^-=\theta X_j$$

$$\text{s.t.}\quad \begin{aligned} &\sum_{j=1}^{n}\lambda_j Y_j^g - s^g = Y_j^g \\ &\sum_{j=1}^{n}\lambda_j Y_j^b + s^b = \theta Y_j^b \\ &\sum_{j=1}^{n}\lambda_j = 1 \\ &\lambda, s^b, s^g, s^- \geqslant 0; \varepsilon \succ 0; j=1,2,\cdots,n \end{aligned} \tag{6.3}$$

$\frac{1}{\theta}\sum_{j=1}^{n}\lambda_j=1$，对于 BBC 模型Ⅱ是假设在规模收益不变的情况下，也就是不考虑规模效率，只计算 DMU 的技术效率情景下的状况。两种模型表示的各决策单元在保持产出不变的情况下，当最优解 $\theta=1$，$s^-=0, s^{g-}=0, s^{b+}=0$ 时，该决策单元为 DEA 有效；当 $\theta=1$，且 $s^-\neq 0, s^{g-}\neq 0, s^{b+}\neq 0$ 时，该决策单元为弱 DEA 有效；当 $\theta \prec 1$，或 $s^-\neq 0, s^{g-}\neq 0, s^{b+}\neq 0$ 时，该决策单元为非 DEA 有效。对于模型的约束条件，当 $\frac{1}{\theta}\sum_{j=1}^{n}\lambda_j=1$ 时，决策单元的规模收益不变；当 $\frac{1}{\theta}\sum_{j=1}^{n}\lambda_j \prec 1$ 时，决策单元的规模收益递增，也就是产出增加的比率大于投入增加比率；当 $\frac{1}{\theta}\sum_{j=1}^{n}\lambda_j \succ 1$ 时，决策单元的规模收益递减，也就是产出增加的比率小于投入增加的比率。对于一个弱有效或非有效的决策单元，可进一步优化指标即调整投入产出指标来使该决策单元变为有效，对第 j 个决策单元的投入和产出指标的改进优化值如式（6.4）所示：

$$\hat{x}_j=\theta x_j - s^-; \hat{y}_j^g = y_j^g - s^{g-}; \hat{y}_j = y_j^b + s^{b+} \tag{6.4}$$

从综合评价的角度而言，钢铁的生产过程也就是将消耗的资源和能源转化为产品、废品和污染物的过程。不同的行业企业对资源、能源的利用率不同，其对环境造成的影响也不尽相同，其 EE 也会不同。EE 的核心思想是在生产过程中，以消耗最少的资源和能源，生产出最多的产品，并且产生最小的环境负面影响。工业的 EE 指标一般包括原材料强度指标、能源消耗指标和污染物排放指标，即单位产品的原材料消耗、能源消耗和污染物排放量。本研究结合钢铁企业的生产特点和环境状况，选取资源效率、能源效率和环境效率 3 个指标来表述 S 企业的生态效率。

钢铁企业的资源效率是指在钢铁生产过程中投入的资源量所能产生的产品量。它等于产品量与投入的资源量的比值，如式（6.5）所示：

$$E_{资源}=\frac{P}{R} \tag{6.5}$$

式中，$E_{资源}$ 为钢铁企业的资源效率，万 t/万 t；P 为研究期内生产的产品量，万 t；R 为生产产品投入的资源量，万 t。

钢铁企业的能源效率是指在钢铁生产过程中投入的能源量所能产生的产品量。它等于产品量与投入的能源量的比值，如式（6.6）所示：

$$E_{能源}=\frac{P}{E} \tag{6.6}$$

式中，$E_{能源}$为钢铁企业的能源效率，万 t/万 t；P 为研究期内生产的产品量，万 t；E 为生产产品投入的能源量，万 t。

钢铁企业的环境效率是指在钢铁生产过程中产生的排放物量所对应的产生产品量。它等于产品量与排放废品和污染物量的比值，如式（6.7）所示：

$$E_{环境}=\frac{P}{Q} \tag{6.7}$$

式中，$E_{环境}$为钢铁企业的环境效率，万 t/万 t；P 为研究期内生产的产品量，万 t；Q 为生产产品过程中排放的废品和污染物量，万 t。

由式（6.5）～式（6.7）可知，$E_{资源}$、$E_{能源}$、$E_{环境}$的值越大，则投入的资源与能源越少，对环境的负面影响也越小。本研究利用工业代谢分析方法建立 S 企业的主要物料结算平衡表，分析在 S 企业生产过程中 I/O 或是参与内部循环的资源、能源、产品、废品及污染物的种类与数量，并在此基础上对 S 企业生产的 EE 进行综合分析。

6.3.2　评价结果及分析

6.3.2.1　指标选取及数据来源

围绕重点需要探索的问题，选取相关指标开展生态效率评价。在评价指标中，吨钢综合能耗量和吨钢新水能耗量作为投入指标，非期望输出指标包括吨钢外排废水量、吨钢烟（粉）尘排放量、吨钢 SO_2 排放量、吨钢 COD 排放量和吨钢石油类排放量作为投入指标，钢产量作为产出指标。

基础数据的可靠性与科学性直接影响评价结果的合理性。在本评价中，数据主要来自不同年度 S 企业的《生产经营综合计划》和《社会责任报告书》，为保障各指标数据的可靠性，通过《中国钢铁工业年鉴》《钢铁企业环境保护统计》对数据进行补充和核实，最后得到 S 企业的决策单元信息（表 6-2）。

表 6-2　S 企业投入产出指标

生产过程	指标	样本数	最小值	最大值	平均值	标准差
投入	吨钢综合能耗量/kg	7	614	770	689.512	68.395
	吨钢新水能耗量/m^3	7	3.69	19.48	10.127	6.331
非期望输出	吨钢外排废水量/ m^3	7	0.131	15.32	7.493	6.531
	吨钢烟（粉）尘排放量/ kg	7	0.422	0.652	0.431	0.111
	吨钢 SO_2 排放量/ kg	7	1.06	2.20	1.623	1.115
	吨钢 COD 排放量/ kg	7	0.031	0.516	0.166	0.179
	吨钢石油类排放量/ kg	7	0.012	0.025	0.017	0.0048
产出	钢产量/万 t	7	437.6	764.52	598.29	103.27

6.3.2.2 评价结果特点与分析

基于前述思路，进一步把 5 个非期望产出指标作为决策单元的投入指标，利用前述两个模型，对不同年度 S 企业的生态效率进行评价，利用 Matlab 软件对表 6-2 数据进行求解。需要说明的是，Matlab 作为一款商业数学软件，是用于算法开发、数据可视化、数据分析以及数值计算的高级技术计算语言和交互式环境，主要包括 Matlab 和 Simulink 两大部分。Matlab 是 matrix 和 laboratory 两个词的组合，是主要面对科学计算、可视化以及交互式程序设计的高科技计算环境，它将数值分析、矩阵计算、科学数据可视化以及非线性动态系统的建模和仿真等诸多强大功能集成在一个视窗环境中，为科学研究、工程设计以及众多科学领域提供了一种全面的解决方案。在 Matlab 平台下，S 企业 EE 结果如表 6-3 所示。

表 6-3 S 企业 EE 评价表

年份	总效率	规模效益	技术效率
2011	1.000	不变	1.000
2010	1.000	不变	1.000
2009	0.997	递增	1.000
2008	0.985	递减	0.994
2007	1.000	不变	1.000
2006	0.979	递增	0.981
2005	1.000	不变	1.000

从表 6-3 中可以看出，CCR 模型的评价结果显示 S 企业有 4 年的 EE 有效，规模效益不变和技术效率相对有效，占评价年份的 57.1%，其中 2011 年、2010 年、2007 年和 2005 年规模效益不变，总效率和技术效率同时达到有效。另外，BBC 模型的评价结果显示 S 企业有 5 年技术效率相对有效，占评价年份的 71.4%，S 企业规模收益在 2009 年和 2006 年递增，说明这两年企业可以通过扩大生产规模、增加投入来获得更高的效率。S 企业规模收益在 2008 年递减，说明在该年度的生产过程中没有将投入完全转化为产出，需要把生产规模缩小以获得更高的效率。

基于相关估算进一步分析发现，2009 年吨钢综合能耗减少量为 19.23 kg 标准煤，吨钢新水能耗减少量为 3.01 m^3，吨钢外排废水减少量为 1.37 m^3，吨钢 SO_2 排放减少量为 0.06 kg 标准煤；钢产量增加 27.1 万 t。2008 年吨钢综合能耗减少量为 21.45 kg 标准煤，吨钢烟（粉）尘排放减少量为 0.02 kg 标准煤，吨钢 COD 排放减少量为 0.141 kg 标准煤。2006 年吨钢综合能耗减少量为 42.11 kg 标准煤，吨钢新水能耗减少量为 5.24 m^3，吨钢烟（粉）尘排放减少量为 0.02 kg 标准煤，吨钢 SO_2 排放减少量为 0.02 kg 标准煤。利用式（6.4）对其相关指标进行优化，得到优化值见表 6-4。

表 6-4　EE 优化结果

指标	2011 年	2010 年	2009 年	2008 年	2007 年	2006 年	2005 年
综合能耗/kg	0	0	724.57	701.37	0	699.65	0
新水能耗量/m^3	0	0	5.41	0	0	6.06	0
外排废水量/ m^3	0	0	7.26	0	0	0	0
烟（粉）尘排放量/ kg	0	0	0	0.42	0	0.57	0
SO_2 排放量/ kg	0	0	1.09	0	0	2.08	0
COD 排放量/ kg	0	0	0	0.47	0	0	0
石油类排放量/ kg	0	0	0	0	0	0	0
钢产量/万 t	0	0	878.19	0	0	0	0

注：除“钢产量”外，其他指标均指“吨钢”对应的指标。

从优化结果可看出，S 企业 EE 提高的关键在于技术效率的提高；对非期望输出的指标减少上，主要体现在污染物的控制和资源的消耗方面。这就需要不断发展循环经济，加强节能减排与绿色低碳生产，提高资源能源利用效率，并采用先进的生产技术，实现废弃物综合利用，最终实现 EE 的持续提升，达到可持续发展的目标。

6.3.2.3　EE 综合的评价及特征

基于 S 企业 2005～2013 年的生态经营状况，得到 S 企业不同年度的物料平衡表，详见表 6-5。

表 6-5　2005～2013 年 S 企业物料平衡表　　（单位：万 t）

类别	2005 年	2006 年	2007 年	2008 年	2009 年	2010 年	2011 年	2012 年	2013 年
资源消耗量	792.14	927.79	1189.13	1237.17	1155.50	1291.16	1547.07	1492.56	1160.54
能源消耗量	340.60	439.58	442.00	462.73	446.96	476.52	572.00	555.70	441.00
生产产品量	418.00	485.00	605.00	627.00	604.00	660.00	800.00	780.00	621.00
环境排放量	714.74	882.37	1026.13	1072.90	998.46	1107.68	1319.07	1268.26	980.54

在相关统计数据的基础上，利用式（6.5）～式（6.7）对其进行计算分析，得到 S 企业 2005～2013 年 EE 的特征（表 6-6）。

表 6-6　2005～2013 年 S 企业生态效率

类别	2005 年	2006 年	2007 年	2008 年	2009 年	2010 年	2011 年	2012 年	2013 年
$E_{资源}$	0.528	0.523	0.509	0.507	0.523	0.511	0.517	0.523	0.535
$E_{能源}$	1.227	1.103	1.369	1.355	1.351	1.385	1.399	1.404	1.408
$E_{环境}$	0.585	0.550	0.590	0.584	0.605	0.596	0.606	0.615	0.633

结果表明，在表征 EE 的 $E_{资源}$、$E_{能源}$与 $E_{环境}$指标中，$E_{能源}$最高，为 1.103～1.408；$E_{资源}$最低，在 0.507～0.535；$E_{环境}$居中，略高于 $E_{资源}$，为 0.550～0.633。较之 2005 年，2013

年 S 企业的 $E_{资源}$、$E_{能源}$与 $E_{环境}$均有所提高，但变化幅度不大。可以看到，在 S 企业生产过程中资源利用率较低，浪费较为严重，因此带来的环境问题也比较突出。S 企业的生产过程主要依赖天然资源的输入，而回收资源（废钢）的再利用仅占很小的一部分，这也是造成 $E_{资源}$和 $E_{环境}$较低的一个主要因素。

6.4 环境污染评价

在现代工业体系中，钢铁工业是高耗能、高污染行业，各生产工序排放的废气和废水污染物种类复杂，排放量较大，一旦排放量超出排放标准，就会对环境质量和生态系统造成危害，因此，开展大气环境和水体 EPA 尤为重要。

6.4.1 主要污染因素的分析

在不同生产阶段及环节，有诸多影响环节污染的因素，需要具体问题具体分析。大气污染因素方面，在特定大气环境背景下，各种原料、熔剂和燃料在储运、粉碎、转运等过程中会产生粉尘；混合料在烧结过程中产生大量含尘及 SO_2、NO_2 等污染物的废气；焦炉燃用净化后的高、焦炉混合煤气产生含少量 SO_2、NO_x 的烟气；高炉煤粉制备系统产生煤尘，碾泥机运行过程产生粉尘，热风炉燃高炉煤气产生含少量 SO_2、NO_x 的烟气；转炉冶炼过程中产生大量含尘、CO 及氟化物的烟气，电炉冶炼过程中产生的含尘及少量氟化物的烟气；LF 炉及 RH 炉装置精炼产生的少量含尘烟及氟化物气体；锅炉燃烧煤气产生含 SO_2、NO_x 和尘的烟气。水体污染因素方面，球团（TPP）生产用水主要为工艺设备的间接冷却用水；炼焦及煤气净化过程中产生含酚、氰的废水；煤气洗涤产生含 SS 的废水、炉前水冲渣产生的废水及煤气管道冷凝水等；转炉湿法除尘产生的废水；RH、VD 真空精炼装置产生含少量 SS 冷凝水；连铸坯二次喷淋冷却产生含氧化铁皮和少量油的废水；轧辊冷却、高压水除鳞、冲氧化铁皮等产生含油及氧化铁皮废水；石灰石水洗过程中产生废水；水泵、风机等产生少量冷却排水；生活设施产生的生活污水。

6.4.2 指标体系构建与分级

6.4.2.1 评价指标体系的构建

特定的产业生产技术及模式可能产生与之对应的环境效应。钢铁工业废气污染物排放的大户是 TSP、TCP、TIP 和 SMP，使用的燃料有烟煤、白煤、焦炭、煤气及重油，会产生 SO_2、NO_2、PM_{10} 、CO、F、烟尘、粉尘等污染物，环境负效应明显。根据 S 企业各生产工艺污染源及污染因素分析，可确定 SO_2、烟尘、粉尘、NO_2 及 F 为大气污染源的评价因子。

前已述及，钢铁工业废水主要来源于生产工艺过程用水、设备与产品冷却水、烟气洗涤和高炉冲渣水，废水主要含有酚、石油类、氰化物、重金属等有害物质，废水就地浸透进入地下水，从而污染周边水源。根据 S 企业各生产工艺污染源及其污染因素分析，确定水质污染源的评价因子有石油类、COD、SS、硫化物、NH_3-N、挥发酚、氰化物、苯并（a）芘。S 企业 EPA 的指标体系见表 6-7。

表 6-7　基于 AHP 的 S 企业 EPA 指标体系

目标层	因素层	因子层
EPA	大气因素	烟尘
		粉尘
		F
		SO_2
		NO_x
	水质因素	氰化物
		石油类
		硫化物
		NH_3-N
		苯并（a）芘
		挥发酚
		COD
		SS

6.4.2.2　指标体系的量化分级

评价大气污染因子评价标准决定采用《环境空气质量标准》（GB 3095—2012）；水污染因子评价标准采用《地表水环境质量标准》（GB 3838—2002）；地表水环境质量标准基本项目标准限值中，苯并（a）芘采用集中式生活饮用水地表水源地特定项目标准限值；SS 执行《钢铁工业水污染物排放标准》（GB 13456—2012）。S 企业 EPA 定量指标的分级标准见表 6-8。

表 6-8　S 企业 EPA 定量指标的分级标准

污染物名称	浓度单位	浓度限值		
		一级标准（A）	二级标准（B）	三级标准（C）
SO_2	mg/m^3	0.05	0.15	0.25
NO_x	mg/m^3	0.10	0.12	0.24
烟尘	mg/m^3	0.12	0.30	0.30
粉尘	mg/m^3	0.12	0.30	0.30
F	$\mu g/m^3$	7.00	7.00	7.00
NH_3-N	mg/L	0.015	0.500	1.000
COD	mg/L	15.00	15.00	20.00
硫化物	mg/L	0.05	0.10	0.20
氰化物	mg/L	0.005	0.050	0.200
挥发酚	mg/L	0.002	0.002	0.005
SS	mg/L	70.00	200.00	400.00
石油类	mg/L	0.05	0.05	0.05
苯并（a）芘	mg/L	2.5×10^{-6}	2.8×10^{-6}	2.8×10^{-6}

6.4.2.3 环境污染特征的判别

根据 S 企业环境污染评价因子定量指标的分级原则及相关的环境质量规范，采用良好、轻度污染、中度污染和重度污染 4 级划分标准，见表 6-9。

表 6-9 EPA 状况的判别标准

等级	状态	浓度 K 范围	指标特征
Ⅰ	良好	K≤A	废气和废水排放得到很好控制，污染物经过处理，排放极少，大气和水质环境对人体、生态系统无危害
Ⅱ	轻度污染	A＜K≤B	废气和废水得到较好的控制，大气和水体中有少量的污染物，对人体、生态系统有较少危害
Ⅲ	中度污染	B＜K≤C	废气和废水得到一定的控制，大气和水体中的污染物对人体和生态环境构成一定威胁
Ⅳ	重度污染	K＞C	废气和废水的治理水平差，外排量大，对人体和生态系统构成严重的威胁

6.4.3 AHP 方法的主要步骤

AHP 方法能够用来解决模糊型、多层次的难以完全定量分析决策评价的问题，能够充分体现人们决策思维的基本特征。AHP 基于客观现实的主观判断，并分析影响系统工作的各种因素及其相互关系，将系统以层次划分，每层具有相应的因素，将相对于上一层次的下一层次的所有因素进行两两比较，通过定量计算的方法，得到每层因素的相对重要的权重系数，最后做出分析决策。该方法对于企业环境评价极有借鉴意义。

6.4.3.1 建立层次模型

AHP 中复杂问题常常被分解成多个元素的集合体系，元素之间根据不同属性和相互关系形成多个层次，同一层的元素连接着上层和下层元素，被上层支配也同时支配下一层。AHP 一般将需要解决的问题分解为 3 个层次：目标层（T）描述了评价的目标，只有一个元素；准则层（S）是对目标层的扩展和具体描述，可以由若干层组成；指标层（P）是对准则层的细化，构建目标实现的指标、措施、决策方案等。

根据表 6-7 S 企业 EPA 因素因子表和 AHP 方法的内容，构建 S 企业 EPA 层次模型，如图 6-2 所示。

6.4.3.2 构造判断矩阵

在应用 AHP 原理及方法进行相关问题的研究过程中，构建了层级结构后，也就确定了上下层元素的隶属关系。如果指标层的因素对于 S 企业的重要性可定量，就直接确定权重。如果问题复杂，不能定量只能定性，那么确定权重可利用两两比较的方法。图 6-2 中，P_i（i=1～n）方案在准则 S_i（i=1～m）下两两比较，可得到判断矩阵，见表 6-10。

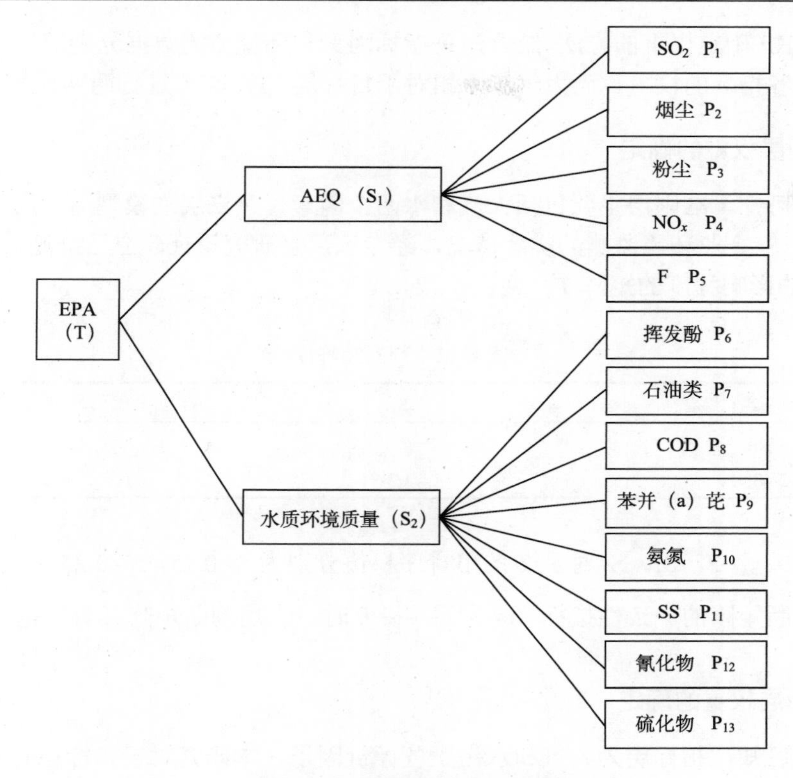

图 6-2　S 企业 EPA 层次模型

表 6-10　判断矩阵

S_i	P_1	P_2	…	P_n
P_1	d_{11}	d_{12}	…	d_{1n}
P_2	d_{21}	d_{22}	…	d_{2n}
⋮	⋮	⋮		⋮
P_n	d_{i1}	d_{i2}	…	d_{nn}

表中矩阵 d_{ij} 是指标层中元素 P_i 基于准则 S_i 两两比较后的评分值，d_{ij} 的值可按照表 6-11 中的原则来确定。

表 6-11　d_{ij}的取值方式

d_{ij} 的取值	含义
1	d_i 和 d_j 同等重要
3	d_i 和 d_j 比稍微重要
5	d_i 和 d_j 比明显重要
7	d_i 和 d_j 比强烈重要
9	d_i 和 d_j 比极端重要
2，4，6，8	表示上述相邻判断的中间值
倒数	$d_{ij}=1/d_{ji}$

按照 AHP 确定权重的方法，结合污染指标因素和环境监测数据分别定量计算出大气和水污染的各指标的权重，而大气和水相对于目标层 EPA 需要进行两两比较。

1. 准则层权重的确定

由前述可知，准则层主要包括大气和水两个因素，建立层次模型后，通过分析大量资料，结合 S 企业环境监测的实际情况，经专家反复研究论证建立了准则层（P）对目标层（T）的影响程度的矩阵 ***T***，见表 6-12。

表 6-12　判断矩阵 *T*

T	S_1	S_2
S_1	1	3
S_2	1/3	1

计算得 $\lambda_{\max}=2$，S_1、S_2 对于 ***T*** 的单排序权值分别为 $t_1=0.75$，$t_2=0.25$。

检验判断矩阵的一致性指标 $CI=\dfrac{\lambda_{\max}-i}{i-1}=0$ 时，上述判断矩阵具有完全一致性。

2. 指标层权重的确定

由前述可知，指标层为大气和水污染各评价因子，本研究对于指标层对准则层的判断矩阵 ***S*** 中 d_{ij} 值的确定，采用等标污染负荷法。结合 2010 年废气和废水中主要污染物的排放数据进行计算，其计算如式（6.8）～式（6.13）所示：

$$P_i=\frac{q_i}{C_{oi}}\times 10^9 \tag{6.8}$$

$$P_n=\sum_{i=1}^{j}P_i \tag{6.9}$$

$$P=\sum_{n=1}^{k}P_n \tag{6.10}$$

$$P_{ic}=\sum_{n=1}^{k}P_i \tag{6.11}$$

$$K_{ic}=\frac{P_{ic}}{P}\times 100\% \tag{6.12}$$

$$K_n=\frac{P_n}{P}\times 100\% \tag{6.13}$$

式中，q_i 为第 i 种污染物的绝对排放量，t/a；C_{oi} 为第 i 种污染物的评价标准，mg/m^3 或 mg/L；P_i 为某污染源的第 i 种污染物的等标污染负荷；P_n 为某污染源的等标污染负荷；j 为污染物种数；P 为某区域的等标污染负荷；k 为污染源数；P_{ic} 为某区域中第 i 种污染物的等标污染负荷；K_{ic} 为第 i 种污染物在区域中污染负荷占的比例；K_n 为某污染源在区域中污染负荷占的比例。

其中，废水污染源评价中 P_i 的计算公式为式（6.14），其余的评价指标相同。

$$P_i = \frac{q_i}{C_{oi}} \times 10^6 \tag{6.14}$$

根据 S 企业所在地的 AEQ 功能区划，其所在地属 3 类区，但从改善城市环境质量的角度出发，评价大气污染源评价因子采用表 6-8 中二级标准值；水污染源评价标准采用表 6-8 中二级标准值，SS 采用表 6-8 中的一级标准。

利用式（6.8）～式（6.14），计算得到 S 企业废气污染物的评价结果，如表 6-13 所示。

表 6-13　S 企业废气污染物排放量

污染源		污染物种类					$P_n \times 10^9$	K_n
		SO_2	烟尘	粉尘	NO_x	F		
IMF	q_i/（t/a）	/	/	26.8	/	/		
	$P_i \times 10^9$			89.33			89.33	0.05/%
TSP 和 TPP	q_i/（t/a）	11199.44	980.41	1059.94	3432.98	/		
	$P_i \times 10^9$	74662.93	3268.03	3533.13	28608.17		110072.26	67.97/%
TCP	q_i/（t/a）	254.91	138.97	134.01	1257.58	/		
	$P_i \times 10^9$	1699.4	463.23	446.7	10479.83		13089.16	8.08/%
TIP	q_i/（t/a）	503.04	138.24	1492.82	1447.41	/		
	$P_i \times 10^9$	3353.6	460.8	4976.07	12061.75		20852.22	12.87/%
SMP	q_i/（t/a）	6.4	131.88	448.48	58.25	13.2		
	$P_i \times 10^9$	42.67	439.6	1494.93	485.42	1885.71	2462.62	1.53/%
SRP	q_i/（t/a）	184.1	11.79	/	399.42	/	4595.13	2.84/%
	$P_i \times 10^9$	1227.33	39.3		3328.5			
能源中心电站	q_i/（t/a）	305.18	28.63	/	770.21	/		
	$P_i \times 10^9$	2034.53	95.43		6418.42		8548.38	5.28/%
石灰焙烧	q_i/（t/a）	12.48	52.66	14.18	231.66	/		
	$P_i \times 10^9$	83.2	175.53	47.27	1930.5		2236.50	1.38/%
总 q_i/（t/a）		12465.55	1482.58	3176.23	7597.51	13.2		
P_{ic} $\times 10^9$		83103.67	4941.93	10587.43	63312.58	1885.71	163831.32	100/%
K_{ic}/%		50.75	3.02	6.46	38.63	1.14	100	/

由表 6-13 可知，废气污染源等标污染负荷排序位于前三位的是 TSP 和 TPP、TIP、TCP。污染物 SO_2、烟尘、粉尘、NO_x、F 的等标污染负荷比分别为 50.75%、3.02%、6.46%、38.63%、1.14%，则归一化权重为 0.508、0.030、0.065、0.386、0.011。

S 企业共有两个废水排放口，编号分别为 2#及 5#，2#排放口废水经处理达标后排入长江，5#排放口废水经处理达标后通过石头河进入长江。通过计算得到 S 企业废水污染物的评价结果，如表 6-14 所示。

表 6-14　S 企业废水污染物排放量

污染物	2#排污口		5#排污口		q_i/（t/a）	$P_{ic}\times10^6$	K_{ic}/%
	$q_i\times10^6$/（t/a）	$P_i\times10^6$	$q_i\times10^6$/（t/a）	$P_i\times10^6$			
COD	40.98	2.732	83.8	5.587	124.78	8.319	3.704
SS	73.38	1.048	124.66	1.781	198.04	2.829	1.259
石油类	1.686	33.72	2.967	59.34	4.653	93.06	41.434
NH_3-N	0.366	0.732	1.71	3.42	2.076	4.152	1.849
挥发酚	0.053	26.5	0.164	82	0.217	108.5	48.309
硫化物	0.008	0.08	0.019	0.19	0.027	0.27	0.12
苯并（a）芘	0.000019	6.786	/	/	0.000019	6.786	3.021
氰化物	0.008	0.16	0.026	0.52	0.034	0.68	0.303
$P_n\times10^6$	71.758		152.838		224.596		100
K_n/%	31.95		68.05		100		/

由表 6-14 可知，S 企业废水污染物污染程度依次是挥发酚、石油类、COD、苯并（a）芘、NH_3-N、SS、氰化物、硫化物，对应的等标污染负荷比分别为 48.309%、41.434%、3.704%、3.021%、1.849%、1.259%、0.303%、0.12%，则归一化权重为 0.483、0.414、0.037、0.030、0.018、0.013、0.003、0.001。

6.4.3.3　层次单排序

根据所得到的某个因素的判断矩阵，再计算下一层中与之有联系的因素的权重，权重显示了这些互相联系的因素的相对重要性。层次单排序用于计算判断矩阵的最大特征值和特征向量，采用方根法计算。

（1）计算判断矩阵 $\boldsymbol{D}$ 中每行元素 d_{ij} 乘积的 n 次方根，如式（6.15）所示：

$$W_i=\sqrt[n]{\prod_{i=1}^{n}d_{ij}}\quad (i=1, 2, 3, \cdots, n) \tag{6.15}$$

（2）将向量 W_i 组成矩阵并对其进行归一化，如式（6.16）所示：

$$\hat{w}_i=\frac{\hat{w}}{\sum_{j=1}^{n}w_j}\quad (j=1, 2, \cdots, n) \tag{6.16}$$

得 $\hat{\boldsymbol{w}}_i=[\hat{w}_1,\ \hat{w}_2,\ \cdots,\ \hat{w}_k]^{\mathrm{T}}$ 为所求的特征向量，即各因素权重。

（3）计算判断矩阵 $\boldsymbol{D}$ 的最大特征值 $\lambda_{\max}$，如公式（6.17）所示：

$$\lambda_{\max}=\frac{1}{n}\sum_{i=1}^{k}\frac{[\boldsymbol{D}\hat{\boldsymbol{w}}]_i}{\hat{\boldsymbol{w}}_i} \tag{6.17}$$

式中，$[\boldsymbol{D}\hat{\boldsymbol{w}}]_i$ 为向量 $\boldsymbol{D}\hat{\boldsymbol{w}}$ 的第 i 个元素。

（4）进行判断矩阵 $\boldsymbol{D}$ 一致性检验，一致性指标用 CI（consistency index）表示，其计算如式（6.18）所示：

$$\mathrm{CI}=\frac{\lambda_{\max}-n}{n-1} \tag{6.18}$$

当 CI=0 时，即 $\lambda_{\max}=1$ 时，矩阵完全一致；否则需判断其是否具有满意一致性。CI 越大，矩阵的一致性越差。考虑到一致性偏差还有可能是随机因素造成的，必须查找相应 n 的平均随机一致性指标 RI（random index），其计算公式（6.19）为

$$\mathrm{RI}=\frac{\lambda'_{\max}-n}{n-1} \tag{6.19}$$

$\lambda'_{\max}$ 为最大特征根的平均值，对于 1～9 阶矩阵，计算 RI 值见表 6-15。

表 6-15　RI 值

n	RI	n	RI	n	RI
1	0	4	0.90	7	1.36
2	0	5	1.12	8	1.41
3	0.58	6	1.24	9	1.45

判断矩阵的随机一致性比例，如式（6.20）所示：

$$\mathrm{CR}=\frac{\mathrm{CI}}{\mathrm{RI}} \tag{6.20}$$

当 CR≤0.10 时，判断矩阵具有一致性；当 CR＞0.10，判断矩阵没有一致性，表示分析结果无效，应重新构造判断矩阵，直到判断矩阵具有满意一致性。

6.4.3.4　层次总排序

基于以上结果，进一步计算本层次因素对更上一层次的优劣顺序。指标层中 $P_1, P_2, \cdots, P_n$ 对于目标层（T）的层次总排序可用表 6-16 来进行说明。

表 6-16　层次总排序

层次 P	S_1 t_1	S_2 t_2	… …	S_m t_m	总排序权值
P_1	W_{11}	W_{12}	…	W_{1m}	$\sum_{j=1}^{m} t_j W_{1j}$
P_2	W_{21}	W_{22}	…	W_{2m}	$\sum_{j=1}^{m} t_j W_{2j}$
⋮	⋮	⋮		⋮	⋮
P_n	W_{n1}	W_{n2}	…	W_{nm}	$\sum_{j=1}^{m} t_j W_{nj}$

表中，$t_1, t_2, \cdots, t_m$ 为准则层（S）中各元素对于目标层（T）的权重；$W_{11}, W_{21}, \cdots, W_{n1}$；$W_{12}, W_{22}, \cdots, W_{n2}$；$W_{1m}, W_{2m}, \cdots, W_{nm}$ 分别为指标层（P）中各元素对于准则层（S）中各元素的权重，指标层（P）中各元素的总排序权值可由最右列中的公式求出。

根据层次单排序结果，计算出指标层各元素对于目标层的层次总排序结果，见表6-17。

表6-17　层次总排序结果

P	S_1 0.75	S_2 0.25	相对于T的权重	层次总排序
P_1	0.508		0.381	1
P_2	0.030		0.023	6
P_3	0.065		0.049	5
P_4	0.386		0.290	2
P_5	0.011		0.008	8
P_6		0.483	0.121	3
P_7		0.414	0.104	4
P_8		0.077	0.019	7
P_9		0.030	0.008	9
P_{10}		0.018	0.005	10
P_{11}		0.013	0.003	11
P_{12}		0.003	0.001	12
P_{13}		0.001	0.0003	13

依据层次总排序结果可以得出：大气污染指标中，P_1（SO_2）和P_4（NO_x）起着主要作用；而在水污染指标中，P_6（挥发酚）和P_7（石油类）起着主要作用。

6.4.4　基于FCM的EPA模型

6.4.4.1　FCM的步骤

模糊综合评价法（fuzzy comprehensive method，FCM；fuzzy synthetic method，FMS）的基本步骤如下（赵青，2009）：①将目标问题层次化；②利用AHP确定评价指标及相应权重；③建立目标评价结果集合$\boldsymbol{V}$，$\boldsymbol{V}=\{v_1,v_2,\cdots,v_m\}$；④按某一类中的各个因素进行综合评价。设对第$i$（$i=1,2,\cdots,n$）类元素进行综合评价，评价对象隶属于评价结果集合中的第k（$k=1,2,\cdots,m$）个元素的隶属矩阵如式（6.21）所示：

$$\boldsymbol{R}_i=\begin{bmatrix} r_{i11} & r_{i12} & r_{i13} & \cdots & r_{i1m} \\ r_{i21} & r_{i22} & r_{i23} & \cdots & r_{i2m} \\ r_{i31} & r_{i32} & r_{i33} & \cdots & r_{i3m} \\ \vdots & \vdots & \vdots & & \vdots \\ r_{in1} & r_{in2} & r_{in3} & \cdots & r_{inm} \end{bmatrix} \tag{6.21}$$

于是，有第i类因素模糊综合评价集如式（6.22）所示：

$$\boldsymbol{B}_i=\boldsymbol{W}_i\cdot\boldsymbol{R}_i=\left[w_{i1},w_{i2},w_{i3},\cdots,w_{in}\right]\cdot\begin{bmatrix} r_{i11} & r_{i12} & r_{i13} & \cdots & r_{i1m} \\ r_{i21} & r_{i22} & r_{i23} & \cdots & r_{i2m} \\ r_{i31} & r_{i32} & r_{i33} & \cdots & r_{i3m} \\ \vdots & \vdots & \vdots & & \vdots \\ r_{in1} & r_{in2} & r_{in3} & \cdots & r_{inm} \end{bmatrix}=\left[b_{i1},b_{i2},b_{i3},\cdots,b_{im}\right] \tag{6.22}$$

式中，$i=1,2,\cdots,n$；$\boldsymbol{B}_i$ 为 $\boldsymbol{B}$ 层中第 i 个指标所包含的各级因素相对于它的上级因素的运算结果；b_i 为 $\boldsymbol{B}$ 层中第 i 个指标下级各因素相对于它的权重；$\boldsymbol{R}_i$ 为模糊评价矩阵。

在建立的评价系统中，有些评级因素选取的比较多，从而导致每个因素的权重相对变小。如果只用一级综合评价，就可能因太小的权重导致有用信息的缺失，从而不能得出理想的结果。因此，可以先将全部因素进行划分，这样可以在较小的范围内确定因素的相对重要性，从而确定权向量，然后再进行综合评价，这就是多级综合评价。

评价矩阵应为最底层模糊综合评价矩阵，如式（6.23）所示：

$$\boldsymbol{B}=\boldsymbol{W}\cdot\left(B_1B_2\cdots B_N\right)^{\mathrm{T}}=\left(w_1w_2\cdots w_N\right)\cdot\left(B_1B_2\cdots B_N\right)^{\mathrm{T}} \tag{6.23}$$

6.4.4.2　确定隶属度矩阵

定性指标隶属度的确定：由于定性指标是无法进行具体定量判定的，因此用表示程度的定性程度优、良、中、差等予以定性描述。

定量指标隶属度的确定：在一个连续的区间上确定一系列具有分界点作用的值，然后利用线性内插公式对实际的指标值进行处理，即可得该指标值对应的隶属度。

第 1 级环境质量如式（6.24）所示：

$$r_1=\begin{cases}1 & x_1<v_1\\ \dfrac{v_2-x_1}{v_2-v_1} & v_1\leqslant x_1\leqslant v_2\\ 0 & x_1>v_2\end{cases} \tag{6.24}$$

第 2 级环境质量如式（6.25）所示：

$$r_2=\begin{cases}1-r_1 & v_1\leqslant x_i<v_2\\ \dfrac{v_3-x_i}{v_3-v_2} & v_2\leqslant x_i<v_3\\ 0 & x_i<v_1,x_i\geqslant v_3\end{cases} \tag{6.25}$$

第 j 级环境质量如式（6.26）所示：

$$r_j=\begin{cases}\dfrac{x_i-v_{j-1}}{v_j-v_{j-1}} & v_{j-1}\leqslant x_i<v_j\\ \dfrac{v_{j+1}-x_i}{v_{j+1}-v_j} & v_j\leqslant x_i<v_{j+1}\\ 0 & x_i<v_{j-1},x_i\geqslant v_{j+1}\end{cases} \tag{6.26}$$

式中，x_i 为因子的实测值；v_j 为因子的第 j 个分级阈值，且 $v_{j+1}\geqslant v_j\geqslant v_{j-1}$；$r_j$ 为第 j 级环境质量的隶属度数值，且对任一因子有 $\sum_{j=1}^{n}r_j=1$。

根据以上公式，生成隶属矩阵 $\boldsymbol{R}$ 如式（6.27）所示：

$$
\boldsymbol{R}=\begin{bmatrix} r_{11} & r_{12} & r_{13} & \cdots & r_{1n} \\ r_{21} & r_{22} & r_{23} & \cdots & r_{2n} \\ r_{31} & r_{32} & r_{33} & \cdots & r_{3n} \\ \vdots & \vdots & \vdots & & \vdots \\ r_{m1} & r_{m2} & r_{m3} & \cdots & r_{mn} \end{bmatrix} \tag{6.27}
$$

6.4.4.3　评价结果及特点

利用 S 企业的监测数据，按照上述步骤最终将隶属度汇总得到一级模糊综合评价矩阵，见表 6-18。

表 6-18　一级模糊评价矩阵

因素层	因子层	良好	轻度	中度	重度
大气因素	SO_2	/	0.7	0.3	/
	烟尘	/	0.6	0.4	/
	粉尘	0.4	0.6	/	/
	NO_x	/	/	0.5	0.5
	F	0.3	0.7	/	/
水体因素	挥发酚	0.6	0.4	/	/
	石油类	0.3	0.7	/	/
	COD	0.7	0.3	/	/
	苯并（a）芘	/	0.5	0.5	/
	NH_3-H	0.8	0.2	/	/
	SS	0.4	0.6	/	/
	氰化物	/	0.7	0.3	/
	硫化物	0.9	0.1	/	/

根据式（6.27）计算得二级模糊评价矩阵，如表 6-19 所示。

表 6-19　二级模糊评价矩阵

W	***R***	***B***
$\boldsymbol{W}_1=[0.508\quad 0.030\quad 0.065\quad 0.386\quad 0.011]$	$\boldsymbol{R}_1=\begin{bmatrix} 0 & 0.7 & 0.3 & 0 \\ 0 & 0.6 & 0.4 & 0 \\ 0.4 & 0.6 & 0 & 0 \\ 0 & 0 & 0.5 & 0.5 \\ 0.3 & 0.7 & 0 & 0 \end{bmatrix}$	$\boldsymbol{B}_1=[0.029\quad 0.420\quad 0.357\quad 0.193]$
$\boldsymbol{W}_2=[0.483\quad 0.414\quad 0.077\quad 0.030\quad 0.018\quad 0.013\quad 0.003\quad 0.001]$	$\boldsymbol{R}_2=\begin{bmatrix} 0.6 & 0.4 & 0 & 0 \\ 0.3 & 0.7 & 0 & 0 \\ 0.7 & 0.3 & 0 & 0 \\ 0 & 0.5 & 0.5 & 0 \\ 0.8 & 0.2 & 0 & 0 \\ 0.4 & 0.6 & 0 & 0 \\ 0 & 0.7 & 0.3 & 0 \\ 0.9 & 0.1 & 0 & 0 \end{bmatrix}$	$\boldsymbol{B}_2=[0.488\quad 0.535\quad 0.016\quad 0]$

第二级评价结果如表 6-20 所示。

表 6-20　二级评价结果

环境污染状态	隶属度	环境污染状态	隶属度
良好	0.144	中度	0.272
轻度	0.449	重度	0.135

从二级评价结果可以看出，该时段 EQA 为轻度污染。

6.5　ERA 及应急管理

ERA 及应急管理是目前环境领域重点研究的方向之一，ERA 是降低重大环境污染事件对环境及公众造成危害的主要途径。针对 ENEM，制定应急计划是降低污染及次生事件发生的关键。通过开展 ERA，对 S 企业突发环境风险进行评价，并制定和实施相应的应急响应和措施能够及时控制和消除 ENEM 危害，规范各类 ENEM 处置工作，提高 ENEM 处理能力，减少污染物对水体、大气环境造成的危害，减轻对社会可能造成的负面影响。

6.5.1　环境风险分析

6.5.1.1　风险源识别

《危险化学品重大危险源辨识》（GB 18218—2018）对各种危险物的产区及储存区临界量都做了明确规定：单元内存在的危险物质为多品种时，按式（6.28）计算，若满足该式则定义为重大危险源。

$$\frac{q_1}{Q_1}+\frac{q_2}{Q_2}+\cdots+\frac{q_n}{Q_N}\geqslant 1 \tag{6.28}$$

式中，$q_1,q_2,\cdots,q_n$ 为每种危险物质实际存在或者以后将要存在的量，且数量超过各危险物质相对应临界量的 2%，t；$Q_1,Q_2,\cdots,Q_N$ 为与上述各危险物质相对应的临界量，t。

基于计算分析，S 企业的主要风险源识别见表 6-21。

从表 6-21 看出，重大的危险源有焦炉、高炉、转炉煤气柜区域，存放苯、焦油、硫酸等有毒有害、易燃易爆危险化学品的油库区，焦化化产生产区等存在环境风险的区域，这些区域存在潜在的火灾、爆炸、中毒等危险和有害因素。

虽然氨气（液氨）毒性较大，但是储罐为浓度 18%的氨水，若泄漏后不直接接触皮肤，危害并不严重。焦油、浓硫酸虽属危险物质，存在泄漏的可能性，但 S 企业在储罐周边设围堰，可以防止泄漏物质进入地表水造成水污染事故，焦油、浓硫酸不会产生爆炸等事故，也不会产生大量有毒气体进入大气环境，因此，对环境潜在危害性较小。

表 6-21　S 企业主要风险源

<table>
<tr><th colspan="2">风险源</th><th>风险物质名称</th><th>最大储存量/t</th><th>临界量/t</th><th>识别</th></tr>
<tr><td colspan="2">带钢厂东南侧焦炉煤气柜</td><td rowspan="2">CO、CH_4、H_2、H_2S 混合气</td><td rowspan="2">22.05</td><td rowspan="4">20</td><td>是</td></tr>
<tr><td colspan="2">中心仓库区南侧焦炉煤气柜</td><td>是</td></tr>
<tr><td colspan="2">高架铁路线北侧高炉煤气柜区域</td><td>CO
H_2</td><td>62</td><td>是</td></tr>
<tr><td colspan="2">宽中厚板卷厂南侧转炉煤气柜</td><td>CO</td><td>55.7</td><td>是</td></tr>
<tr><td rowspan="2">老焦化粗苯回收区</td><td>轻苯贮槽（立式）</td><td rowspan="8">苯</td><td>45.8</td><td rowspan="8">50</td><td rowspan="2">是</td></tr>
<tr><td>重苯贮槽（卧式）</td><td>9.2</td></tr>
<tr><td rowspan="2">老焦化化产回收油库区</td><td>轻苯贮槽（立式）</td><td>528</td><td rowspan="2">是</td></tr>
<tr><td>重苯贮槽（立式）</td><td>184</td></tr>
<tr><td rowspan="2">炼铁新厂焦化粗苯回收区</td><td>轻苯贮槽（卧式）</td><td>52.8</td><td rowspan="2">是</td></tr>
<tr><td>重苯贮槽（卧式）</td><td>27.6</td></tr>
<tr><td rowspan="2">炼铁新厂焦化化产回收油库区</td><td>轻苯贮槽（立式）</td><td>704</td><td rowspan="2">是</td></tr>
<tr><td>重苯贮槽（立式）</td><td>184</td></tr>
<tr><td>老焦化化产回收油库区</td><td>焦油贮槽</td><td rowspan="2">焦油</td><td>1440</td><td>/</td><td>否</td></tr>
<tr><td>炼铁新厂焦化化产回收油库区</td><td>焦油贮槽</td><td>2688</td><td>/</td><td>否</td></tr>
<tr><td>老焦化硫酸贮存区</td><td>硫酸储罐</td><td rowspan="2">硫酸</td><td>59</td><td>/</td><td>否</td></tr>
<tr><td>炼铁新厂硫酸贮存区</td><td>硫酸储罐</td><td>586</td><td>/</td><td>否</td></tr>
<tr><td rowspan="2">烧结脱硫区域</td><td>氨水贮槽</td><td rowspan="2">氨</td><td>73.7</td><td rowspan="2">/</td><td rowspan="2">否</td></tr>
<tr><td>氨水储罐</td><td>16.4</td></tr>
</table>

6.5.1.2　源项分析

1. 最大可信事故分析

根据《建设项目环境风险评价技术导则》（HJ 169—2004）的定义，最大可信事故是指在所有预测的概率不为零的事故中，对环境（或健康）危害最严重的重大事故。重大事故是指导致有毒有害物泄漏的火灾、爆炸和有毒有害物泄漏事故，可给公众带来严重危害，对环境造成严重污染。根据上述风险识别特征，S 企业的最大可信事故如表 6-22 所示。

表 6-22　最大可信事故确定

风险源	风险性质	最大可信事故
焦炉、高炉、转炉煤气柜	易燃易爆、有毒	管口破裂或误操作，煤气泄漏引起中毒、燃烧或爆炸
新老焦化化产区及油库区粗苯贮槽	易燃	装卸中设备故障，管口破裂或贮罐受损，苯外泄进入环境，苯泄漏遇明火燃烧爆炸

2. 最大可信事故源项分析

1）煤气系统泄漏

煤气柜破裂泄漏源强方面：各类环境风险源具有不同的特征。煤气柜除爆炸危害外，其破裂造成的煤气泄漏也可能对周围环境产生影响。S 企业煤气柜均设置有煤气泄漏自动检测报警、安全连锁设施以及紧急切断阀、安全水封、紧急放散管等。一旦发生泄漏，一般情况下，均能使事故得以控制，保证周围人员和设施的安全。考虑极端情况下，当煤气柜后部电除尘或煤气加压站发生爆炸，其爆炸冲击力通过管道冲击煤气柜，使煤气柜橡胶膜破裂，造成煤气柜中煤气 100%全部泄漏对周围环境的影响；同时，考虑由于转炉煤气中 CO 浓度高于高炉煤气和焦炉煤气，且转炉煤气柜高度较低，可能对人员造成的危害影响最大；因此，本研究预测计算了转炉煤气柜橡胶膜破裂造成煤气柜中煤气 100%全部泄漏对周围环境的影响。另外，因位于 S 企业中心仓库区南侧、高架铁路线北侧的高炉煤气柜和焦炉煤气柜距离石头河对岸的社区居民较近，且因高炉煤气柜中 CO 量较高，本研究还对高炉煤气柜橡胶膜破裂，造成煤气柜中煤气 100%全部泄漏对周围环境的影响进行了预测，其泄漏源强见表 6-23。

表 6-23　煤气柜泄漏源强

泄漏污染源	CO 泄漏量/t
转炉煤气柜泄漏	55.7
高炉煤气柜泄漏	61.7

煤气管破损泄漏（DLGP）源强方面：煤气柜进出口主管道接口处部分最有可能发生泄漏，本研究按转炉煤气主管道（直径 2.4m）破损 20%，CO 泄漏速度 Q_G 按式（6.29）计算（曾小红，2011）：

$$Q_G = YC_d AP\sqrt{\frac{Mk}{RT_G}\left(\frac{2}{k+1}\right)^{\frac{k+1}{k-1}}} \tag{6.29}$$

式中，Q_G 为气体泄漏速度，kg/s；Y 为流出系数，取值 0.345；C_d 为气体泄漏系数，设裂口形状为长方形，则取值 0.90；A 为裂口面积，m^2，取值 $0.006m^2$；P 为容器压力，Pa，取值 103825 Pa（表压为 2500 Pa）；M 为分子量，取值 28×10^{-3} kg/mol；R 为气体常数，J/（mol•K），取值 8.314 J/（mol • K）；T_G 为气体温度，K，取值 295 K；k 为热容比，即 C_p 与 C_v 之比。

根据以上公式计算可知，CO 的泄漏速度为 14.2 kg/s。

2）焦化系统苯泄漏

不同的化学物质具有不同的性能，在环境事件中其环境效应也不尽相同。苯属于易燃液体，若苯贮槽发生爆炸，风险物质能够形成随爆炸四处飞溅的苯类物质，即“火雨”、爆炸碎片和空气冲击波。大火在防护堤向四处蔓延，产生有害浓烟，污染大气；飞落的“火雨”能够引燃周围易燃物质，导致火灾范围扩大；冲击波导致应急处理人员发生伤亡。另外，泄漏的高浓度苯对人的中枢神经系统有麻醉作用，易引起急性中毒。

在上述设定的最大可信事故中，火灾爆炸事故的热辐射和冲击波抛射物等影响仅限于基地周围近距离范围，对S企业外环境影响较小，故暂未对火灾爆炸事故进行预测。其火灾爆炸事故的次生/伴生物质主要是烟尘和苯，烟尘的危害性较苯小，相对而言不会成为主要危险因素，因此，主要考虑苯槽爆炸后剩余的未燃烧的苯对周围环境的影响。

苯泄漏发生火灾爆炸事故时，污染物的产生量具有很大的不确定性。本研究设定在爆炸燃烧情况下，苯大部分得到氧化，贮槽内火势控制后，部分苯仍存留在苯贮槽防护堤内。ERA主要考虑泄漏的液体蒸发成气体后，气体的扩散对厂界外环境空气的影响，因此，除了要计算泄漏量外，还要计算出泄漏出的液体有多少蒸发成气体。一般泄漏液体的蒸发分为闪蒸蒸发、热量蒸发和质量蒸发三种，蒸发总量为这三者之和。

基于前面的分析，本研究以防护堤内残留苯的蒸发量为苯的泄漏源强，而研究发现苯的蒸发量没有闪蒸蒸发和热量蒸发，只有质量蒸发（刘堃，2012），其计算如式（6.30）所示：

$$Q = a \times p \times M / \left(R \times T_0\right) \times u^{(2-n)/(2+n)} \times r^{(4+n)/(2+n)} \tag{6.30}$$

式中，Q为质量蒸发速度，kg/s；a，n为大气稳定度系数，详见表6-24，计算时取中性稳定度；p为液体表面蒸气压，Pa；M为分子量；R为气体常数；J/（mol·K）；T_0为环境温度，K，取年均气温；u为风速，m/s；r为液池半径，m。

表6-24 液池蒸发模式参数

稳定度条件	n	a
不稳定（A，B）	0.20	3.846×10^{-3}
中性（D）	0.25	4.685×10^{-3}
稳定（E，F）	0.30	5.285×10^{-3}

以炼铁新厂焦化化产回收油库区1座苯贮槽泄漏后遇火源爆炸，引起该区域2座$400m^3$和2座$100m^3$苯贮槽全部爆炸，爆炸后仍有约20%的苯残留在槽内，以残留在槽内的苯为源强，计算苯蒸发的影响范围，根据质量蒸发公式，苯的蒸发速度为1.5kg/s，假设事故发生10min后得到控制。同理，老焦化回收油库区1座苯贮槽泄漏后遇火源爆炸，引起该区域3座$200m^3$轻苯和1座$200m^3$粗苯贮槽全部爆炸，爆炸后仍有约20%的苯残留在槽内，以残留在槽内的苯为源强，计算苯蒸发的影响范围，根据质量蒸发公式，苯的蒸发速度为1.2kg/s，假设事故发生10min后得到控制。

6.5.1.3 风险预测及评价

根据《建设项目环境风险评价技术导则》（HJ 169—2004），选取变天条件下多烟团模式进行预测计算。

1. 变天条件下多烟团模式

污染事故风险评价中，计算有毒物质在大气中的扩散情况一般采用多烟团模式、分段烟羽模式和重气体扩散模式等。研究过程中采用《建设项目环境风险评价技术导则》中针对瞬时事故的变天条件下多烟团模式，其计算如式（6.31）所示：

$$c_w^t\left(x,y,0,t_w\right)=\frac{2Q'}{\left(2\pi\right)^{3/2}\sigma_{x,\,\mathrm{eff}}\sigma_{y,\,\mathrm{eff}}\sigma_{z,\,\mathrm{eff}}}\exp\left(-\frac{H_\mathrm{e}^2}{2\sigma_{x,\mathrm{eff}}^2}\right)\exp\left\{-\frac{(x-x_w^t)^2}{2\sigma_{x,\mathrm{eff}}^2}-\frac{(y-y_w^t)^2}{2\sigma_{y,\mathrm{eff}}^2}\right\} \tag{6.31}$$

式中，$c_w^t(x,y,0,t_w)$ 为第 i 个烟团 t_w 时刻在点（x,y,0）产生的地面浓度，mg/m^3；Q' 为烟团排放量，mg，$Q'=Q\Delta t$，Q 为释放率，mg/s，Δt 为时段长度，s；$\sigma_{x,\,\mathrm{eff}}$、$\sigma_{y,\,\mathrm{eff}}$、$\sigma_{z,\,\mathrm{eff}}$ 为烟团在 w 时段沿 x、y 和 z 方向的等效扩散参数，m；H_e 为泄漏源的有效源高，m；x_w^t 和 y_w^t 为第 w 时段结束时第 i 烟团质心的 x 和 y 坐标，其计算如式（6.32）及式（6.33）所示：

$$x_w^t=u_{x,w}(t-t_{w-1})+\sum_{k=1}^{w-1}u_{x,k}(t_k-t_{k-1}) \tag{6.32}$$

$$y_w^t=u_{y,w}(t-t_{w-1})+\sum_{k=1}^{w-1}u_{y,k}(t_k-t_{k-1}) \tag{6.33}$$

各个烟团对某个关心点 t 小时的浓度贡献，按式（6.34）计算：

$$c(x,y,0,t)=\sum_{t=1}^{n}c_t(x,y,0,t) \tag{6.34}$$

式中，n 为需要跟踪的烟团数，可由式（6.35）确定：

$$c_{n+1}(x,y,0,t)\leqslant f\sum_{i=1}^{n}c_i(x,y,0,t) \tag{6.35}$$

式中，f 为小于 1 的系数，可根据计算要求确定。

2. GSL 预测分析

煤气系统泄漏（gas system leak，GSL）的应急反应时间按 10min 考虑，以下分别对不利气象条件——风速 0.5m/s、F 类稳定度和风速 1.5m/s、F 类稳定度两种情况进行预测。根据式（6.32）～式（6.35），利用 Matlab 软件计算得出转炉煤气和高炉煤气泄漏后随距离分布 CO 轴向的最大浓度分别见表 6-25 和表 6-26。

从表 6-25 中可以看出：

（1）风速为 1.5m/s、F 类稳定度时，下风向轴线上，CO 扩散落地浓度在 800m 范围内大于半致死浓度 LC_{50}；在 1200m 范围内大于 IDLH 浓度，在 3000m 范围内大于居住区最高容许浓度（一次值）和车间内最高容许浓度。

（2）风速为 0.5m/s、F 类稳定度时，下风向轴线上，CO 扩散落地浓度均低于半致死

浓度 LC_{50}；在 400m 范围内大于 IDLH 浓度，在 1700m 范围内大于居住区最高容许浓度（一次值），在 1400m 范围内大于车间内最高容许浓度。

表 6-25　转炉煤气泄漏后随距离分布 CO 轴向最大浓度

下风向距离/m	不同情况下 CO 轴向最大浓度/（mg/m^3）	
	风速 1.5m/s，F 类稳定度	风速 0.5m/s，F 类稳定度
50	3141.44	326.59
100	6695.09	662.51
200	4894.56	1435.95
300	3970.92	1675.29
400	3364.22	1488.04
500	2918.81	1186.77
600	2571.88	901.84
700	2291.84	664.60
800	2060.29	475.86
900	1865.46	329.77
1000	1699.31	219.97
1100	1561.35	140.42
1200	1442.79	85.34
1300	1339.82	49.16
1400	1249.56	26.74
1500	1169.80	13.69
1600	1098.81	6.58
1700	1035.26	2.96
1800	978.03	1.25
1900	926.24	0.49
2000	879.17	0.18
2500	426.73	0
3000	1.5005	0
3500	0	0
4000	0	0
4500	0	0
5000	0	0

注：CO 标准浓度包括 CO 的半致死浓度 LC_{50} 为 2069mg/m^3，4h（大鼠吸入）；对生命和健康有即时危险的浓度（IDLH）为 1500.00mg/m^3；居住区最高容许浓度为 3.00mg/m^3（一次值），1.00mg/m^3（日均值）；车间内最高容许浓度为 30.00mg/m^3。

从表 6-26 中可看出：

（1）风速为 1.5m/s、F 类稳定度时，下风向轴线上，CO 扩散落地浓度在 200m 范围内大于半致死浓度 LC_{50} 和 IDLH 浓度，在 4000m 范围内大于居住区最高容许浓度（一次值），在 3500m 范围内大于车间内最高容许浓度。

（2）风速为 0.5m/s、F 类稳定度时，下风向轴线上，CO 扩散落地浓度均低于半致死

浓度 LC_{50} 和 IDLH 浓度，在 1900m 范围内大于居住区最高容许浓度（一次值），在 1500m 范围内大于车间内最高容许浓度。

表 6-26　高炉煤气泄漏后随距离分布 CO 轴向最大浓度

下风向距离/m	不同情况下 CO 轴向最大浓度/（mg/m^3）	
	风速 1.5m/s，F 类稳定度	风速 0.5m/s，F 类稳定度
50	5822.46	4.85
100	2120.82	8.51
200	1281.01	23.23
300	1028.21	51.70
400	877.10	92.08
500	775.47	134.16
600	700.72	165.97
700	642.37	180.63
800	594.91	177.61
900	555.13	160.62
1000	521.00	135.01
1100	488.74	106.10
1200	460.67	78.17
1300	435.97	54.03
1400	414.02	35.03
1500	394.36	21.29
1600	376.61	12.11
1700	360.49	6.44
1800	345.78	3.20
1900	332.27	1.48
2000	319.83	0.64
2500	269.66	0
3000	199.66	0
3500	8.82	0
4000	0	0
4500	0	0
5000	0	0

3. DLGP 预测分析

煤气管破损泄漏（damage and leaking of gas pipeline，DLGP）的应急反应时间按 10min 考虑，分别给出不利气象条件——风速 0.5m/s、F 类稳定度下和风速 1.5m/s、F 类稳定度下的预测结果。根据式（6.32）～式（6.35），利用 Matlab 软件的计算功能，获得 DLGP 时随距离分布 CO 泄漏轴向最大浓度，见表 6-27。

表 6-27　随距离分布 CO 泄漏轴向最大浓度

下风向距离/m	不同情况下 CO 轴向最大浓度/（mg/m³）	
	风速 1.5m/s，F 类稳定度	风速 0.5m/s，F 类稳定度
50	0.0000	10.4900
100	0.0041	13.4200
150	7.8300	15.3800
200	137.9400	15.8000
250	534.9800	14.6200
300	1096.2400	12.2600
350	1640.6400	9.3700
400	2068.6300	6.5600
450	2359.1000	4.2300
500	2528.7800	2.5100
550	2604.4000	1.3800
600	2533.9600	0.7000
650	1804.3100	0.3300
700	654.3600	0.1500
750	116.8500	0.0600
800	11.9900	0.0200
850	0.8300	0.0078
900	0.0451	0.0025
950	0.0021	0.0008
1000	0.0001	0.0002
2000	0.0000	0.0000

从表 6-27 中可看出：

（1）风速为 1.5m/s、F 类稳定度时，下风向轴线上，CO 扩散落地浓度在 400～650m 范围内大于半致死浓度 LC_{50}，在 300～700m 范围内大于 IDLH 浓度，在 100～850m 范围内大于居住区最高容许浓度（一次值），在 150～800m 范围内大于车间内最高容许浓度。

（2）风速为 0.5m/s、F 类稳定度时，下风向轴线上，CO 扩散落地浓度均低于半致死浓度 LC_{50}、IDLH 浓度和车间内最高容许浓度，在 500m 范围内大于居住区最高容许浓度（一次值）。

4. BTL 预测分析

1）炼铁新厂焦化化产油库区

如果设定苯贮槽泄漏（benzene tank leaking，BTL）的应急反应时间为 10min，根据式（6.32）～式（6.35），利用 Matlab 软件计算得出在不利气象条件——风速 0.5m/s、F 类稳定度下和风速 1.5m/s、F 类稳定度下，炼铁新厂焦化化产油库区苯贮槽泄漏时苯泄漏轴向浓度随距离的分布状况，见表 6-28。

表 6-28　炼铁新厂焦化化产油库区随距离分布苯泄漏轴向浓度

下风向距离/m	不同情况下苯泄漏轴向最大浓度/（mg/m^3）	
	风速 1.5m/s，F 类稳定度	风速 0.5m/s，F 类稳定度
50	33182.98	3166.6600
100	13905.67	769.8800
150	7932.70	316.8100
200	5208.22	157.1300
250	3719.27	83.9600
300	2808.83	45.8400
350	2207.72	24.8400
400	1788.01	13.1200
450	1452.48	6.6700
500	782.39	3.2300
550	140.97	1.4900
600	9.08	0.6500
650	0.30	0.2600
700	0.01	0.1000
750	0	0.0364
800	0	0.0122
850	0	0.0038
900	0	0.0011
1000	0	0

注：苯标准浓度包含苯的半致死浓度 LC_{50} 为 31900mg/m^3, 7h（大鼠吸入）；对生命和健康有即时危险的浓度（IDLH）为 1600mg/m^3；居住区最高容许浓度为 2.4mg/m^3（一次值），0.8mg/m^3（日均值）；车间内最高容许浓度为 100mg/m^3。

从表 6-28 中可看出：

（1）风速为 1.5m/s、F 类稳定度时，下风向轴线上，苯扩散落地浓度在 100m 范围内大于半致死浓度 LC_{50}，在 450m 范围内大于 IDLH 浓度，在 650m 范围内大于居住区最高容许浓度（一次值），在 600m 范围内大于车间内最高容许浓度。

（2）风速为 0.5m/s、F 类稳定度时，下风向轴线上，苯扩散落地浓度均低于半致死浓度 LC_{50}，在 100m 范围内大于 IDLH 浓度，在 550m 范围内大于居住区最高容许浓度（一次值），在 250m 范围内大于车间内最高容许浓度。

2）老焦化化产回收油库区

BTL 的应急反应时间按 10min 考虑，根据式（6.32）～式（6.35），利用 Matlab 软件计算得出在不利气象条件——风速 0.5m/s、F 类稳定度下和风速 1.5m/s、F 类稳定度下，老焦化化产回收油库区苯贮槽泄漏时苯泄漏轴向浓度随距离的分布状况，见表 6-29。

表 6-29　老焦化化产回收油库区随距离分布苯泄漏轴向浓度

下风向距离/m	不同情况下苯泄漏轴向浓度/（mg/m^3）	
	风速 1.5m/s，F 类稳定度	风速 0.5m/s，F 类稳定度
50	24573.40	2516.55
100	9471.53	611.82
150	5364.74	251.77
200	3507.66	124.87
250	2498.04	66.72
300	1882.89	36.43
350	1477.79	19.74
400	1195.51	10.42
450	990.19	5.30
500	835.50	2.57
550	688.42	1.18
600	389.70	0.51
650	98.90	0.21
700	11.51	0.08
750	0.76	0.03
800	0.03	0.01
850	0.00	0.00
900	0.00	0.00
1000	0.00	0.00

从表 6-29 中可看出：

（1）风速为 1.5m/s、F 类稳定度时，下风向轴线上，苯扩散落地浓度均低于半致死浓度 LC_{50}，在 350m 范围内大于 IDLH 浓度，在 750m 范围内大于居住区最高容许浓度（一次值），在 650m 范围内大于车间内最高容许浓度。

（2）风速为 0.5m/s、F 类稳定度时，下风向轴线上，苯扩散落地浓度均低于半致死浓度 LC_{50}，在 100m 范围内大于 IDLH 浓度，在 550m 范围内大于居住区最高容许浓度（一次值），在 250m 范围内大于车间内最高容许浓度。

6.5.1.4　风险可接受性分析

为了评估系统风险的可接受程度，根据以上风险评价和预测，确定 S 企业可能突发环境事故的最大可信事故为煤气柜泄漏事故。本研究采用煤气柜泄漏事故计算风险值。风险计算和风险值评价是风险评价表征量，包括事故的发生概率和事故的危害程度，其定义如下：

$$风险值（后果/时间）= 概率（事故数/单位时间）\times 危害程度（后果/每次事故）\tag{6.36}$$

在具体计算过程中，式（6.36）变化成式（6.37）：

$$风险值 = 半致死区人口数 \times 50\% \times 事故概率 \times 出现不利天气的概率 \quad (6.37)$$

由于风险事故发生的不可预见性、引发事故因素的复杂性和污染物排放的差异性，对风险事故概率及事故危害的量化难度较大。目前，国内尚无 ISI 事故风险资料，研究中参照《环境风险评价实用技术与方法》中的国外统计数据，美国 ISI 典型事故发生概率为 0.63×10^{-5} 次/a。因此，保守确定本次风险评价风险事故概率为 0.63×10^{-5} 次/a。以上可能突发事故的半致死区范围内有社区居民约 300 人，出现不利天气的概率（SE 风向，F 类稳定度，风速＜1.5m/s）为 0.34%，根据上式，计算最大可信事故风险值为 3.2×10^{-5} 次/a，小于化工行业风险值 8.33×10^{-5} 次/a，因此，厂区最大可信事故风险水平是可以接受的。

环境风险具有突发性及不确定性等复杂特征，以上分析的爆炸、失火、危险化学品泄漏等风险源，都是由化学品的泄漏造成大气或者水的污染所衍生出的环境问题；依据本预案分类原则，通过企业内部的应急响应机制，可以确保迅速控制并消除影响的小量污染以及能在厂区控制区内消除的污染，确保毗邻的长江水体不受污染，周边环境不受影响；对于事故升级的重大污染，由于污染超出厂区，需要动员应急队伍，甚至社会力量并报告政府相关部门。

6.5.2 环境应急管理

ENEM 不同于一般的环境污染事件，它具有突发性强、危害性大、传播快速及救援困难等特点；因此，要求在发生事故后，应急救援行动必须快速准确和高效。

1. 环境预警分级

依据事故的类别、危害程度的级别和评估结果，启动相应的预案。本预案针对事故危害程度、影响范围和单位控制事态的能力，将预警分为轻微污染、较大污染及重大污染三级，如表 6-30 所示。

表 6-30　ENEM 预警分级

预警等级	主要特征
轻微（1 级）	泄漏物每分钟泄漏量小于 100kg，且不会影响相邻区域、相关装置的安全生产
较大（2 级）	各槽、罐、塔、炉、管道等设备发生火灾、爆炸事故，以及重大危险源区域、要害部门区域发生的火灾爆炸事故 煤气处理及贮存设备中煤气大量泄漏事故 设备、油槽内化学品大量泄漏后，化学品已运出或流出事发区域且无法堵截，或泄漏源未发现、泄漏源无法控制、泄漏源靠近火源且火源无法熄灭 全厂性、大范围内停电、水、汽、气，导致生产无法进行，环保设施无法运行 鼓风机等关键设备损坏，可能导致各类重大安全、环保事故发生的情况
重大（3 级）	当事态超出本预案响应级别，无法得到有效控制时，指挥部应请求实施更高级别的应急响应

2. 分级响应机制

基于环境信息传播及响应效应的一般模式，制定分级响应机制。

预警模式 1：应由首个发现者报告本岗位班长，再报告当班工段长，由工段长组织抢险。其信息方式主要为现场告之，手机告之。现场处理后如实在填写调度记录，并报告车间，至厂部安全环保部门。分厂就事故的处理经过向公司生产安全部报备。

预警模式 2：应由首个发现者报告本岗位班长或直报企业应急救援固定电话，以及应急救援副总指挥、事故现场副总指挥的移动电话。接到电话后可迅速启动相应应急预案，急速派出应急救援队伍，将事态控制在厂内。

预警模式 3：应由首个发现者报告应急救援固定电话和应急救援副总指挥移动电话，由总指挥宣布启用更高级别的紧急预案，并通报相关政府部门、环保部门及附近居民，按应急预案程序完成所有工作后，由生产安全部协助总指挥牵头形成文字材料，向环保部门报告（其他政府部门由相关对口部门报告），协助总指挥接受政府相关部门的现场审核等工作，较大事故由政府相关部门向社会公布信息。

3. 应急处置策略

基于环境应急机制的要求，ENEM 现场应急处置程序如图 6-3 所示。

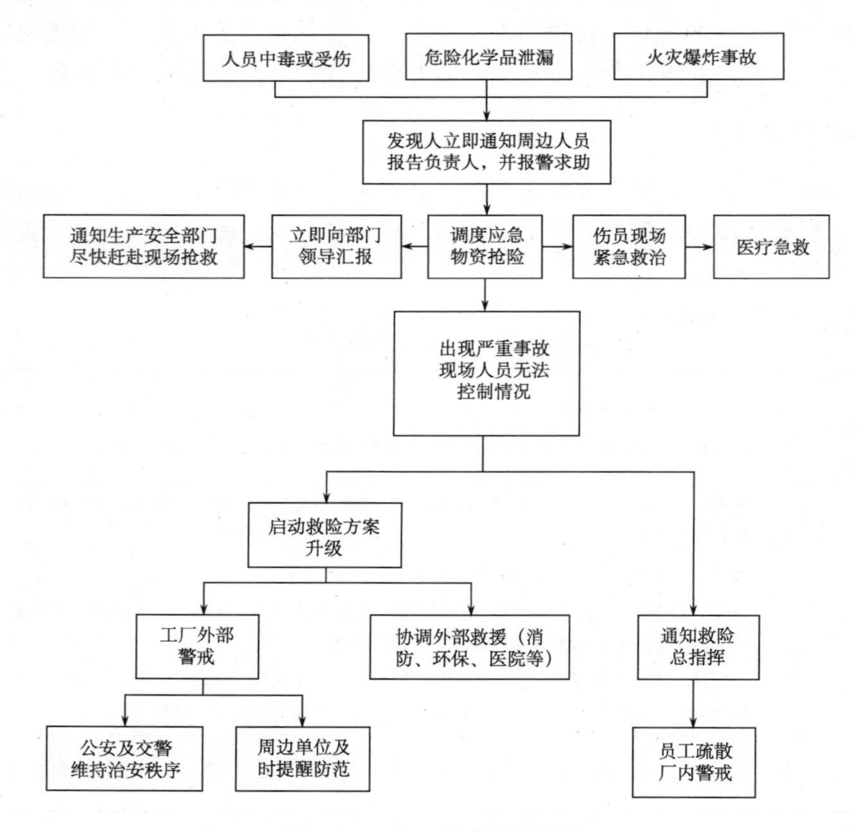

图 6-3　ENEM 应急处置程序

6.6　应急响应系统设计

6.6.1　系统设计思路及模式

系统结合 S 企业地理环境以及厂区生产工序的特点，基于 GIS 技术、DB 技术、软件技术、EIA 技术等，完成对厂区环境污染评价（EPA）及 ENEM 应急响应系统框架模块化设计。系统主要由用户信息管理、环境质量评价管理和 ENEM 应急管理三个子系统组成，实现了基于 GIS 的环境评价图谱展示以及突发事件相关信息的组织管理，采用模糊层次分析法（FAHP）对 S 企业厂区环境评价以及变天条件下多烟团模式进行 ENEM 的预测模拟，一旦出现突发事件，系统通过 ENITP 以及信息报表呈现，并能快速生成突发事件应急预案，能够为决策及管理者提供辅助决策支持。基于 GIS 的环境监测及应急响应系统的设计开发是一项系统工程，围绕上述目标，主要遵循安全性及可靠性原则、技术先进性原则、操作便捷性原则以及系统可扩展性原则开展系统设计。

基于 GIS 的环境监测及应急响应系统，主要包括用户信息管理、环境质量评价管理以及 ENEM 应急管理三个子系统。根据厂区人员组织结构设计人员权限管理模块、人员信息管理模块、人员信息查询模块、空间地图管理模块；根据厂区环境和工序排放特点设计环境评价指标管理模块、环境数据对接管理模块、环境评价结果查询模块、ENEM 模型选择模块、ENEM 查询模块以及基于 GIS 图谱显示模块；根据应急管理规定及 ENEM 处理流程设计应急预案管理模块、应急人员管理模块、应急标准规程管理模块、应急方案生成管理模块。系统具体框架如图 6-4 所示。

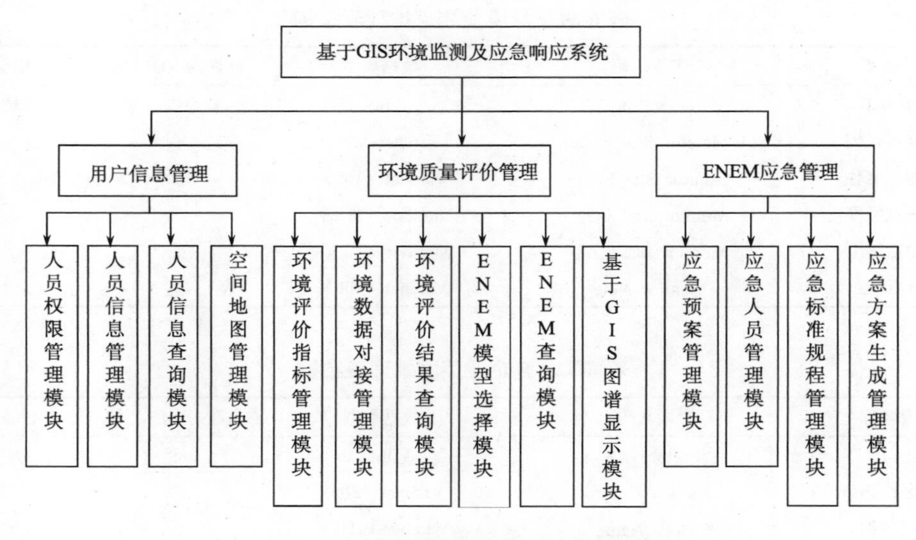

图 6-4　环境监测及应急响应系统框架

6.6.2　系统数据库总体设计

1. 空间数据库设计

1）空间数据结构

系统空间数据利用 ArcGIS 进行采集和编辑处理，其数据格式为实体型的矢量式数据结构。应用该数据结构，地物要素可概括为点、线、面三种要素。例如，在小比例尺的地图上，污染源可作为一个点来表示，道路或管网可表示为线状要素，而生产单位和厂界则可表示为面状要素。

2）基础地理底图

系统对基础底图的地理坐标进行投影变换。

3）环境专题图层

环境专题图在 1∶100000 地形图基础上生成，内容包括污染源点位分布、环境监测站分布、降尘点分布、噪声点分布，环境专题图的投影方式、坐标系统等均与基础底图一致。

4）地理数据表结构

为了能够充分表现环境及厂区特点，环境监测评价地理表结构如表 6-31 和表 6-32 所示。

表 6-31　环境监测点地理表结构

字段名称	字段代码	数据类型	允许为 NULL 值	主健
监测点 ID	Monitor_Site_ID	Int	否	是
监测点代码	Monitor_Site_Code	Varchar（50）	否	
监测点名称	Monitor_Site_Name	Varchar（100）	否	
监测点经度	Monitor_Site_LON	Numeric（12,8）	否	
监测点纬度	Monitor_Site_LAT	Numeric（12,8）	否	
备注说明	Monitor_Note	Varchar（200）	是	

表 6-32　S 企业厂区地理表结构

字段名称	字段代码	数据类型	允许为 NULL 值	主健
厂区 ID	Factory_ID	Int	否	是
厂区代码	Factory_Code	Varchar（50）	否	
厂区名称	Factory_Name	Varchar（100）	否	
厂区起点经度	Factory_Start_LON	Numeric（12,8）	否	
厂区起点纬度	Factory_Start_LAT	Numeric（12,8）	否	

续表

字段名称	字段代码	数据类型	允许为 NULL 值	主健
厂区终点经度	Factory_End_LON	Numeric（12,8）	否	
厂区终点纬度	Factory_End_LAT	Numeric（12,8）	否	
厂区面积	Factory_Area	Numeric（7,3）	是	
厂区周长	Factory_Perimeter	Numeric（7,3）	是	
备注说明	Factory_Note	Varchar（200）	是	

2. 属性数据库设计

属性数据库主要包括人员相关信息、环境评价信息和应急预案等基础信息，表 6-33～表 6-36 为系统部分属性表结构。

表 6-33　用户信息表

字段名称	字段代码	数据类型	允许为 NULL 值	主健
用户 ID	User_ID	Int	否	是
用户编号	User_Num	Varchar（50）	否	
用户姓名	User_Name	Varchar（100）	否	
用户密码	User_PSD	Varchar（100）	否	
用户角色	User_Role	Varchar（50）	是	
用户职务	User_Job	Varchar（50）	是	
用户性别	User_Sex	Varchar（50）	是	
用户部门	User_Department	Varchar（50）	是	
移动电话	User_Call	Varchar（50）	是	
电子邮件	User_Email	Varchar（100）	是	
备注信息	User_Note	Varchar（200）	是	

表 6-34　评价指标信息表

字段名称	字段代码	数据类型	允许为 NULL 值	主健
指标 ID	Target_ID	Int	否	是
指标编号	Target_Num	Varchar（100）	否	
指标名称	Target_Name	Varchar（100）	否	
指标阈值 1	Target_Threshold1	Varchar（50）	是	
指标阈值 2	Target_Threshold2	Varchar（50）	是	
指标阈值 3	Target_Threshold3	Varchar（50）	是	
指标阈值 4	Target_Threshold4	Varchar（50）	是	
备注说明	Target_Note	Varchar（200）	是	

表 6-35　突发事件信息表

字段名称	字段代码	数据类型	允许为 NULL 值	主健
事件 ID	Incident_ID	Int	否	是
事件编号	Incident_Num	Varchar（100）	否	
事件原因	Incident_Reason	Varchar（100）	否	
事件结果	Incident_Result	Varchar（200）	否	
事件时间	Incident_Time	Date	是	
预案编号	Plan_Num	Varchar（50）	是	
所属模型编号	Model_Num	Varchar（50）	是	
所属指标编号	Target_Num	Varchar（50）	是	
备注说明	Incident_Note	Varchar（200）	是	

表 6-36　应急预案信息表

字段名称	字段代码	数据类型	允许为 NULL 值	主健
预案 ID	Plan_ID	Int	否	是
预案编号	Plan_Num	Varchar（100）	否	
预案内容	Plan_Content	Varchar（2000）	否	
标准规程编号	Standard_Num	Varchar（100）	是	
预案建立时间	Plan_Estb_Time	Date	是	
备注说明	Plan_Note	Varchar（200）	是	

6.6.3　系统模块典型设计

人员信息管理模块（personnel information management module，PIMM）主要用来添加、删除及编辑本系统的用户信息等。

人员权限管理模块（personnel authority management module，PAMM）主要用来添加、删除及编辑用户的使用权限和系统模块用户分配。

人员信息查询模块（personnel information query module，PIQM）主要用来查询用户的信息；可以根据不同的查询条件，如用户编号、用户姓名等，对系统中的相关数据及报表进行查询，从而获得用户的基本信息。

空间地图管理模块（spatial map management module，SMMM）将系统所需数据分为空间数据和属性数据。其中，空间数据包括基础底图（含厂界、水系、道路、生产单位等地形图要素）和污染源点位、环境质量监测点等环境专题图层；属性 DB 主要包括污染源监测点数据、厂区位置等基本参数。用户通过环保系统可以快速定位监测点的位置，提高系统的反应速度，为环保事故的处理提供参考信息。根据排放数据的大小，各分厂边界区域、经纬度（作为参数，手工输入）、区域污染源均可呈现不同的颜色，实现数据超标报警，并与月度信息、环保设备连接。

环境评价指标管理模块（environmental evaluation index management module，

EEIMM）主要用于添加、修改环境评价所需的参数阈值标准。

环境数据对接管理模块（environmental data docking management module，EDDMM）设置的原因是由于 S 企业已建立相关的系统平台来监测环境数据，将数据存储在相关的 DB 中，系统通过平台提供的数据接口进行数据的采集，添加相关的接口项，设置采集时间方式，以获取接口进行分析评价。S 企业数据中心应该具备数据传输功能，能够将实时监测的在线监测点数据通过专用的网络由数据采集服务器传输到数据采集 I/O 服务器中；系统调用接口，可以实时获取监控数据。

环境评价结果查询模块（environment evaluation result query module，EERQM）主要用于相关评价结果信息的查询。系统通过监测数据，并利用相关算法进行评价，如每 1h 采集评价 1 次，采集结果存储到 DB 中，用户可根据不同的查询条件查询，如评价时间、评价指标等，也可对系统中的相关数据及报表进行查询，以获得实时或者历史环境评价信息。

ENEM 不同参数指标的风险评价，需要采用不同的模型进行预测。ENEM 模型的选择模块（selection module on ENEM model，SMENEM）为实现该功能提供了环境。

用户可根据不同条件，在 ENEM 查询模块（ENEM query module，ENEMQM）下进行查询，如查询突发事件等系统数据并可形成报表进行打印。

基于 GIS 的 ENITP 显示模块具有地图显示及自动报警功能，超标报警模块包括以下两方面：一是通过实时 DB 获取的监测点数据进行定时评价，评判环境污染状况，并通过不同颜色呈现在地图及专题图中，同时标注指标值；二是判别环境污染状态等级，根据严重程度分析已超标排放的指标，确定 ENEM，并通过模型预测风险区域，向环境管理部门发出报警信息，并在地图上将区域呈现出来。

针对 ENEM，系统会建立相应的预案库，一旦发生环境事件，系统在应急预案管理模块（emergency plan management module，EPMM）的支撑下，将自动生成相关的预案。用户可添加、删除及修改环境应急预案。

ENEM 发生后，应急人员应第一时间得到通知。应急人员管理模块（emergency personnel management module，EPMM）可添加、删除及修改应急人员信息，帮助实施应急人员的科学调度及管理。

应急标准规程管理模块（emergency standard procedure module，ESPM）属于应急预案的子模块，相应的标准规程将被应急预案管理调用，用来建立预案。用户可添加、删除及修改相关内容。

应急预案生成管理模块（emergency plan generation module，EPGM）的主要功能是建立预案生成的规则，基于相应条件，自动生成应急预案。

6.6.4　系统功能实现过程

1. 系统主界面的特征

系统主界面分为四个部分，分别为菜单栏、左侧导航栏、GIS 地图显示栏和状态栏，如图 6-5 所示。

图 6-5　系统主界面

（1）菜单栏：主要包含系统信息管理、用户信息管理、环境评价管理和环境应急管理四大主要功能菜单按钮。

（2）左侧导航栏：主要用来显示菜单栏相对应的子菜单选项，会根据用户权限的不同而做相应调整。

（3）GIS 地图显示栏：包括 GIS 地图工具栏、主地图和信息报表显示区。GIS 地图工具栏提供了对 GIS 地图的多种操作按钮，包括打开文件、地图放大缩小、地图漫游、地图测量、全图展示、预案生成等。信息报表显示区主要提供环境评价以及突发事件实时结果，便于用户查看环境污染状况及突发事件情况。

（4）状态栏：鼠标在 GIS 地图上移动时，系统可获取坐标经纬度显示在状态栏上，还可显示信息和当前视图的比例尺大小。

2. 系统数据模拟演示

根据环境监测规划需求，相关区域监测点和数据服务器还需进一步增加及完善，因此，现阶段的监测数据还不够完全，这里系统采用模拟数据演示。

在环境评价指标管理模块中，根据环境污染评价定量指标的分级标准，录入大气和水体的各因子的分级标准，如图 6-6 所示。

系统正常运行时，利用系统的 EPA 模型进行实时评价，查询突发事故因子，如 CO 和苯的浓度；若浓度超标，则进行风险评价。图 6-7 为模拟 2013 年 3 月中旬 S 企业环境监测污染评价状况，其中 2013 年 3 月 11 日空气质量良好，显示为绿色；2013 年 3 月 13 日空气质量中度污染，显示为黄色；2013 年 3 月 14 日空气质量为严重污染，显示为红色，这时系统通过 ENEM 风险评价模型进行风险预测，由于中厚板卷厂煤气柜泄露，导致突发事件预警，并在 GIS 地图中以红色识别圈标出警示。用户可以通过时间和厂区编号进行 EPA 的综合查询。图 6-7 是从 2013 年 3 月 10 日到 2013 年 3 月 14 日查询得到

S 企业中厚板卷厂、炼铁厂、老焦化厂和原料厂的 EPA 情况。

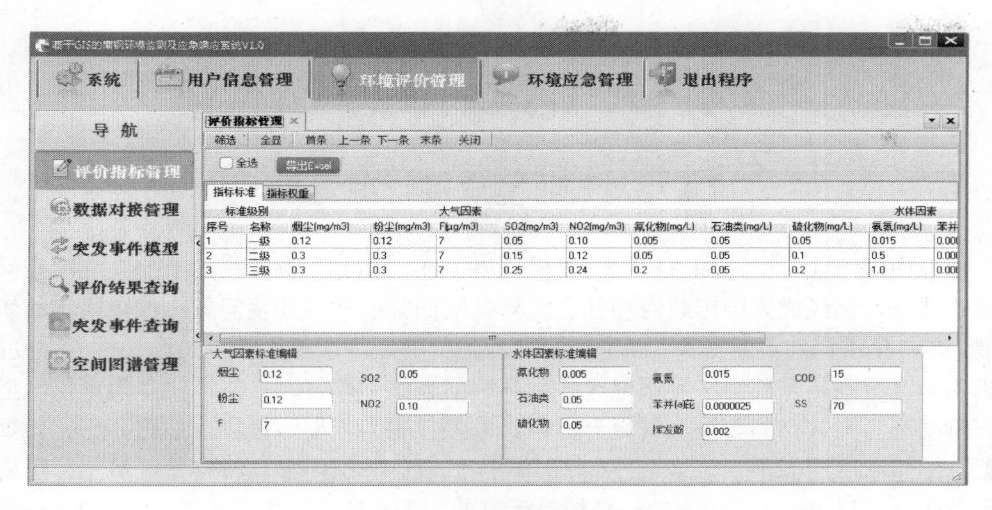

图 6-6　EPA 指标管理

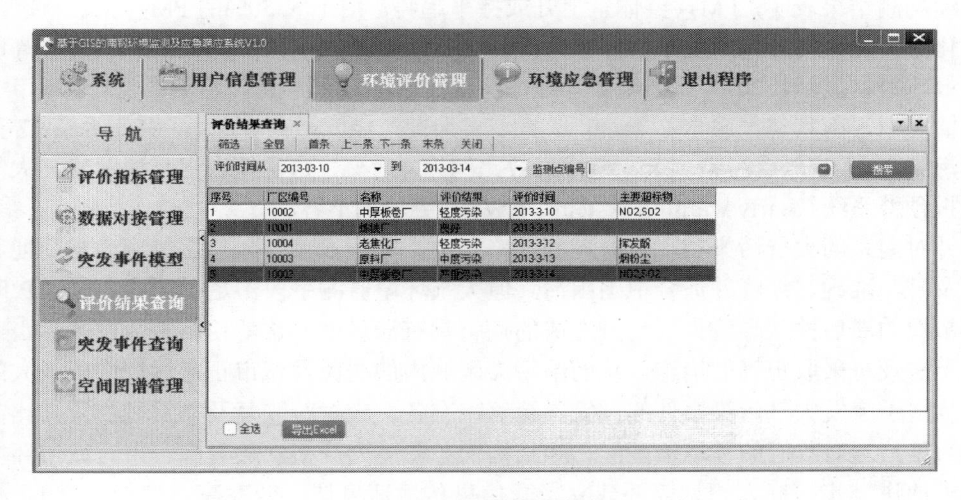

图 6-7　EPA 结果查询

通过 GIS 组件技术与 EPA 和 ERA 模型相结合，初步完成了 S 企业环境污染和 ERA 预测结果的可视化表达，能够在空间图谱上以不同色彩呈现 EPA 等级及 ENEM 风险区域；同时提供人员管理、空间地图管理、评价指标管理、信息查询、应急预案管理等基础应用模块，实现系统模块化构建，方便用户使用。工业企业的环境监测及 ERA 的最终目的是为风险决策管理提供可靠依据，相关应急管理体系还需要不同学科的研究者、管理者及工程技术人员去不断探索与完善。

第 7 章　大气污染特征及预报预警

7.1　大气环境危机管理背景

随着中国工业、交通和建筑业的发展，以 CO_2、NO_x 和颗粒物为主的大气污染问题也日趋严重，已经成为中国政府和社会各界共同面临的严峻环境问题。城市经济的快速发展，城市化进程的不断加快，以资源消耗为代价的经济增长所带来的污染排放强度高，中国各地区特别是东部经济发达地区各种环境问题集中爆发，大气污染呈现出煤烟型污染与机动车污染共存的新型大气复合污染。以颗粒物为主要污染物，如霾和光化学烟雾频繁、NO_2 浓度居高不下，区域性的二次性大气污染越加明显。特别是区域性霾污染天气日益严重，以 $PM_{2.5}$ 为代表的细颗粒是污染的主要成因。上海、南京等地 2006～2010 年连续观测结果表明，$PM_{2.5}$ 整体呈上升或持平趋势。由于约 50%的 $PM_{2.5}$ 来自气态污染物的化学转化，组分构成复杂、污染来源广泛，对颗粒物污染控制提出了新的更高的要求。最新数据显示，2013 年全年原环保部（现生态环境部）重点监测的 74 个城市空气质量情况中，南京空气质量 8 天为优，204 天为良，轻度污染 93 天，中度污染 27 天，重度污染 24 天，严重污染 7 天，超标天数比例为 41.6%，这使得在南京城区建立大气污染预报预警系统（early warning system，EWS）更加刻不容缓。

针对南京的大气污染状况及区域和战略定位，其预报预警应急系统应力求简便、快速、及时、准确、经济并适合中国国情。但大气环境监测手段不足，造成了对 AP 时空分布掌握的滞后性，导致大气污染造成的危害具有滞后性。这就使得事故发生后，人们往往无法及时采取正确的措施，从而给污染区域内的居民及城市正常运行造成很大的危害。且由于突发大气污染事件的预警、缓解、准备、应对、恢复及非常规决策，比常规大气污染治理对政府的环境治理能力和结构的考验更为严格。随着南京市对城市环境质量要求的进一步提高，迫切需要建立一套信息传输速度快、效率高、性能可靠的 AEQ 实时监控网络与预警系统。

日益频繁的人类活动给生态环境带来了巨大的压力，工业既是经济发展的重要支柱，又是污染排放的重要来源。南京市江北地区一直是南京市的工业聚集地，随着国家级新区——南京江北新区（JBNA）发展战略的提出，如何清洁高效地发展已经成为江北工业发展的主要目标。选取 JBNA 典型的大型综合工业区为研究对象，以大气环境监测数据、气象数据、地理信息数据等为基础，利用 ArcGIS、ENVI 等软件，分析 S 企业周边地区的生态环境现状，探讨研究区内部大气污染来源并评价大气环境状况，研究 AP 的分布特征；并根据大气污染监测数据及气象因素数据对两者的相关性进行数值预报，模拟主要排放源（高架源）对地面污染物浓度（GPC）的影响分布，为环境治理提供必要的依据。

近年来，大气污染问题日益受到社会各界的广泛关注，已经成为当前生态环境中的热点问题。城镇化快速发展使得城市人工景观面积迅速增加，区域景观格局影响区域大气环境状况，并产生一定的大气环境效应（张惠远等，2006）。人工城市景观影响城市边界层内的温度、水分、能量的变化过程，形成特殊的城市小气候（Arnfield，2003），这不仅影响区域气候变化，甚至对全球气候变化也具有重要意义（Pielke and Avissa, 1990）。

由于城镇化、工业化的快速发展，中国许多城市受到了大气污染的威胁，并且大气污染的类型已经发生改变，从传统的大气污染进入新型复合大气污染阶段。在传统的 SO_2、PM_{10} 等污染问题未解决的情况下，$PM_{2.5}$、NO_2 等的排放又明显增加，大气污染形势十分严峻。大气污染已经对人体健康、日常生活等造成了严重的影响（安爱萍等，2005），控制大气污染的紧迫性势在必行。2012 年底通过的《重点区域大气污染防治“十二五”规划》，要求以改善 AEQ 为目的推进清洁能源；最新发布的《环境空气质量标准》和《环境空气质量指数（AQI）技术规定（试行）》，用 AQI 代替空气污染指数（API），将 $PM_{2.5}$ 加入日常监测项目，以更好地反映空气质量。2013 年 6 月，国务院颁布了大气污染防治的“国十条”，从调整产业结构、淘汰落后产能等十个方面对大气污染治理提出要求，引导公众科学地认识大气污染现状，为治理大气污染提供良好的依据。

大气污染预报（APF）是大气环境决策的重要依据。APF 能够预测可能出现的大气污染状况，以便采取避免或者减缓可能出现的大气污染的策略。目前，APF 多集中在市级或更大区域尺度的预报方面（舒锋敏等，2012），对小区域的预报研究还不够系统全面。本研究针对 S 企业及其周边地区建立大气污染物浓度（air pollutant concentration, APC）的数值模拟模式，为进行工业园或大型企业的 AEQ 预报提供支撑。目前，各大城市的 AEQ 日报均是通过城市中一个或几个大气环境监测站监测结果的算术平均值来体现的，但大气污染过程复杂，不同地区的 AEQ 往往差别较大，具有很强的区域性（徐祥德等，2003），这样以点代面，其结果具有一定的局限性。本研究采用 GIS 空间插值的方法将离散的点源数据转换为连续的曲面，直观地反映主要 APC 的面源分布规律，能够较好地体现区域 APC 的分布特征。

目前，相关研究主要分析南京市大气污染的现状，建立南京市大气污染预报预警系统，明确可能出现的大气污染状况并做出准确评判及应对策略。其一，大气污染现状分析，主要涉及 APC 来源及空间分布分析（内源和外源）与 AEQ 状况分析。其二，APF 预警机制的建立，主要侧重改进已有的 AP 预报系统，建立准确率较高的预报模式；基于已建立的预报模式，构建大气污染 EWS；结合预警级别，制定科学的响应措施。其三，突发大气污染应急系统的建立，主要开展突发大气污染数字模拟；突发大气污染健康风险评估；结合健康风险评估值，提出合理的响应策略。

7.2　大气环境污染预警研究

7.2.1　AEQ 评价方法的多样性

围绕 AEQ 评价问题，在实际应用中形成了诸多方法，发挥着不同的作用。

指数评价法是一种应用最为广泛的 AEQ 评价方法。主要利用监测站点各因子的监测数据与评价标准值的比值作为各因子的分指数，并通过计算得到一个综合指数来表征

AEQ 水平。前文已提到 PCA 是一种利用多元统计的 AEQ 评价方法，它利用多元统计来确定目标值与多因素之间的相关性来表征 AEQ，能够得到真实可信的结果。AHP 适合处理各类复杂问题，可将评价系统分解为若干层，进行两两比较，计算出各因子权重，把客观规律、数学逻辑以及人们的主观经验结合起来，在 AEQ 评价中已经得到广泛的应用。模糊数学分析方法是 20 世纪 80 年代发展起来的一种评价方法，首先是对各因子进行评价，然后考虑各因子在总体评价中的地位适当地配以权重，最后经过运算得到评价结果。季奎和戴晓兰（2006）阐述了模糊数学中的贴近度评价法和模糊综合评判法（FCA）的原理与方法，建立了评价的模型与标准。BP 神经网络模型是在 20 世纪 40 年代提出的一种系统模型，它是一种建立在人脑组织结构和运行机制基础上模拟其结构和智能行为的一种工程系统。利用 Matlab，依据 BP 人工神经网络原理，建立 AEQ 评价模型，并与灰色聚类法、FCM 的评价结果进行比较，可以得到较为一致的评价结果。

7.2.2　大气污染特征预报研究

随着景观格局研究的不断发展及应用范围的扩大，国内外不同领域的学者对景观分类、景观格局分析中合适的尺度、景观格局的定量研究方法等基本问题的讨论，以及景观格局应用、城市景观格局对城市大气环境的影响等方面的研究有着不尽相同的见解。城市格局影响了城市边界层内的能量、水分及其他物质的循环过程，形成了有别于区域气候的城市局地气候，基于景观生态学的“格局-过程”关系理论，这种影响的实质是城市下垫面形成的城市景观格局对大气环境中的能量、物质等各种交换过程的作用，城市景观格局在某种程度上决定了城市气象场、城市湿热场、AP 的空间分布等 AEQ 特征，这种影响可被称为城市景观格局的大气环境效应。由于城市不同类型的下垫面组分的热容量、含水率、反射率、粗糙度等物理属性不同，对能量平衡、水分交换和局地环流等大气过程的影响也不相同，因此，景观格局能够改变城市的气象场和 APC 的分布，从而影响城市大气环境。目前的研究主要集中在人工建筑、绿地和水体等下垫面组分对 AEQ 的影响研究等方面。理论与实践均已证明，景观格局发生变化会对小区域内生态环境过程造成影响；大气环境的特征及变化，与区域景观格局具有千丝万缕的联系。

随着国民经济的快速发展和居民生活水平的不断提高，城市 AEQ 对公众的身体健康和生活质量的影响越来越引起广泛的关注。因此，研究人员对不同 AP 进行了多方面的研究。科研人员从不同角度对空气污染与气象要素之间的关系进行了研究，研究方法多为相关与回归分析或从理论上描述气象要素对污染物迁移扩散的影响。国外对于 APF 的研究开始于 20 世纪 60 年代，当时大都采用污染潜势预报进行定性分析，而不给出定量分析结果。20 世纪 80 年代后，国际上开始致力于 APF 定量分析，包括统计预报和数值预报。韩国、墨西哥等国家及中国的香港、台湾地区主要采用统计预报模式，美国、荷兰和日本等则发展了数值预报方法。从当前的国际发展趋势来看，数值预报以其先进性和科学性获得了广泛的关注。

中国 APF 工作始于 20 世纪 80 年代，北京、沈阳、兰州、天津、南京、昆明、太原等城市的环保部门开展了 APF 系统的研究工作。数值预报模式的研究在中国比较成功的案例主要有以下几种。雷孝恩和 Chang（1993）发展建立了对流层高分辨率化学预报模式（HRCM）,该模式包含了物质在对流层内的输送、扩散、迁移和转化等主要过程，可预报对流层内多种 AP 的时空分布及演变过程，HRCM 已被用于预报重庆市 32 种污染物逐时浓度分布，预测结果与实测资料有较好的一致性。徐大海和朱蓉（2000）开发了一个大气平流扩散的非静稳多箱模型（CAPPS），用来预报空气污染潜势和污染指数。王自发等（2006）开发了嵌套网格空气质量预报系统（NAQPMS），此系统利用中尺度气象数值模式（MM5V3）得出未来天气形势情况，结合嵌套网格空气质量预报系统，再加上排放源等资料，最终得出未来空气质量预报结果。

大气污染的环境预警就是在科学理论指导下，通过监测分析大气污染源和警情变化，利用定性与定量相结合的预警模型确定其变化趋势及速度，对大气污染、生态破坏的警兆进行识别，对环境质量和生态系统进化、退化、恶化进程进行评估，预先对某种长期或者突发性环境警情进行警报，以达到保证环境安全的目的。如何更有效地针对气候特点及大气环境状况预警大气污染状况，学者们研发了不同的预警系统及模式。采用中尺度数值模式（MM5V3）和大气扩散模式（HYSPLIT4），再与 GIS 技术结合，建立中小尺度大气扩散应急数值预报模式系统，能够有效模拟事故源排放的 AP 或有害物质逐时的输送扩散过程；建立地理信息、大气污染源和危险源库，以便估计污染影响范围和程度等，为突发性大气污染事件的处理提供科学可靠的依据（董娟等，2007）。大气污染预警模型是建设大气污染环境 EWS 的前提之一，只有在理论方法方面不断深入研究，环境预警技术才能进一步提高和发展。

工业化进程中能源的大量使用带来了严重的大气污染，而 AEQ 对人类的生存生活有着直接的影响。国外工业化起步较早，对大气污染的研究也有较长的历史，在 AP 来源、大气污染的机理、大气污染传输、APF 等方面有诸多成果问世。国外学者通过对 AP 的排放情况的研究来确定 AP 的来源，得到 SO_2 主要来自工业生产、NO_x 主要来自机动车运输、PM_{10} 主要来自人类活动的结论。中国的工业化进程开始较晚，出现大气污染问题的时间相对较晚，与大气污染相关的研究也相对滞后；尽管如此，中国在影响大气污染的天气条件、大气扩散模式、APF 模式等方面，也取得了一些良好进展。目前，中国学者基于空间插值法在大气污染中的应用研究，多集中在插值方法的对比和选取以及尺度 AP 空间分布特征研究方面，并且是在已有数据点不够紧密的基础上进行插值研究，而在小区域上 AP 的空间插值研究还有待于进一步加强。

研究区域 AP 的时间分布、空间分布特征对于区域大气污染防治、优化区域规划提供科学依据。早期在进行 AP 时空分布特征研究时，多采用以点代面的方法。空间插值法在气象要素、土壤元素中的研究较为普遍。诸多国内外学者将反距离权重插值法（IDW）、克里金（Kriging）、spline 等不同的空间插值模型进行对比，选出了适合研究区域的模型，并对 O_3、SO_2、NO_x 等 AP 的时空分布特征、浓度空间分布图及时空变化进行了研究。地统计学方法是研究污染物空间分布状况精确估值以及多空介质空间变异性的有效方法。

为了对未来可能出现的大气污染状况有一个预先把握，并制定相应的预警机制，国内外学者对 APF 模式进行了诸多的研究和探索。目前，AEQ 预报分为统计预报和数值预报两种，数值预报是以大气动力学理论为基础，基于对大气物理和化学过程的理解，利用数学方法建立 APC 在空气中稀释扩散的数值模型，再通过高速计算来预报 APC 在空气中的动态变化。数值预报对于硬件设施要求较高，需要大型计算机的支撑。EPA 已经建立了 3 代大气污染预报模式：第 1 代 Lagrange 模式主要采用的是高斯扩散模型；最广泛使用的是第 2 代 Euler 模式，它主要包括城市大气质量模式（UAM）、区域酸沉降模式（RADM1 和 RADM2）及区域氧化物模式（ROM）；第 3 代 Models-3 CMAQ 模式是由 EPA 在 1998 年完成的，并于 1999～2000 年进行了完善，它可以实现多种污染物、多范围的 APF 研究（陈柳等，2003）。

统计预报不依赖污染物的物理、化学与生态过程，通过分析 AP 的发展规律来进行预测，统计方法是建立数值定量预报方法之前常用的方法，至今仍有实际应用价值。例如，应用 ANN 建立 APF 系统、利用 API 对污染进行预测等。中国自开展重点城市 AEQ 预报以来，诸多学者对大气污染与气象条件的关系进行了分析和研究，建立了多元回归、逐步回归、偏最小二乘回归、主成分回归和 BP 神经网络等大气污染预报模式，也进行了一系列的现实应用。

7.3　大气环境污染的研究思路

本节主要针对 S 企业及周边地区生态环境现状，分析 S 企业及周边地区的景观格局特征。通过 S 企业及周边地区内的模拟 AEQ 监测站点的数据，分析主要 APC 的时间分布特征。根据研究区域周边的实际 AEQ 监测站点以及研究区域内模拟 AEQ 监测站点 AP 的月平均浓度，采用空间插值方法进行空间插值分析，并根据模拟所得结果分析 S 企业及周边地区主要 AP 的空间分布规律。通过对主要 APC 与主要气象要素（风速、能见度等）以及前一日主要 APC 的相关性进行分析，利用复相关法对 S 企业及周边地区的大气污染进行预报。根据已建立的 APF 模式，结合 S 企业各点源污染对 AP 的贡献量，建立 S 企业及周边地区大气污染预警模式。

7.3.1　APC 时空分布及模拟研究

根据现有的 AEQ 监测站点，在研究区域内建立模拟监测站点，通过插值方法获得 S 企业及周边地区内 AEQ 的插值数据，分析其空间变异特征。将研究区域周边原有的 AEQ 监测站点数据根据其与经度、纬度、高程等因子的相关性进行转换，得到研究区域内模拟监测站点的模拟数据；根据模拟监测站点主要 APC 的逐月变化，分析 S 企业及周边地区主要 APC 的时间分布规律。同时，根据 S 企业及周边区域模拟 AEQ 监测站点所得的主要 APC 的月平均浓度，分别采用反距离权重插值法、克里金插值法等方法，对主要 APC 进行空间插值模拟。特别是利用 ArcGIS 空间表达方法，编制主要 AP 空间分布图，并分析 S 企业及周边地区主要 APC 的空间分布规律。

基于模拟监测站点的模拟数据，根据主要气象预报因子（风速、能见度等）与主要 APC 的相关性，确定主要气象要素与主要 APC 的相关系数，并对系数进行置信度检验。APC 不仅和气象要素有关，还与自身变化有关，因此，还要确定主要 APC 与前一天数值的相关性，并且将前一天主要 APC 作为预报的一个因子。确定相关系数后，利用已知的数据资料，采用最优子集回归方法，分别计算不同自变量个数的最优子集的复相关系数和 CSC 值，根据 CSC 最大原则，得到最优子集回归方程，对污染物浓度进行预测。

7.3.2　大气污染应急系统的建立

建立基础信息数据库，包括地理人文数据库、风险源数据库和应急决策数据库。地理人文数据库包括地理信息、人群分布等，风险源数据库包括有可能造成突然污染的污染源分布及其类型等，应急决策数据库包括常见的特征污染物的危害方式、防护措施、自救方法、污染物处置等信息。根据已建立的基础信息数据库，结合 AP 扩散模式和气象模式，通过 ENEM 污染源的信息反馈，实现突发污染的可视化。

利用有害气体扩散模型 ALOHA，结合风险源信息和气象信息模拟事故对人群造成的人体健康风险的分级区域，即致死区、重伤区、轻伤区的 3 级范围，判定 ENEM 级别及对人体造成的影响。结合模拟的人体健康风险等级对各分级区域制订相应的应急措施。基于研究内容，针对研究目标，制订如下技术路线，如图 7-1 所示。

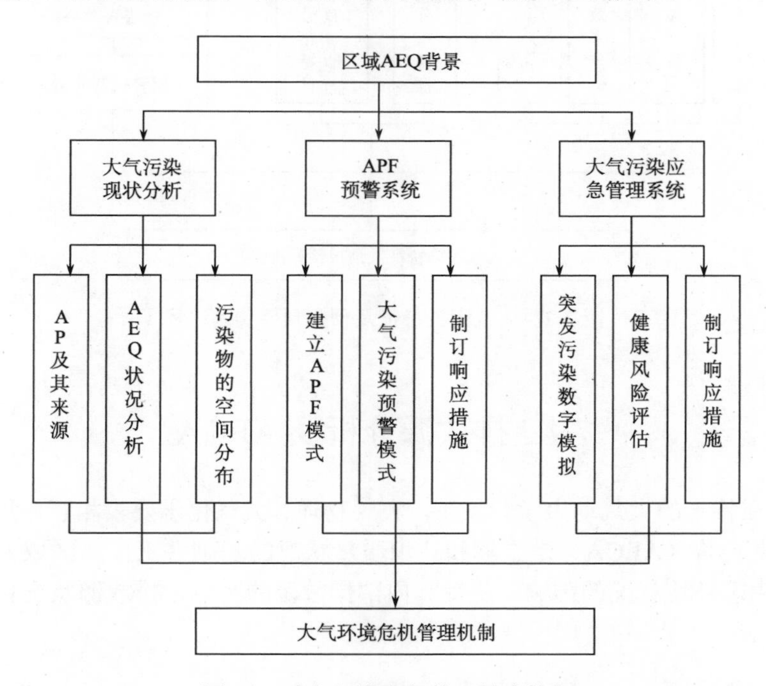

图 7-1　大气污染危机管理技术构架

7.3.3　大气污染预警模式与途径

基于环境监测信息，尤其是发生典型污染事件时的天气条件，结合气象观测资料，判断大气污染的扩散趋势与变化。改进已有的 APF 模式，提高预报的准确率。基于 ArcGIS 软件，结合 S 企业主要污染点源对各污染物浓度的贡献量，以南京市 AEQ 分级标准阈值为依据，制订南京市分级别的 APF 系统。将预警级别第一时间反馈到各部门，针对可能出现的大气污染状况，制订合理的响应策略，建立S企业及周边地区大气污染预警模式。

基于研究内容，针对研究目标，制订如下技术路线，如图7-2所示。

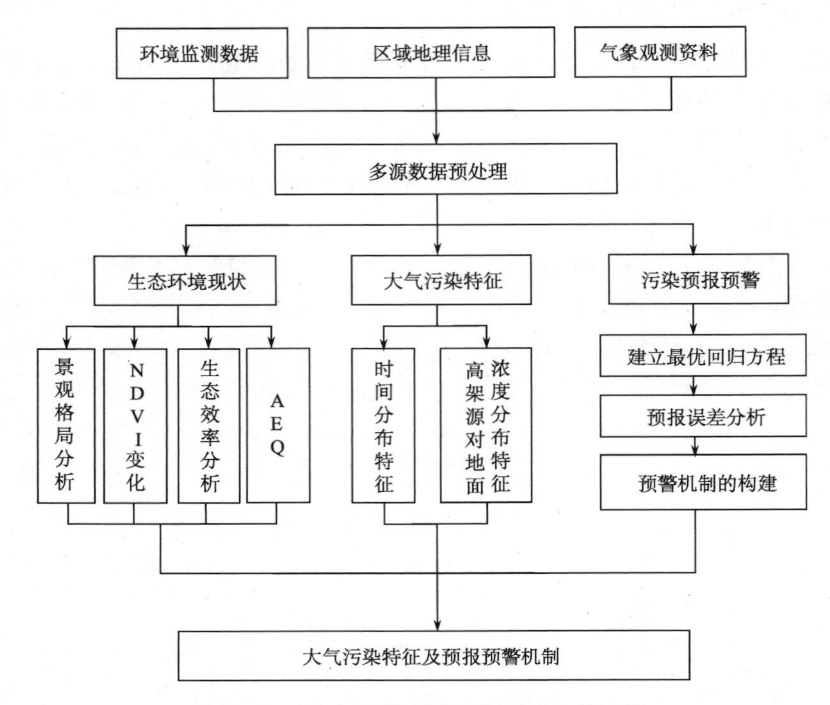

图7-2　大气污染特征及预报预警实施途径

7.4　排放源分析及AEQA

AEQ是在特定的大气动力学背景下，大气物理、大气化学要素相互作用的结果，而大气环境质量评价（AEQA）是了解和认识质量状况的基础性工作。区域大气污染状况不仅受外部生态环境状况的影响，更受其内部排放源的影响，排放源状况直接影响大气污染状况。

7.4.1　主要排放源

7.4.1.1　大气污染排放节点分析

ISI的生产过程复杂，需历经多个工序，按照工序对生产过程中造成大气污染的主要节点进行分析，得到钢铁生产的主要过程有原料场（RMF）、焦化（TCP）、烧结（TSP）、球团（TPP）、炼铁（TIP）、炼钢（SMP）、轧钢（SRP）以及其他过程。

1. RMF 排放节点分析

原料场（raw materials field，RMF 或者 stockyard）担负着为 TSP、TPP、TIP 等过程所需含铁原料、溶剂、杂料等的受卸、贮存、混匀和供应等任务，它是由受卸设施、一次料场、混匀设施、焦炭堆场、供料系统和辅助设施构成。RMF 的主要 AP 是生产过程中产生的粉尘，包括在汽车卸槽、中间料仓、落料点、转运站、配料槽以及运送系统的胶带机通廊等地方产生的粉尘。由于 RMF 部分过程在露天进行，经过水喷淋之后仍有部分粉尘散入大气。

2. TCP 排放节点分析

焦化过程（the coking process，TCP）具有一系列特点。炼焦煤按配煤比进行粉碎处理，达到工艺要求后进入焦炉炭化室，经过高温干馏产生煤气和焦炭，再经过处理后成为 TIP、TSP 的原料或燃料，或者经过生产处理后产生煤焦油等化工副产品。TCP 的主要 AP 有 SO_2、NO_x 以及粉尘。煤气净化系统经过脱硫除尘等工艺后排入大气中。

3. TSP 排放节点分析

烧结过程（the sintering process，TSP）的工艺流程从燃料、溶剂、混匀料的接受开始至成品烧结矿出厂结束，包括溶剂和燃料的接受、溶剂破碎筛分、燃料粗破和细破、配料、一次混合与二次混合、烧结、整粒、筛分、成品烧结矿取样检验以及成品矿贮存等过程。TSP 排放的 AP 主要是含尘气体和 SO_2 等。烧结机生产采用铺底料工艺以减少烟气原始含尘浓度，并对烧结机各产尘点设置密闭罩、抽风强制除尘以控制烟尘排放，其他过程采用电除尘或布袋除尘来净化烟气。烧结机烟气中含有大量的 SO_2，通过烟气脱硫可吸收大部分 SO_2。除此之外，烧结机在生产过程中仍有 3%的烟尘未能被有效收集和进行除尘处理，这部分烟气作为无组织废气外排。

4. TPP 排放节点分析

球团过程（the pelletizing process，TPP）中竖炉的工艺流程由精矿干燥及配料、混合造球、生球筛分系统、竖炉焙烧系统、冷却、成品矿筛分、储运贮存系统等部分构成。TPP 中废气有组织的排放主要是竖炉焙烧和膨润土上料产生的粉尘和烟气。竖炉焙烧过程中产生一定量的 SO_2 和粉尘，而膨润土上料过程中产生粉尘，烟粉尘经过除尘装置处理后外排。另外，球团生产所需的原料和燃料在堆放、运输、破碎筛分、贮存等过程中会产生无组织排放的粉尘。

5. TIP 排放节点分析

炼铁过程（the ironmaking process，TIP）是将块矿以及处理过的烧结矿和球团矿作为原料，以白云石、硅石等作为溶剂，焦炭作为燃料，从高炉炉顶加入高炉内进行冶炼的过程。炼铁厂排放的 AP 主要是含尘气体和含 SO_2 气体，包括高炉煤气、出铁场烟尘、矿渣及转运站粉尘、破碎粉尘、热风炉产生的烟气、烧结烟气、喷煤烟气、锅炉烟气以及其他无组织排放的粉尘。

6. SMP 排放节点分析

炼钢过程（the steelmaking process，SMP）是将废钢、生铁、石灰等装入电炉，电极通电后，兑入热铁水，当钢水中 C 和温度达到出钢要求时，出钢至炉下钢包，再加入合金进行精炼的过程。SMP 产生的废气主要是含尘气体，包括铁水倒罐、扒渣、铁水预处理、散装料上料系统、冶炼、精炼等过程中产生的烟尘。

7. SRP 排放节点分析

轧钢过程（steel rolling process，SRP）中产生的 AP 主要为钢坯加热过程和轧制过程中产生的废气。在钢坯加热过程中，炉内燃料燃烧产生含有烟尘、SO_2、NO_x 等污染物的废气；而在轧制过程中，氧化铁皮、铁屑以及喷水冷却时会产生粉尘，经过水雾除尘后排入大气。

由上述分析可得，钢铁生产过程中各工艺的大气污染排放状况如图 7-3 所示。

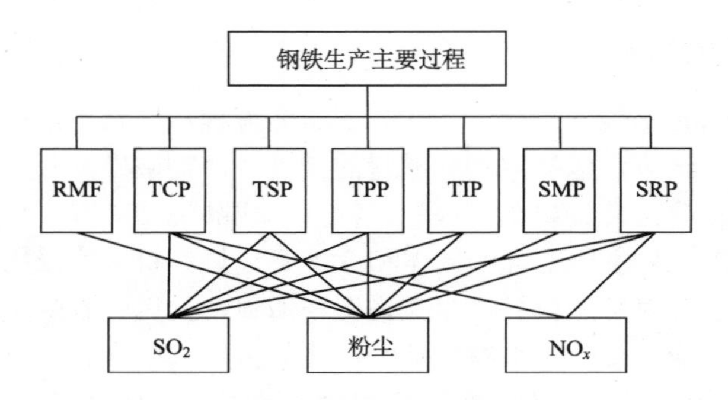

图 7-3　ISI 生产主要过程 AP 排放状况

7.4.1.2　AP 排放源分布

在钢铁生产过程中，TSP、TPP 和 TIP 是三个主要的大气污染物排放大户。因此，S 企业的主要 AP 排放源就集中在烧结机、球团厂以及炼铁厂，依据 S 企业研究区空间布局可知，主要大气排放源集中在研究区的东侧，其他区域分布较少（图 7-4）。

7.4.2　AEQA

7.4.2.1　数据来源

以 S 企业 2012～2014 年 AEQ 监测数据为依据，根据大气污染的实际情况以及 AEQ 监测项目，选取 SO_2、NO_2、可吸入颗粒物（PM_{10}）和 CO 为本次 AEQA 的评价因子。按照《环境空气质量标准》（GB 3095—2012）中二级标准（表 7-1）执行对 S 企业大气污染评价因子的统计分析和综合评价。

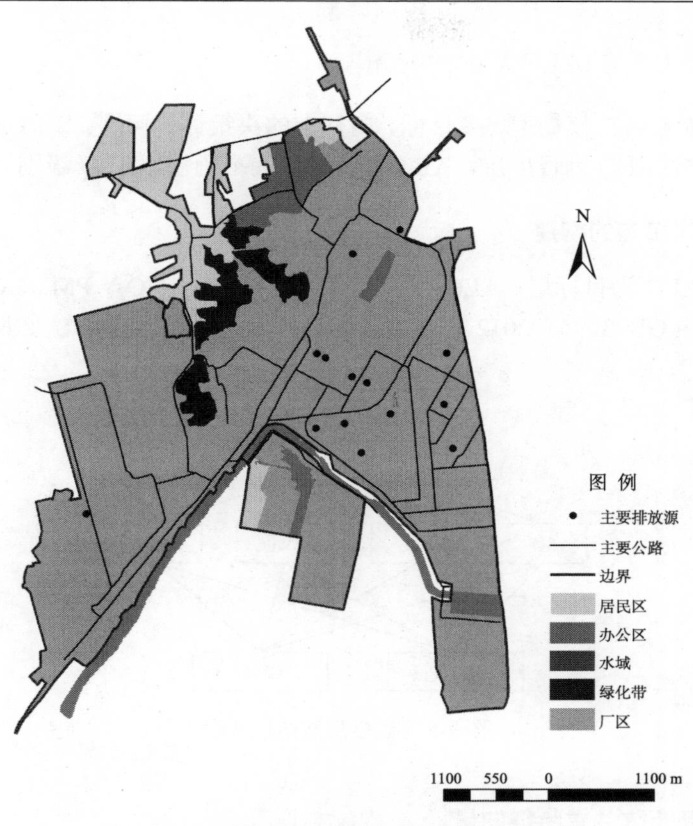

图 7-4　S 企业主要大气排放源分布图

表 7-1　AEQ 标准　（单位：mg/m^3）

分类	SO_2	NO_2	PM_{10}	CO
一级	0.02	0.04	0.04	4
二级	0.06	0.04	0.07	4

基于严格控制排放源排放的要求，南京市环境监测中心站在 S 企业设立了一个空气常规监测站点，2012～2014 年 4 个 AEQA 因子的监测统计值如表 7-2 所示。

表 7-2　2012～2014 年 AEQ 状况表　（单位：mg/m^3）

年份	SO_2	NO_2	PM_{10}	CO
2012	0.033	0.034	0.126	1.622
2013	0.090	0.053	0.154	2.454
2014	0.044	0.017	0.158	1.500
均值	0.056	0.035	0.146	1.859

7.4.2.2　AHP 在 AEQA 中的应用

AHP 方法能够解决模糊型、多目标、多标准的决策评价问题。S 企业的 AEQA 的结构分为 3 个层次：AEQ 为目标层，AEQ 评价因子为准则层，AEQ 级别为指标层。

1. AEQ 层次结构的构建

以 S 企业 AEQ 为目标层、AEQ 评价因子（包括 SO_2、NO_2、PM_{10}、CO）为准则层、AEQ 级别（依照 GB 3095—2012 中的二级标准）为指标层，构建 S 企业 AEQA 层次结构体系（图 7-5）。

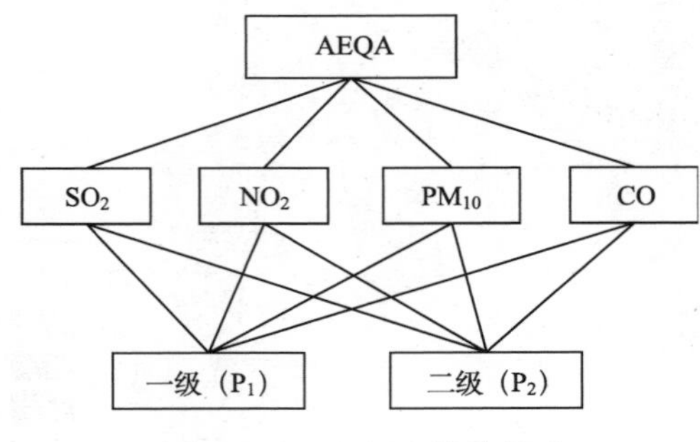

图 7-5　AEQ 层次结构体系

2. 构建判断矩阵并求特征向量

在 S 企业 AEQ 层次结构中，将 AEQA 因子的指数作为标度，将 GB 3095—2012 中的二级标准作为基准，构建各准则层（C_i）的相对重要性两两判断矩阵（A-C）；构建的准则层各因子的相对重要性两两判断矩阵如表 7-3 所示。

各级别标准的相对重要性两两判断矩阵（C_i-P）是以评价因子的实际监测浓度值与相对应的 AEQ 级别标准值之差的绝对值的倒数为标度的，即 1/（C–$C_{标准}$）。因此，构建的 AEQ 级别 P_i 的相对重要性两两判断矩阵（C_i-P）如表 7-4～表 7-7 所示。

表 7-3　A-C 两两相对重要判断矩阵

A	C_1	C_2	C_3	C_4	按行求积	N 次方根	标准化权重	$[Dw]_i$
C_1	1	0.6471	0.3056	1.3564	0.2682	0.7196	0.1525	0.6102
C_2	1.5455	1	0.4722	2.0962	1.5298	1.1121	0.2358	0.9431
C_3	3.2727	2.1176	1	4.4390	30.7642	2.3551	0.4992	1.9969
C_4	0.7373	0.4771	0.2253	1	0.0792	0.5306	0.1125	0.4500

表 7-4　C_1-P 两两相对重要判断矩阵

C_1	P_1	P_2	按行求积	N 次方根	标准化权重	$[Dw]_i$
P_1	1	2.0769	2.0769	1.4411	0.6750	1.3500
P_2	0.4815	1	0.4815	0.6939	0.3250	0.6500

表 7-5　C_2-P 两两相对重要判断矩阵

C_2	P_1	P_2	按行求积	N 次方根	标准化权重	$[Dw]_i$
P_1	1	1.0000	1.0000	1.0000	0.5000	1.0000
P_2	1.0000	1	1.0000	1.0000	0.5000	1.0000

表 7-6　C_3-P 两两相对重要判断矩阵

C_3	P_1	P_2	按行求积	N 次方根	标准化权重	$[Dw]_i$
P_1	1	0.6512	0.6512	0.8070	0.3944	0.7887
P_2	1.5357	1	1.5357	1.2392	0.6056	1.2112

表 7-7　C_4-P 两两相对重要判断矩阵

C_4	P_1	P_2	按行求积	N 次方根	标准化权重	$[Dw]_i$
P_1	1	1.0000	1.0000	1.0000	0.5000	1.0000
P_2	1.0000	1	1.0000	1.0000	0.5000	1.0000

3. 层次单排序权重计算及一致性检验

层次单排序权重及一致性如表 7-8 所示。

表 7-8　层次单排序权重和一致性检验

	A-C	C_1-P	C_2-P	C_3-P	C_4-P
λ_{max}	4.0002 0.6102	2.0000 1.3500	2.0000 1.0000	1.9999 0.7887	2.0000 1.0000
w_i	0.9431 1.9969 0.4500	0.6500	1.0000	1.2112	1.0000
CI	6.667×10^{-5}	0	0	0.0001	0
RI	0.90	0	0	0	0
CR	7.408×10^{-5}	0	0	0	0

由上表可知，CR<0.1，可见此判断矩阵具有满意的一致性。

4. 层次总排序权重计算及一致性检验

层次总排序权重如表 7-9 所示。

表 7-9　层次总排序权重

层次	C_1	C_2	C_3	C_4	层次总排序权值
	0.1525	0.2358	0.4992	0.1125	
P_1	0.6750	0.5000	0.3944	0.5000	0.4740
P_2	0.3250	0.5000	0.6056	0.5000	0.5260

由计算可知，层次总排序 CR<0.1，此判断矩阵具有满意的一致性。

5. S 企业 AEQ 级别的确定

由表 7-9 可知，最大权值对应的 AEQ 级别为二级，其权值为 0.5260，明显大于其他计算所得权值，因此 2012 年 S 企业 AEQ 为二级。

依照同样的方法对 S 企业 2013 年和 2014 年的 AEQ 进行分析，得到层次总排序表，并对 2013 年和 2014 年的判断矩阵、层次单排序和层次总排序的一致性进行检验，均满足 CR<0.1，即均有较满意的一致性。因此，得到 2012～2014 年 S 企业 AEQ 的层次总排序表，如表 7-10 所示。

表 7-10　2012～2014 年 AEQ 层次总排序

层次	各年层次总排序权重			均值
	2012	2013	2014	
P_1	0.4740	0.4172	0.4373	0.4428
P_2	0.5260	0.5828	0.5627	0.5572

由表 7-10 可以看出，S 企业 2012～2014 年的 AEQ 等级均为二级，比较其所对应的权值，可以得出不同年度 S 企业 AEQ 的优劣次序为 2012 年>2014 年>2013 年。

7.4.2.3　评价结果与分析

利用 AHP 法对 S 企业 AEQ 进行评价，能够在一定程度上客观反映该地区的 AEQ 状况，并可知 AEQ 受到多方面因素的影响。同时，评价结果表明 AEQ 均为二级。S 企业 AEQ 是由各评价因子综合作用的结果。由表 7-11 可知，S 企业 AEQ 受 PM_{10} 影响最大。

表 7-11　2012～2014 年各评价因素权重变化

年份	SO_2	NO_2	PM_{10}	CO
2012	0.1525	0.2358	0.4992	0.1125
2013	0.2660	0.2350	0.3902	0.1088
2014	0.1935	0.1121	0.5955	0.0989
均值	0.2040	0.1943	0.4950	0.1067

7.5　大气污染分布特征

大气污染分布不仅会随时间发生变化，也会在不同地区受排放源的影响而有不同分布。因此，主要对 AP 的季节变化和 24h 变化进行分析，并利用 ArcGIS 对研究区 GPC 受高架源影响分布进行模拟。

7.5.1　大气污染的时间效应

7.5.1.1　数据来源

本小节以自动监测站及人工监测的 AP（包括 SO_2、NO_2、PM_{10} 及 CO）浓度的逐日数据作为基础信息，对 S 企业 AP 的时间分布特征进行分析。S 企业作为一个工业排放源，该区域 APC 受生产状况及天气条件影响较大。气象要素与污染要素相结合，有助于全面揭示 APC 的时空变化规律。

7.5.1.2　AP 季节变化特征

图 7-6～图 7-9 反映了 AP 的季节性变化。

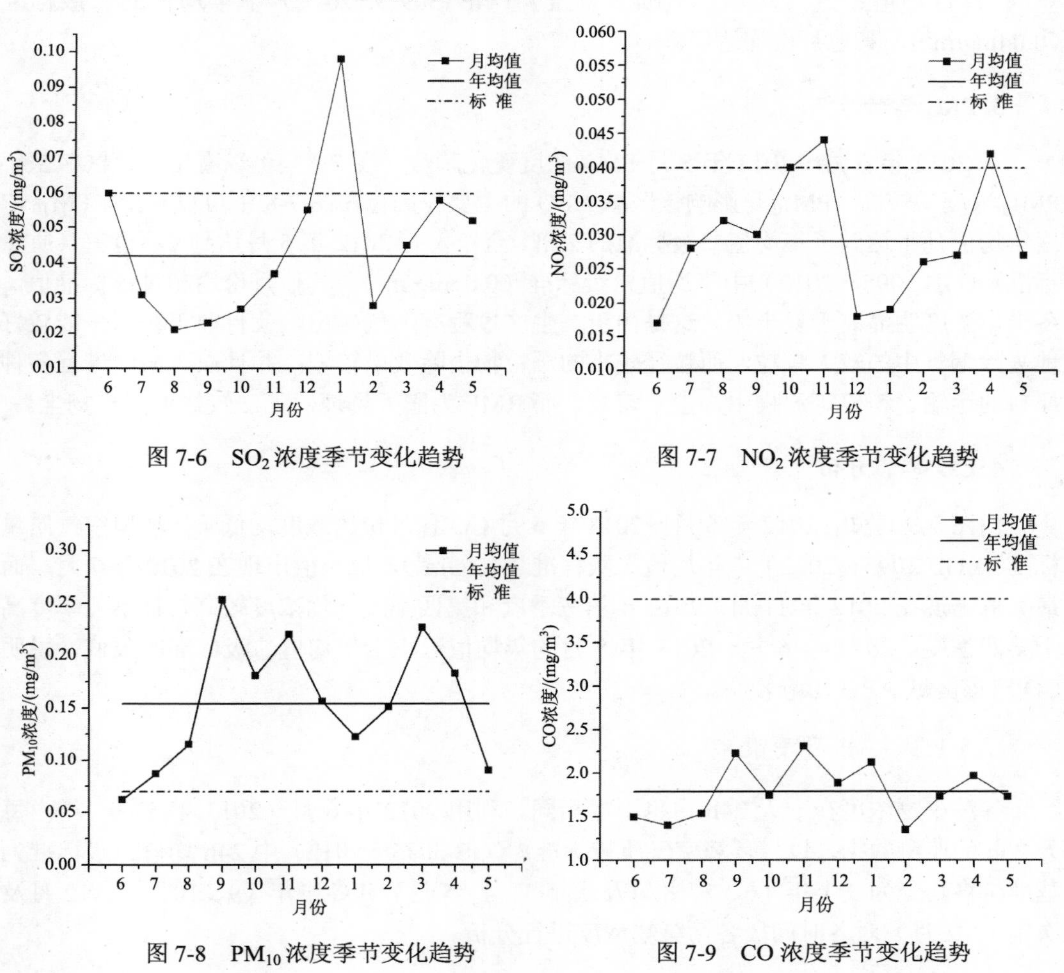

图 7-6　SO_2 浓度季节变化趋势

图 7-7　NO_2 浓度季节变化趋势

图 7-8　PM_{10} 浓度季节变化趋势

图 7-9　CO 浓度季节变化趋势

1. SO_2 季节分布

由图 7-6 可知，2012 年 6 月～2013 年 5 月 SO_2 浓度最高值出现在 2013 年 1 月，最

低值出现在 2012 年 8 月，且在一年四个季度中 2012 年第四季度与 2013 年第一季度月均值较高，即冬半年 SO_2 月均浓度高于夏半年。以《环境空气质量标准》（GB 3095—2012）中年均值二级标准（0.06mg/m^3）为限值，只有 2013 年 1 月超过限值，其他月份均达标，且年均值远小于年均值的二级标准，说明 S 企业注重烟气脱硫，实现了烟气达标后再排放的环保模式。

2. NO_2 季节分布

由图 7-7 可知，2012 年 6 月～2013 年 5 月 NO_2 浓度出现明显双峰值现象，浓度最高值出现在 2012 年 11 月，最低值出现在 2012 年 6 月，2012 年第三季度和 2013 年第一季度浓度较高，且 2012 年第三季度高于 2013 年第一季度。2012 年 10 月、11 月以及 2013 年 4 月月均值超过《环境空气质量标准》（GB 3095—2012）中年均值的二级标准（0.04mg/m^3），其他月份均达标。

3. PM_{10} 季节分布

从 2012 年 6 月～2013 年 5 月 PM_{10} 浓度变化趋势（图 7-8）可以看出，该区域整年 PM_{10} 浓度均较高，PM_{10} 是影响该区域 AEQ 的主要原因。在图 7-8 中可以看出，PM_{10} 浓度年均值几乎达到了年均值二级标准的 2 倍。全年仅有 2012 年 6 月达到《环境空气质量标准》（GB 3095—2012）中年均值二级标准（0.07mg/m^3），其他月份均超过该标准值，冬半年浓度明显高于夏半年。这是由于在生产过程有烟气排出，就目前工艺水平能较好地去除烟气中的较大颗粒，而粒径较小的颗粒物去除效果较差；并且在 RMF 进行各种原料的运输、粉碎等流程中，尘土较多，而 RMF 为露天场地，无法较好地阻拦扬尘。

4. CO 季节分布

由图 7-9 可知，2012 年 6 月～2013 年 5 月 CO 各月份的浓度均低于《环境空气质量标准》（GB 3095—2012）中年均值二级标准（4mg/m^3），最小值出现在 2012 年 7 月，而最大值出现在 2012 年 11 月，2012 年第三季度和第四季度平均浓度较高，且第三季度高于第四季度。2012 年 6 月～2013 年 5 月的年均值远小于年均值二级标准的限值，说明 CO 对该区域 AEQ 影响较小。

7.5.1.3　AP 日变化特征

各污染物浓度在一天 24h 内也不尽相同。利用 2012 年 6 月～2013 年 5 月一年内每天 24h 的监测数据，以《环境空气质量标准》（GB 3095—2012）中 24h 均值二级标准为基准，将其分为夏半年（6、7、8 月及次年 3、4、5 月）和冬半年（9、10、11、12 月及次年 1、2 月）对各时间段各污染物浓度进行分析。

1. SO_2 日变化特征

由图 7-10 可知，冬半年每日 24h 各时间段 SO_2 浓度均高于夏半年同时间段 SO_2 浓度，但是均低于《环境空气质量标准》（GB 3095—2012）中 SO_2 的 24h 均值二级标准

（0.15mg/m^3）；夏半年与冬半年 SO_2 浓度 24h 变化趋势基本相同，白天浓度波动较大且高于夜间浓度，夏半年和冬半年的各小时浓度在一天中均呈现“低—高—低”的现象，最高值均出现在 9:00～17:00，也就是生产时段及人类活动频繁时段的 SO_2 浓度较高。

2. NO_2 日变化特征

由图 7-11 可知，夏半年和冬半年 NO_2 浓度 24h 变化曲线中，夏半年和冬半年的 24h NO_2 浓度均远小于《环境空气质量标准》（GB 3095—2012）中 NO_2 的 24h 均值二级标准（0.08mg/m^3），夏半年中各小时浓度略高于冬半年，但相差不大；夏半年中浓度变化曲线有两个峰值，分别出现在 13:00～15:00 及 21:00～24:00，而最小值则出现在 18:00；冬半年中浓度变化曲线较为平缓，最低值也出现在 18:00，其他时间段 NO_2 浓度变化不大。

3. PM_{10} 日变化特征

由图 7-12 可知，冬半年各时间段 PM_{10} 浓度均高于夏半年同时间段 PM_{10} 浓度。冬半年中各个小时 PM_{10} 浓度均高于《环境空气质量标准》（GB 3095—2012）中 PM_{10} 的 24h 均值二级标准（0.15mg/m^3）。整体来看，最低值出现在 17:00，傍晚时浓度最低；夏半年中白天浓度低于夜间浓度，且 8:00～18:00 PM_{10} 浓度低于二级标准，最低值出现在 15:00，最高值处于 22:00～次日 02:00，且夜间 PM_{10} 的高浓度持续时间较长，浓度从凌晨开始缓慢下降。

4. CO 日变化特征

由图 7-13 中 CO 在夏半年和冬半年的每日 24h 浓度变化曲线可以看出，整体来说，冬半年中各小时浓度略高于夏半年，夏半年和冬半年中 24h 的 CO 浓度均小于《环境空气质量标准》（GB 3095—2012）中 CO 的 24h 均值二级标准（4mg/m^3）；冬半年中 CO 浓度呈现波浪形，一天之中波动较大；而夏半年中 CO 浓度曲线在夜间较为平缓，白天波动较大，最高值出现在 15:00。

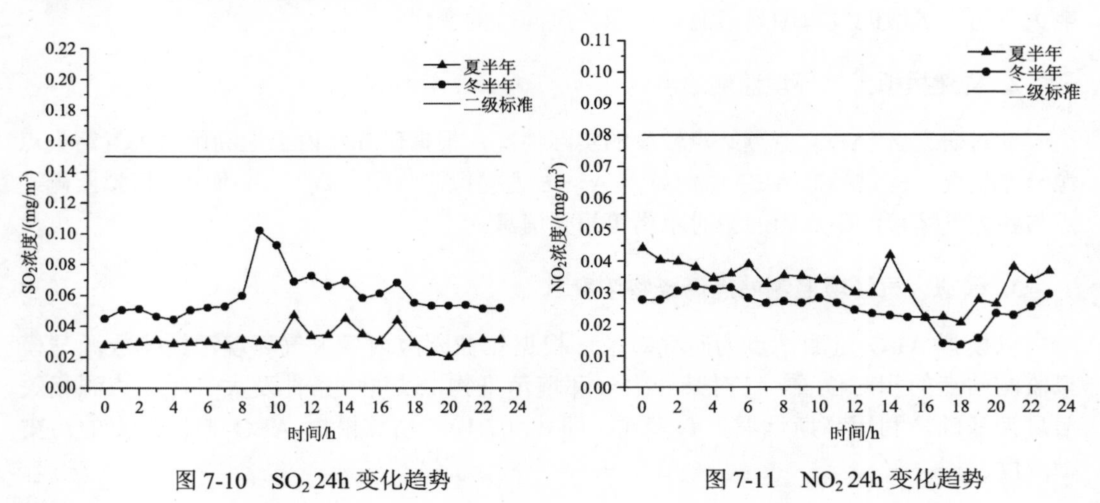

图 7-10　SO_2 24h 变化趋势　　　　图 7-11　NO_2 24h 变化趋势

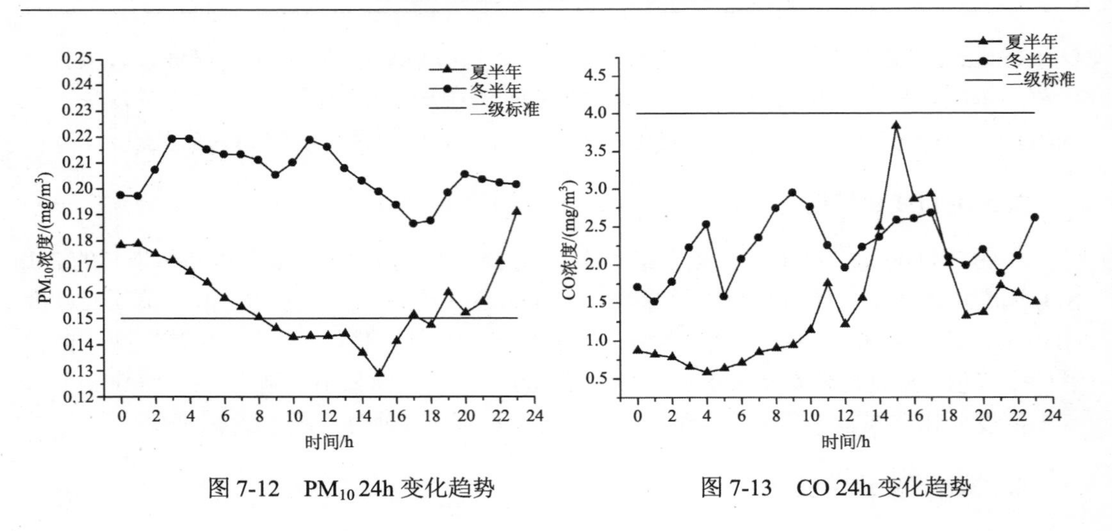

图 7-12　PM_{10} 24h 变化趋势　　图 7-13　CO 24h 变化趋势

7.5.2　GPC 分布特征及模拟

大气污染的来源可以分为高架源和地面源，地面源主要有人类的生活排放、生产排放、交通排放等，而高架源主要来自工业生产。研究区是大型的工业园区，区域内高架排放源对大气污染影响较大。通过模拟高架源排放污染物对 GPC 的影响分布，可以分析各类污染物主要的来源是高架源还是地面源，并且可以直观地看到研究区内高架源对研究区内不同地域的影响程度。

7.5.2.1　模拟模型的构建

1. 整合研究区域基础信息数据

基于 RS 数据与工业园区实地调查，利用 ArcGIS 整合研究区相关地理信息数据，包括土地利用现状图、大气环境监测站点位置图、大气污染点源分布图等，统计该区域影响大气污染扩散的气象因素气温、风速、风向等的变化。

2. 构建模拟大气环境监测站点

针对研究区 AEQ 监测站点较少的实际情况，根据研究区内土地利用与大气污染点源分布状况，构建模拟 AEQ 监测站点 A_n（n 为模拟监测站点数），并确定各模拟监测站点与各大气环境污染点源的相对距离等相关信息。

3. 模拟大气环境监测站点污染物浓度

以模拟 AEQ 监测站点为研究对象，根据工业园区内各大气环境污染排放源与模拟监测站点的相对位置，针对某一大气环境污染物，以气象条件及大气污染点源相关信息为基础，利用高斯烟羽扩散模式，即式（7.1），估算模拟 AEQ 监测站点的污染物浓度。

$$C_{(x,y,z,t,H)}=\frac{Q}{2\pi u\sigma_y\sigma_z}\exp(-\frac{1}{2}\frac{y^2}{\sigma_y^2})\times\left[\exp\left(-\frac{1}{2}\frac{(z-H)^2}{\sigma_z^2}\right)+\exp\left(-\frac{1}{2}\frac{(z+H)^2}{\sigma_z^2}\right)\right] \tag{7.1}$$

由于各模拟监测站点的 APC 受研究区内多个排放源的影响，因此，某一模拟监测站点的浓度如式（7.2）所示。

$$C_j=\sum_{i=1}^{n}C_{ij} \tag{7.2}$$

式中，i 为大气污染点源数；j 为大气污染物种类；C_j 为 j 种 AP 在 AEQ 监测站点的模拟数据；C_{ij} 为各大气污染点源对模拟 AEQ 监测站点处 j 种 AP 的影响值。

4. 获得高架源对 GPC 影响的空间特征

利用 ArcGIS，根据实际 AEQ 监测站点监测数据与各模拟 AEQ 监测站点计算数据，采用空间插值方法，对研究区内主要 APC 进行插值，得到研究区内主要高架源对 GPC 影响的分布图。

7.5.2.2　GPC 分布模拟

1. 基础信息数据统计分析

前面已提及研究区土地利用现状、AEQ 监测站点位置、大气污染点源分布等地理信息是进一步分析环境质量特征的重要依据。同时，要对研究区域研究时间段内影响大气污染扩散的气象因素变化进行季节变化分析。将污染物随时间变化与同时段的气温、风速和风向作为研究对象，进一步分析该时段内 AP 的空间分布特征，得到气象因素的季节变化特征如下。

1）平均气温季节变化

气温能够影响 AP 的扩散条件，并通过影响大气污染点源的烟气抬升高度来影响烟气扩散能力。2012 年夏季至 2013 年春季平均气温的季节变化如图 7-14 所示。2012 年夏季至 2013 年春季四个季节的平均气温分别为 27.7℃、17.0℃、3.9℃和 16.2℃，该区域秋季和春季的平均气温基本相同。

2）平均风速季节变化

烟囱口处的风速可以由气象仪器监测的 10m 处平均风速折算得到，而烟囱口处的风速对烟气的扩散影响较大；因此，统计气象仪器监测的 10m 处地面风速可以分析该区域的烟气在不同季节的扩散条件。2012 年夏季至 2013 年春季平均风速的季节变化如图 7-15 所示。在 2012 年夏季至 2013 年春季，研究区内各季节的平均风速分别为 3.3m/s、2.8m/s、2.9m/s 和 3.4m/s，基本处于 3.0m/s 左右。

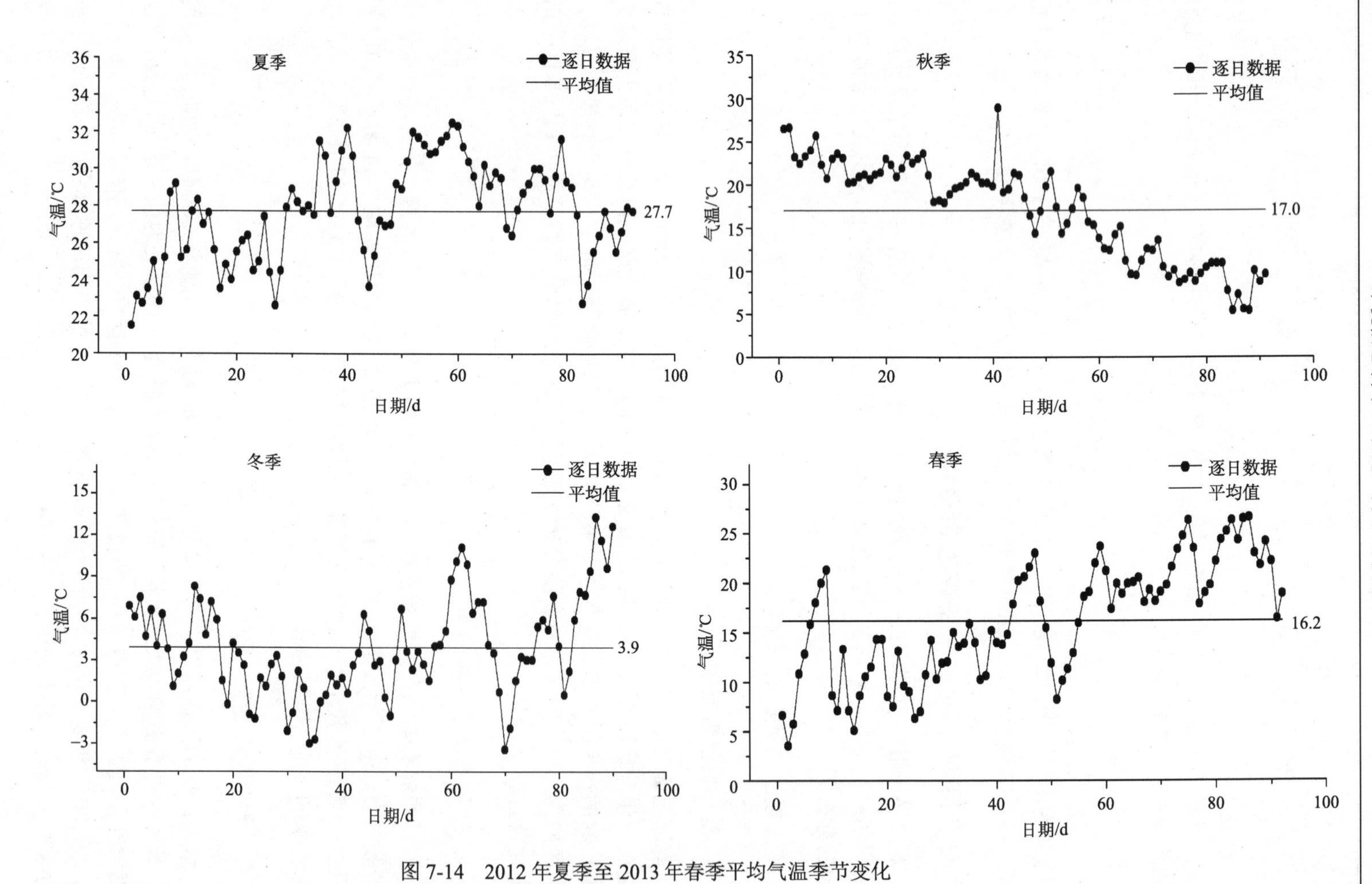

图 7-14　2012 年夏季至 2013 年春季平均气温季节变化

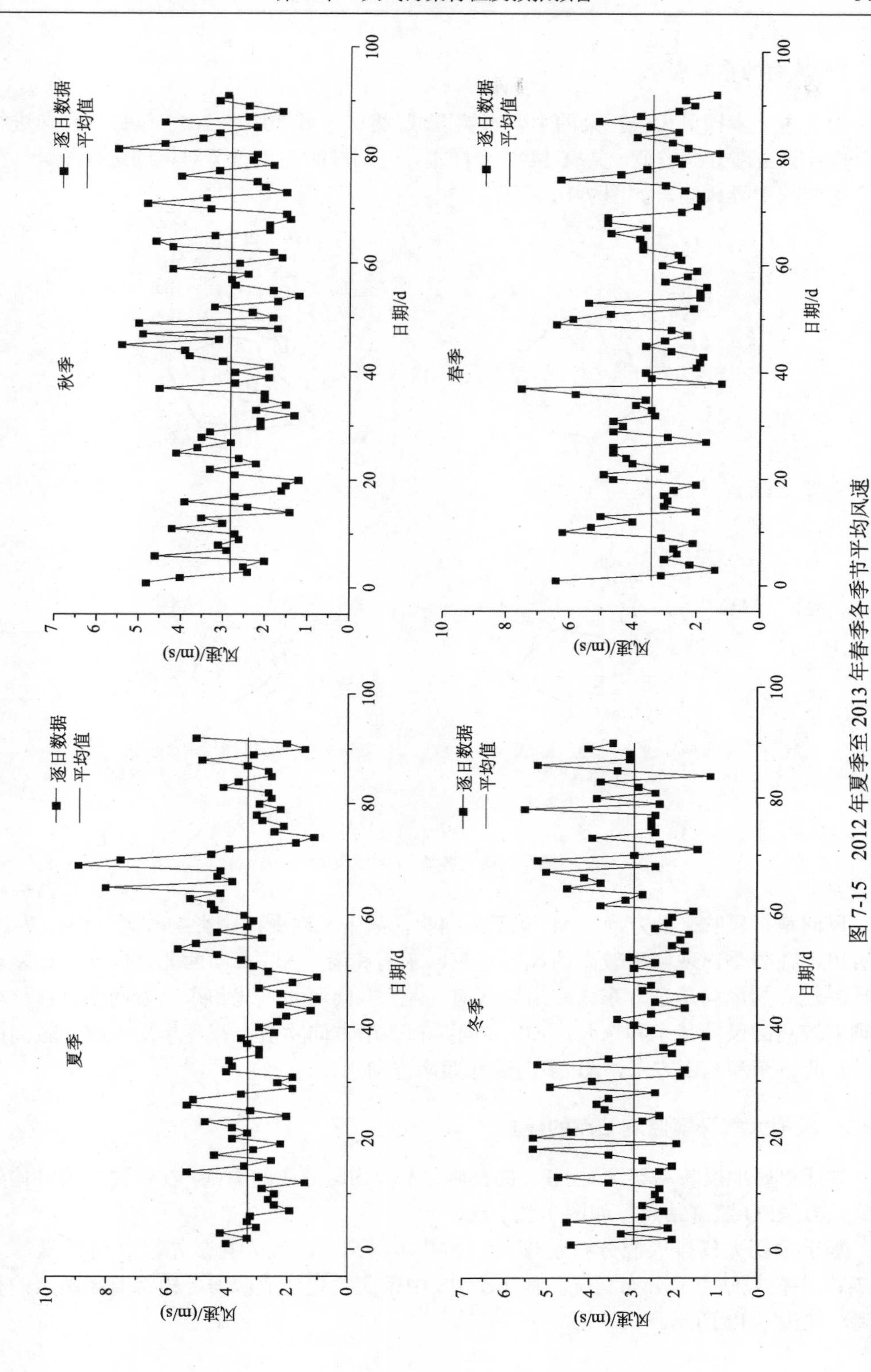

图 7-15 2012 年夏季至 2013 年春季各季节平均风速

3）风向的季节变化

为了进一步探讨大气污染的主要影响区域，将该区域 2010～2013 年每日风向进行统计分析，除去部分缺省值，共有 1422 个样本，分别按照四个季节对风向进行统计，得到各个季节的主导风向，如图 7-16 所示。

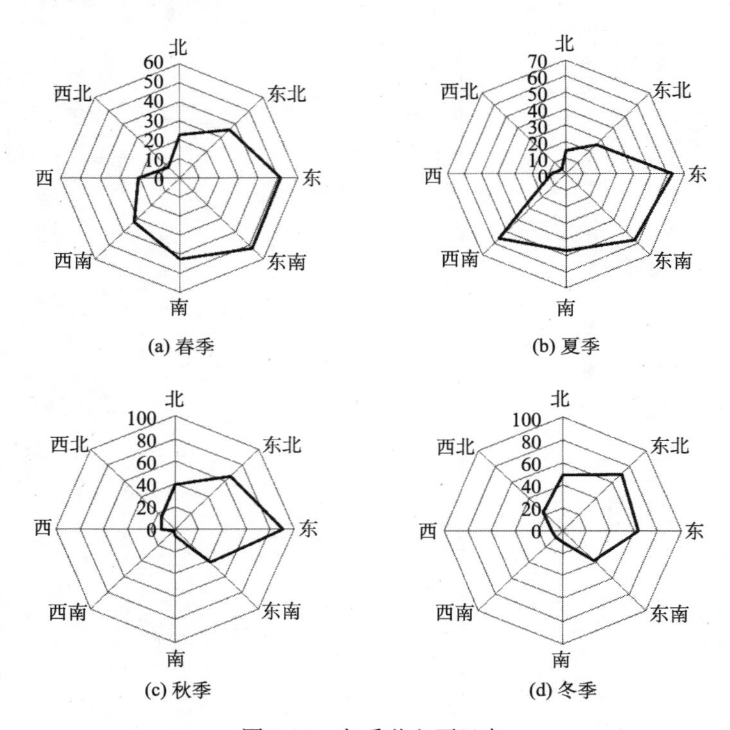

图 7-16　各季节主要风向

风向是指风吹来的方向，AP 向下风向吹，故下风向受污染影响较大。由图 7-16 可以看出，在春季出现频率较高的风向是东、东南和南，AP 多向西北方向吹；在夏季出现频率较高的风向是东、东南、南和西南，AP 多向西北、北和东北方向吹；在秋季出现频率较高的风向是东和东北，AP 多向西和西南方向吹散；在冬季出现频率较高的风向是东北、东和东南方向，AP 多向西和西南方向吹。

2. 模拟大气环境监测站点的建立

为能更好地反映高架源对 GPC 的影响，本着均匀分布的原则，在研究区内外构建一系列模拟 AEQ 监测站点，如图 7-17 所示。

基于主要大气排放源分布及排放源的基本信息（源高、排放浓度、排放量等）和图 7-17 中模拟站点的分布状况，在 ArcGIS 中得到主要排放源与各模拟监测站点的相对距离，如表 7-12 所示。

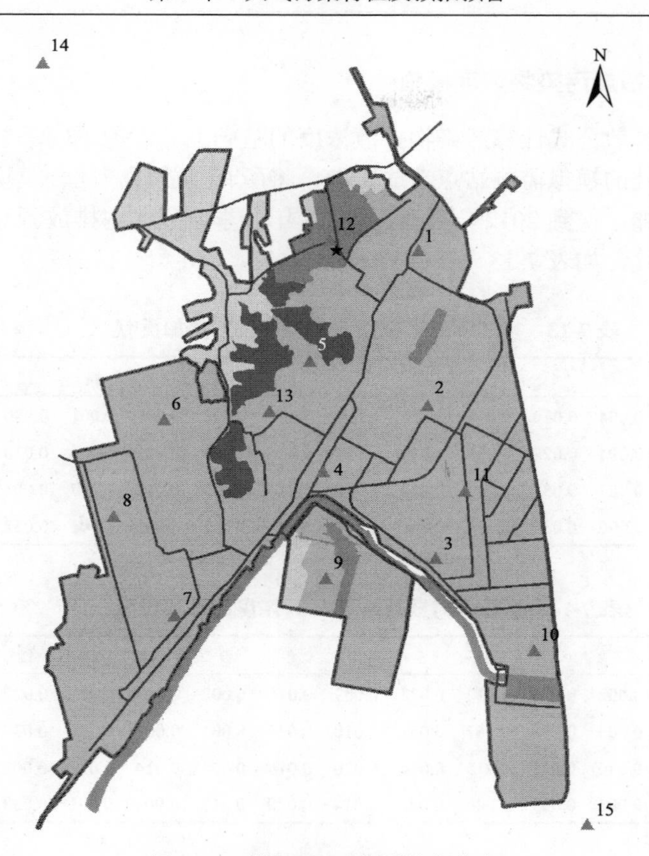

图 7-17　模拟 AEQ 监测站点分布

表 7-12　模拟监测站点与主要排放源的距离　　　　（单位：m）

ID	源 1	源 2	源 3	源 4	源 5	源 6	源 7	源 8	源 9	源 10	源 11
1	1800	675	2170	1920	1956	2557	3005	2027	2580	3110	2780
2	525	1090	500	712	637	862	1324	790	1054	1525	1242
3	1750	2768	1235	1750	1650	843	474	1711	1165	882	1040
4	900	1957	1020	730	737	1253	1088	1986	1865	2040	500
5	900	1100	1475	824	935	1921	2082	2116	2342	2733	1600
6	2280	2780	2690	2100	2192	3012	2847	3577	3600	3815	2260
7	3130	4132	3150	2960	2974	3175	2684	4100	3780	3690	2364
8	3050	3800	3300	2868	2921	3487	3139	4260	4110	4186	2633
9	1950	3070	1725	1827	1786	1613	1072	2576	2175	2038	970
10	3130	4030	2570	3173	3065	2118	1938	2608	2013	1480	2510
11	1280	2120	710	1370	1255	280	686	910	420	554	1100
12	1935	1061	2460	1966	2048	2905	3229	2657	3110	3606	2845
13	1163	1780	1610	987	1087	1981	1942	2465	2528	2807	1366
14	5281	4720	5860	5218	5328	6310	6450	6290	6670	7105	5911
15	5100	6035	4550	5114	5012	4105	3837	4610	4021	3488	4354

注：“源 1”等为主要大气污染排放源编号；“1～15”为模拟监测站点编号。

3. AEQ 监测站点污染物浓度模拟

在运用高斯扩散公式计算污染物扩散浓度的基础上，考虑不同季节风向的影响，即排放源对下风向处的模拟监测站点造成影响，将所有排放源在同一模拟监测站点的污染物浓度贡献相叠加，得到 2012 年夏季至 2013 年春季研究区内排放源对各模拟监测站点的污染物影响浓度，如表 7-13～表 7-15 所示。

表 7-13　排放源对模拟站点 SO_2 浓度的叠加贡献　（单位：mg/m^3）

季节	1	2	3	4	5	6	7	8	9	10	11	12	13	14	15
夏季	0.030	0.013	0.004	0.020	0.034	0.028	0.005	0.023	0.003	0.001	0.001	0.030	0.029	0.019	0.001
秋季	0.002	0.010	0.004	0.022	0.035	0.034	0.008	0.028	0.004	0.001	0.001	0.030	0.041	0.003	0.001
冬季	0.001	0.007	0.084	0.057	0.004	0.014	0.048	0.044	0.079	0.043	0.017	0.001	0.022	0.001	0.013
春季	0.053	0.029	0.006	0.035	0.058	0.048	0.014	0.041	0.012	0.001	0.001	0.052	0.063	0.033	0.001

表 7-14　排放源对模拟站点 NO_2 浓度的叠加贡献　（单位：mg/m^3）

季节	1	2	3	4	5	6	7	8	9	10	11	12	13	14	15
夏季	0.022	0.019	0.002	0.027	0.032	0.022	0.009	0.016	0.002	0.001	0.001	0.027	0.022	0.016	0.001
秋季	0.002	0.013	0.005	0.056	0.067	0.051	0.010	0.036	0.004	0.001	0.001	0.038	0.045	0.001	0.001
冬季	0.001	0.027	0.040	0.028	0.015	0.014	0.020	0.014	0.074	0.014	0.022	0.001	0.022	0.001	0.009
春季	0.028	0.027	0.003	0.035	0.040	0.022	0.014	0.020	0.017	0.001	0.001	0.033	0.028	0.021	0.001

表 7-15　排放源对模拟站点粉尘浓度的叠加贡献　（单位：mg/m^3）

季节	1	2	3	4	5	6	7	8	9	10	11	12	13	14	15
夏季	0.021	0.017	0.002	0.018	0.027	0.020	0.009	0.015	0.002	0.001	0.001	0.023	0.022	0.015	0.001
秋季	0.001	0.004	0.002	0.018	0.022	0.017	0.005	0.014	0.002	0.001	0.001	0.013	0.018	0.001	0.001
冬季	0.001	0.005	0.023	0.010	0.003	0.003	0.014	0.006	0.021	0.012	0.004	0.001	0.005	0.001	0.002
春季	0.017	0.015	0.002	0.019	0.023	0.014	0.008	0.013	0.011	0.001	0.001	0.020	0.019	0.013	0.001

4. 高架点源对 GPC 的影响

基于表 7-13～表 7-15 的结果，利用 ArcGIS 空间插值得到研究区内高架点源对 GPC 影响的空间分布。

1）插值方法的选择

空间插值的实质是通过一系列已知的不连续的点数据信息得到连续的面数据信息，对空间信息的分布趋势和分布特点有较好的直观的表达。常用的空间插值方法主要有反距离权重插值法（IDW）、克里金插值法（Kriging methods）、样条函数插值法（spline methods）等。

在 ArcGIS 9.3 中运用插值方法对高架源对几种污染物的地面影响浓度进行插值，结果显示，IDW 得出的分布图有明显的“牛眼”现象且浓度范围分布较为混乱；Kriging 法得出的分布图精度较 spline 法略差。因此，选择 spline 法对高架源对几种污染物的地面影响浓度进行插值。

2）插值结果与分析

受 SO_2 排放源分布以及各季节主导风向的影响，春季、夏季以及秋季地面 SO_2 浓度受高架源影响较大的区域主要在研究区的北部和西北部，而冬季受影响较大的区域在研究区的南部。将 AEQ 监测站点处的模拟数据与实际监测数据的均值相对比，可验证空间分布模拟的精度并推断高架源对 GPC 的影响程度。根据插值结果，AEQ 监测站点处的模拟数值在春季为 0.045～0.054mg/m^3，夏季在 0.030mg/m^3 左右，秋季为 0.025～0.030mg/m^3，冬季为 0.014～0.028mg/m^3。而在实际监测结果中，春季平均值为 0.052mg/m^3，夏季平均值为 0.028mg/m^3，秋季平均值为 0.029mg/m^3，冬季平均值为 0.060mg/m^3。实际监测的平均值在春、夏、秋三季中均处在模拟值范围内，而冬季相差较大。这主要是因为风向的影响使得春、夏、秋地面 SO_2 主要受研究区内高架源影响，而冬季则是受研究区主导风向的上风向的排放源影响；春、夏、秋三季高架源影响浓度与监测浓度相近，可见该区域地面 SO_2 主要受高架源影响，地面源影响不大。

受 NO_2 排放源分布以及各季节主导风向的影响，春季、夏季以及秋季地面 NO_2 浓度受高架源影响较大的区域主要在研究区的北部和西北部，而冬季受影响较大的区域在研究区的南部。根据插值结果，AEQ 监测站点处的模拟数值在春季为 0.030～0.036mg/m^3，夏季在 0.024mg/m^3 左右，秋季为 0.040～0.048mg/m^3，冬季为 0.010～0.020mg/m^3。而在实际监测结果中，春季平均值为 0.032mg/m^3，夏季平均值为 0.026mg/m^3，秋季平均值为 0.038mg/m^3，冬季平均值为 0.021mg/m^3。可见实际监测的平均值在四个季节中处在模拟值范围内或是与范围阈值较接近，与模拟值较相近。

同样受粉尘排放源分布以及各季节主导风向的影响，春季、夏季以及秋季地面粉尘浓度受高架源影响较大的区域主要在研究区的北部和西北部，而冬季受影响较大的区域在研究区的南部。根据插值结果，AEQ 监测站点处的模拟数值在春季为 0.020mg/m^3 左右，夏季为 0.024mg/m^3，秋季为 0.016～0.020mg/m^3，冬季为 0.008～0.016mg/m^3。然而，研究区在实际监测中已停止对总悬浮颗粒物的监测，因此，本研究选取总悬浮颗粒物的构成部分——PM_{10} 的实际监测值与模拟值进行对比。在 PM_{10} 的实际监测结果中，春季平均值为 0.166mg/m^3，夏季平均值为 0.088mg/m^3，秋季平均值为 0.218mg/m^3，冬季平均值为 0.143mg/m^3。实际监测的平均值在四个季节均与模拟值相差较大，而 PM_{10} 仅是粉尘的一部分，粉尘浓度应该略大于 PM_{10} 监测值，而模拟值远小于地面实际监测值，可见该区域地面粉尘主要受地面源影响，高架源影响不大。

7.6　基于关键气象因子的预报预警机制

气象条件是影响大气污染扩散的关键因素，气象因子与区域 APC 息息相关。日平均气压、气温（日均值、日最低值、日最高值以及日最高值与最低值之差）、日均相对湿度、日均风速和水平能见度均影响研究区 APC，分析关键气象因子与 APC 的相关系数可得到最优子集回归方程，根据气象预报数据可以对未来 APC 得出半定量的预报数值。计算而得的预报 APC 可以进行辅助决策。

7.6.1 预报预警技术路线

以 S 企业空气污染资料、地面气象实测资料等为依据，对 S 企业 AEQ 状况进行预报预警，其主要技术路线如图 7-18 所示。

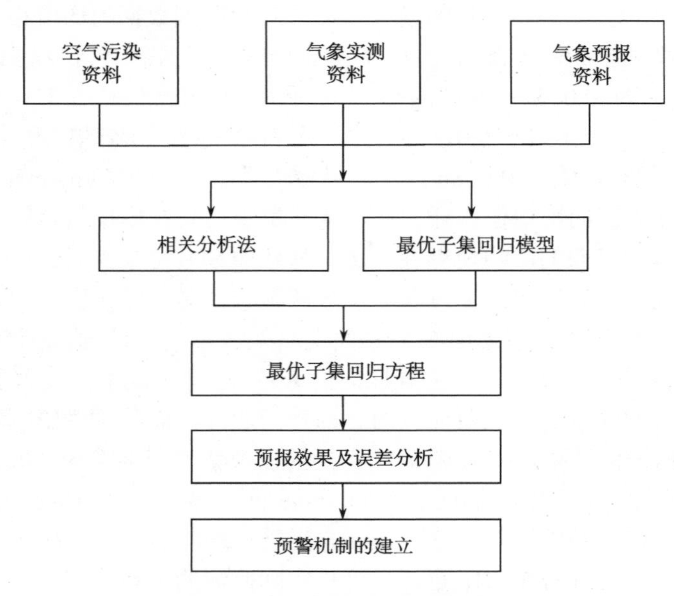

图 7-18　预报预警技术路线

7.6.2 各类信息数据采集

1. 空气污染资料的采集

空气污染资料取自南京市环境监测中心站在 S 企业设立的空气质量自动监测站数据，以及 S 企业人工监测数据，具体为 2012 年 6 月至 2014 年 5 月 SO_2、NO_2、PM_{10} 以及 CO 浓度实时监测数据的逐日或逐月平均值。因为 S 企业范围较小，此监测站点数据能在一定程度上反映整个 S 企业区域的 AEQ 状况，由于仪器故障或其他原因造成数据有部分缺省，故共有 668 个污染数据样本。

2. 地面气象实测资料的采集

地面气象实测资料包括由 S 企业监测站提供的同期日平均气压、气温（日均值、日最低值、日最高值以及日最高值与最低值之差）、日均相对湿度、日均风速和由中国气象局（CMA）综合观测培训实习基地（南京）提供的同时期的水平能见度观测值，共有 8

个气象要素，其中气压、气温、相对湿度、风速及水平能见度均为日平均数据，每种气象要素的采样样本数为 668 个。

3. 气象要素预报产品的采集

主要采集 S 企业及附近地区的逐日平均气压、气温（日均值、日最高值、日最低值和日最高值与日最低值之差）、相对湿度、平均风速和水平能见度等 8 个气象要素的预报产品；其中最高和最低气温、气温最高值与最低值之差、平均风速及平均相对湿度等 5 个气象要素的预报产品，由 CMA 综合观测培训实习基地（南京）和南京信息工程大学（NUIST）气象台提供，它们是由预报员以国内外多个数值模式预报产品为基础，通过分析天气图、气象卫星和雷达资料，综合分析、判断后得到的结果。日平均气压和平均气温是来自模式的逐时预报，并通过累加求均值得到。而水平能见度，目前还没有对其进行直接数据预报的理想模式，因此，本研究根据水平能见度与其他气象要素的相关性，应用多元回归对其进行数值预报，其预报产品有一定的参考性。选取的样本时间是 2012 年 10～11 月和 2013 年 4～5 月，每天一个样本，每个气象预报产品的样本数为 122 个。

7.6.3　分析方法合理选取

7.6.3.1　相关分析法

相关分析法主要用于分析多个指标间的相关程度，或是多个因素对目标值的影响程度，以此来分析各指标间的相互关系，能够为决策者提供科学的决策依据。一个目标值往往是由多个因素影响得到的，因此，两两之间的关系通过计算相关系数而得，多个要素的相互关系则通过计算复相关系数得到。

1. 相关系数

对于两个要素 a 与 b，如果它们的样本值分别为 a_i 和 b_i（$i=1,2,\cdots,n$），则它们之间的相关系数如式（7.3）所示：

$$R_{ab}=\frac{\sum_{i=1}^{n}(a_i-\bar{a})(b_i-\bar{b})}{\sqrt{\sum_{i=1}^{n}(a_i-\bar{a})^2}\sqrt{\sum_{i=1}^{n}(b_i-\bar{b})^2}} \tag{7.3}$$

式中，$\bar{a}$ 和 $\bar{b}$ 分别表示两个要素样本值的平均值，即 $\bar{a}=\frac{1}{n}\sum_{i=1}^{n}a_i$，$\bar{b}=\frac{1}{n}\sum_{i=1}^{n}b_i$；$R_{ab}$ 为要素 a 与 b 之间的相关系数，即表示这两个要素之间的相关程度，也是相关程度的统计指标，其值在[−1，1]区间之内。$R_{ab}>0$，表示 a 和 b 正相关，即两要素同向发展；$R_{ab}<0$，表示 a 和 b 负相关，即两要素异向发展。R_{ab} 的绝对值越接近于 1，表示两要素的关系越密切；R_{ab} 的绝对值越接近于 0，表示两要素的关系越不密切。

式（7.4）～式（7.6）如下：

$$L_{ab}=\sum_{i=1}^{n}(a_i-\bar{a})(b_i-\bar{b})=\sum_{i=1}^{n}a_ib_i-\frac{1}{n}\left(\sum_{i=1}^{n}a_i\right)\left(\sum_{i=1}^{n}b_i\right) \tag{7.4}$$

$$L_{aa}=\sum_{i=1}^{n}(a_i-\bar{a})^2=\sum_{i=1}^{n}a_i^2-\frac{1}{n}\left(\sum_{i=1}^{n}a_i\right)^2 \tag{7.5}$$

$$L_{bb}=\sum_{i=1}^{n}(b_i-\bar{b})^2=\sum_{i=1}^{n}b_i^2-\frac{1}{n}\left(\sum_{i=1}^{n}b_i\right)^2 \tag{7.6}$$

则式（7.3）可以进一步简化为式（7.7）：

$$R_{ab}=\frac{L_{ab}}{\sqrt{L_{aa}L_{bb}}} \tag{7.7}$$

2. 复相关系数

上述单相关系数的分析方法是揭示两个变量（要素）之间的相关关系，或是在其他变量（要素）固定的情况下研究两个变量（要素）之间的相关关系。但是在实际应用中，一个变量（要素）的变化往往受多种变量（要素）的综合作用或影响，而单相关分析不能反映各变量（要素）的综合影响。因此，就要引入研究几个变量（要素）同时与一个变量（要素）之间的相关关系的复相关分析法，复相关系数即表示几个变量（要素）与一个变量（要素）之间的复相关程度，可以利用单相关系数和偏相关系数求得。

设 Y 为因变量，$X_1,X_2,\cdots,X_n$ 为自变量，则将 Y 与 $X_1,X_2,\cdots,X_n$ 之间的复相关系数记为 $R_{y\cdot 12\cdots n}$。计算公式如式（7.8）～式（7.10）所示。

当有两个自变量时，则有式（7.8）：

$$R_{y\cdot 12}=\sqrt{1-(1-r_{y1}^2)(1-r_{y2\cdot 1}^2)} \tag{7.8}$$

当有三个自变量时，则有式（7.9）：

$$R_{y\cdot 123}=\sqrt{1-(1-r_{y1}^2)(1-r_{y2\cdot 1}^2)(1-r_{y3\cdot 12}^2)} \tag{7.9}$$

因此，一般地，当有 k 个自变量时，则有式（7.10）：

$$R_{y\cdot 12-k}=\sqrt{1-(1-r_{y1}^2)(1-r_{y2\cdot 1}^2)\cdots\left[1-r_{yk\cdot 12\cdots(k-1)}^2\right]} \tag{7.10}$$

其中，复相关系数介于 0～1 之间，即 $0\leqslant R_{y\cdot 12-k}\leqslant 1$；复相关系数越大，说明各要素之间的相关越密切。复相关系数为 1，表示要素完全相关；复相关系数为 0，则表示要素完全无关。要素间的复相关系数必定不小于两两要素间的单相关系数。

一般采用 F 检验对复相关系数进行显著性检验。其统计量计算公式如下：

$$F=\frac{R_{y\cdot 12\cdots k}^2}{1-R_{y\cdot 12\cdots k}^2}\times\frac{n-k-1}{k} \tag{7.11}$$

式中，n 为样本数；k 为自变量个数。

7.6.3.2　最优子集回归模型

1. 最优子集回归

最优子集回归是进行多元线性回归方程拟合时选择自变量的一种方法，即从全部自变量所有可能的组合的子集回归方程中挑选最优者。首先，把所有可能包含 1 个、2 个……直至全部 n 个自变量的子集回归方程都进行拟合，n 个自变量会拟合 2^n-1 个子集回归方程；然后，利用回归方程的统计量作为准则从中挑选最优者，常用的方法有 CSC 双评分法、R^2 法、校正 R^2 法、Cp 统计量法等。

2. CSC 双评分准则

CSC 准则是针对气候预测特点提出的一种既考虑数量预测效果（精评分 S_1），又考虑趋势预测效果（粗评分 S_2）的双评分法则，计算公式如式（7.12）所示：

$$\mathrm{CSC} = S_1 + S_2 \tag{7.12}$$

以模型对因变量的估计值 $\hat{Y}_i$ 作为预测值得到的数量评分为 Q_k，如式（7.13）所示：

$$Q_k = \frac{1}{n}\sum_{i=1}^{n}(Y_i - \hat{Y}_i) \tag{7.13}$$

以均值 $\overline{Y_i}$ 作为预测值得到的数量评分为 Q_Y，如式（7.14）所示：

$$Q_Y = \frac{1}{n}\sum_{i=1}^{n}(Y_i - \overline{Y_i}) \tag{7.14}$$

式中，n 为模型的样本个数；k 为模型的独立参数个数，即模型的维度。

精评分 S_1 就等于模型对因变量的估计值 $\hat{Y}_i$ 作为预测值而得到的数量评分 Q_k 与均值 $\overline{Y_i}$ 作为预测值而得到的数量评分 Q_Y 的比值，如式（7.15）和式（7.16）所示：

$$S_1 = \frac{Q_k}{Q_Y} \tag{7.15}$$

$$S_2 = 2I \tag{7.16}$$

式中，I 为对分类预测的信息熵评分。

精评分 S_1 与粗评分 S_2 的量级不一定是相当的，因此，引入一个系数 α，使精评分与粗评分的量级相当，如式（7.17）所示：

$$\mathrm{CSC} = \alpha\left(\frac{Q_k}{Q_Y}\right) + 2I \tag{7.17}$$

而在线性统计模型中，$\frac{Q_k}{Q_Y}=R^2$，$\alpha=n-k$，则

$$\mathrm{CSC} = (n-k)R^2 + 2I \tag{7.18}$$

式中，R 为复相关系数。线性模型的维度 k 越大，精评分项的贡献越小，即模型的维度不宜过大。

7.6.4 大气污染预报示例

7.6.4.1 预报因子与同期污染物浓度的相关分析

表 7-16 和表 7-17 为 2012 年 6 月～2013 年 5 月 S 企业地区 GPC（SO_2、NO_2、PM_{10} 及 CO）在冬半年和夏半年与预报因子（包括同期地面气象数据与污染物自身变化——前一天浓度）之间的相关系数分布。

表 7-16　冬半年各污染物浓度与预报因子之间的相关系数

类型	气温（X_1）	最高温度（X_2）	最低温度（X_3）	气压（X_4）	相对湿度（X_5）	风速（X_6）	能见度（X_7）	高低温差（X_8）	前一天浓度（X_9）
SO_2	0.566	0.569	0.565	−0.105	−0.202	−0.050	−0.346	0.182	0.486
NO_2	−0.044	0.010	−0.110	0.053	0.172	−0.070	−0.329	0.222	0.604
PM_{10}	−0.129	−0.129	−0.218	−0.059	0.341	−0.169	−0.458	0.122	0.602
CO	−0.317	−0.295	−0.220	0.037	−0.080	−0.543	−0.152	0.227	0.238

表 7-17　夏半年各污染物浓度与预报因子之间的相关系数

类型	气温（X_1）	最高温度（X_2）	最低温度（X_3）	气压（X_4）	相对湿度（X_5）	风速（X_6）	能见度（X_7）	高低温差（X_8）	前一天浓度（X_9）
SO_2	0.312	0.478	0.198	−0.270	−0.467	−0.547	−0.261	0.439	0.569
NO_2	0.344	0.300	0.300	−0.257	−0.223	−0.569	−0.297	0.055	0.953
PM_{10}	0.279	0.439	0.154	−0.190	−0.548	−0.653	−0.322	0.440	0.733
CO	0.254	0.513	0.085	−0.158	−0.494	−0.447	−0.103	0.632	0.505

从表 7-16 和表 7-17 可以看出，冬半年各种污染物浓度与风速和能见度呈稳定的负相关，与高低温差和前一天浓度呈稳定的正相关，与日最高温度、气压和相对湿度的相关性时正时负；除 SO_2 外，NO_2、PM_{10} 及 CO 与气温（日平均温度与日最低温度）呈稳定的负相关。夏半年各污染物浓度与气压、相对湿度、风速和能见度呈稳定的负相关，与气温（日平均温度、日最高温度、日最低温度、高低温差）及前一天浓度呈稳定的正相关。所以冬半年各污染物浓度与风速、能见度、高低温差的相关性较好且稳定，与其他因子的相关性较差且不稳定；而夏半年各污染物浓度与各种气象因子的稳定性均较好且稳定。并且，无论冬、夏半年，各污染物浓度与风速、能见度、高低温差及前一天浓度的相关性最好。

7.6.4.2 预报因子与同期 APC 最优子集回归预报

冬半年和夏半年分别选取上述 9 个预报因子中与各污染物浓度相关较好且稳定的因子，并利用 2012 年 6 月～2013 年 5 月的各种资料，采用最优子集回归方法，分别计算冬半年与夏半年不同自变量个数下的最优子集，计算其复相关系数和 CSC 值，以最大 CSC 为依据，选取最优子集回归方程（表 7-18）。

表 7-18　各污染物浓度与评价因子之间的最优子集回归方程

污染物 Y	时间	方程	复相关系数 R
SO_2	冬半年	$Y=-0.0019X_1+0.0017X_2+0.0021X_3+0.0001X_5+0.0082X_6+0.0009X_7+0.2991X_9-0.0230$	0.8013
	夏半年	$Y=-0.0225X_4-0.0008X_5+0.0055X_6-0.0028X_7+0.1074X_9+2.3790$	0.8918
NO_2	冬半年	$Y=0.0059X_4+0.0009X_6-0.0012X_7+0.0019X_8+0.5766X_9-0.5883$	0.7716
	夏半年	$Y=-0.0007X_3-0.0014X_4-0.0049X_6-0.0012X_7+0.1114X_9+0.1837$	0.8253
PM_{10}	冬半年	$Y=0.0050X_2+0.0012X_5+0.0549X_6-0.0135X_7+0.4228X_9-0.0862$	0.8244
	夏半年	$Y=-0.0673X_4-0.0028X_5+0.0262X_6-0.0117X_7+0.3121X_9+7.1624$	0.8960
CO	冬半年	$Y=-0.6328X_1+0.3076X_2+0.3777X_3+1.5646X_6-0.2290X_7+0.0934X_9-0.2520$	0.8532
	夏半年	$Y=-0.1242X_2+0.0859X_3-0.1957X_6+0.3696X_9+2.9487$	0.8201

由表 7-18 可以看出，无论是冬半年还是夏半年，所建立的各污染物浓度的预报公式的复相关系数均在 0.77～0.90 之间，相关性较好。最优回归模型对污染物浓度的升降趋势、峰值及谷值均有较好的预测。

7.6.4.3　预报误差分析

为了更好地分析最优回归方程的预报效果，将监测值与预报值的样本进行统计，并对其进行误差分析。

1. 误差计算方法

标准误差是一种对数据可靠性估计的方法，它等于测量值误差的平方和均值的平方根，如公式（7.19）所示：

$$SE=\sqrt{\frac{1}{n-1}\sum_{i=1}^{n}\left(X_i-\overline{X}\right)^2}\quad (i=1,2,\cdots,n) \tag{7.19}$$

平均绝对偏差用来表示每个数值与平均值之间差的绝对值的平均值，是衡量数据离散程度的一种方法，计算公式如下：

$$MAE=\frac{\sum_{i=1}^{n}\left|X_i-\overline{X}\right|}{n}\quad (i=1,2,\cdots,n) \tag{7.20}$$

2. 预报结果误差分析

表 7-19 是 2012 年 10～11 月和 2014 年 4～5 月统计样本与预报样本的误差分析表。

表 7-19　统计样本与预报样本的误差分析表

时段	APC/（mg/m^3）	统计样本		预报样本	
		标准误差	平均绝对偏差	标准误差	平均绝对偏差
冬半年	SO_2	0.0020	0.0133	0.0014	0.0093
	NO_2	0.0024	0.0148	0.0016	0.0102
	PM_{10}	0.0122	0.0851	0.0087	0.0563
	CO	0.1808	1.1432	0.1351	0.8609
夏半年	SO_2	0.0017	0.0106	0.0016	0.0097
	NO_2	0.0009	0.0057	0.0008	0.0051
	PM_{10}	0.0142	0.0761	0.0127	0.0659
	CO	0.1025	0.6216	0.0819	0.5306

由表 7-19 可以看出，统计样本中，各污染物的标准误差和平均绝对偏差的值一般冬半年大于夏半年；预报样本的标准误差及平均绝对偏差均与统计样本的相差不大，说明建立的最优回归模型的预报方程有一定的预报可靠性。但各污染物预报样本的平均绝对偏差均小于统计样本，表示预报结果分布较集中、离散程度比统计样本小，也说明建立的最优回归模型的预报方程对突发极值的预报仍存在一定的误差，需要进一步结合天气形势图对结果进行修正。

7.6.5　污染预警机制建立

以最优子集回归模型的预测浓度为基础，以《环境空气质量标准》（1996 及 2000 年修改）和 GB 3095—2012 中各级污染浓度量化分级为标准，建立污染预警分级指标，如表 7-20 所示。

表 7-20　污染预警分级

空气预报等级	预报浓度范围/（mg/m^3）	特征	预警等级
良好	$P_{SO_2} \leqslant 0.05$，$P_{PM_{10}} \leqslant 0.05$，$P_{NO_2} \leqslant 0.08$，$P_{CO} \leqslant 4.0$	空气质量较好，对人体健康无危害	无
轻微污染	$0.05 < P_{SO_2} \leqslant 0.15$，$0.05 < P_{PM_{10}} \leqslant 0.15$，$0.08 < P_{NO_2} \leqslant 0.12$，$P_{CO} \leqslant 4.0$	空气轻微污染，对人体健康危害较小	1
中度污染	$0.15 < P_{SO_2} \leqslant 0.25$，$0.15 < P_{PM_{10}} \leqslant 0.25$，$P_{NO_2} \leqslant 0.12$，$P_{CO} \leqslant 6.0$	空气污染较重，对人体健康有一定威胁	2
重度污染	$P_{SO_2} \geqslant 0.25$，$P_{PM_{10}} \geqslant 0.25$，$P_{NO_2} \geqslant 0.12$，$P_{CO} \geqslant 6.0$	空气污染严重，对人体健康威胁较大	3

由表7-20可知，当预报的APC在良好范围内时，空气质量较好，无需对全厂进行预警；当预报的污染物浓度在轻微污染范围内时，空气污染轻微，对人体健康产生影响，启动1级预警；当预报的APC在中度污染范围内时，空气污染较重，对人体健康产生一定影响，启动2级预警；当预报的APC在重度污染范围内时，空气污染严重，对人体健康影响较大，启动3级预警。污染物预报浓度越高，预警等级越高。

第 8 章　宜居健康生态气象监测与评估

8.1　宜居健康与美丽乡村

8.1.1　宜居健康内涵

全球变化背景下，随着社会、经济的快速发展和人口的不断增加，人类面临的生态环境问题日益突出，特别是水土流失严重、环境污染明显、湿地破坏、草地退化、城市污染、酸雨增加、沙尘暴、地质灾害频发、生物多样性下降等生态环境负效应，直接制约了社会经济的发展。在全球变暖背景下，气候灾害和极端气候事件频繁发生，对生态安全、粮食安全、水安全等造成了重大影响，直接威胁到人类生存与可持续发展。气候变化及其影响问题，不仅仅是科学问题，也是关系人类生存、资源与环境保护、可持续发展以及国际环境外交的热点问题。

宜居城市创造的是一种人与自然、社会和谐共生的城市环境，是政治、经济、社会、生态、科技、人文的空间优化组合，是最适宜人类居住的现代化城市，是环境信息科学研究的衍生领域。一个宜居的城市人居环境既包含优美、整洁、和谐的自然生态环境，也包含安全、便利、舒适的社会人文环境；应是经济持续繁荣、社会和谐稳定、文化丰富厚重、生活舒适便捷、景观优美怡人、公共秩序井然有序、适宜人们居住、生活与就业的；需要协调兼顾不同群体利益和需求；总体而言，把经济、自然、社会、人文环境作为宜居的综合要素。也就是说，宜居城市是具有整体宜居性、经济高效性、文化多元性、社会和谐性及资源环境持续性等特征的城市。

2007 年 5 月 30 日正式发布的中国《宜居城市科学评价标准》（刘学科等，2014），其主要内容包括社会文明、经济富裕、环境优美、资源承载、生活便宜、公共安全等方面。宜居城市是对城市适宜居住程度的综合评价。此外，世界卫生组织（WHO，1994）也积极引入健康城市的理念，并认为健康城市应该是一个不断开发与发展自然和社会环境，不断扩大社会资源，使人们在享受生命和充分发挥潜能方面能够互相支持的城市。还有学者认为，健康城市是指从城市规划、建设到管理各个方面都以人的健康为中心，保障广大市民健康生活和工作，成为人类社会发展所必需的健康人群、健康环境和健康社会有机结合的发展。

乡村是人类聚居的重要形式形态，美丽乡村建设（BVC）也离不开合理的生态规划与生态建设。乡村的生态环境建设在借鉴城市建设的同时，应充分考虑乡村的生态性与宜居性，如今面对乡村建设中出现的各种问题，倡导生态宜居乡村已成为 BVC 的必由之路，也是乡村发展的必然选择。生态宜居美丽乡村技术创新，是依靠科技引领和支撑，建设具有中国特色的社会主义新农村、培育农村发展新动能、助推扶贫攻坚的重要途径，也是解决中国当前城乡发展不平衡、不充分的紧迫任务。如前所述，南京江北新区是国家级新区，地处南京市西北部的长江北岸；而处于该区域的浦口农村境内地势多变，集低山、丘陵、平原、岗地、大江、大河为一体。区内自然资源丰富，生物多样性繁多，水资源充沛。针对浦口农村生态特点与发展目标，构建生态宜居美丽乡村，是落实“产业兴旺、生态宜居、乡风文明、治理有效、生活富裕”总要求的重要举措，是实现全面建成小康社会的必然要求。本研究主要针对美丽乡村区存在的问题，分析美丽乡村发展利弊要素，探索 BVC 技术，研究 BVC 政策，提出 BVC 模式，为全面地促进 BVC 提供服务。“美丽中国”的“中国梦”理念，把 ECC 作为未来发展的核心内容；习近平强调“坚持节约资源和保护环境基本国策，努力走向社会主义生态文明新时代”，这为中国各项事业的发展指明了方向，也全面开启了中国 ECC 的新纪元。在这种背景下，生态宜居美丽乡村成为 ECC 的重要组成部分。

目前，浦口的生态资源丰富，生态资产价值巨大；生态景观类型多样化，综合生态效应趋于复杂化；大气环境要素时空变异性较大，改善 AEQ 的任务艰巨。通过重视农村环境保护，推进农村环境综合整治，建设生态宜居美丽乡村，为构建和谐浦口、满足浦口人民对良好生态环境和优质生态产品的需求注入新的动力。特别是如何发挥浦口优势，变劣势为优势，需要完善生态宜居监测与评估体系，为生态宜居建设气象保障提供支撑。通过探索生态宜居监测分析技术、生态宜居评价预警技术以及生态宜居管理调控技术，提高“绿色浦口”“人文浦口”创建工作的效果，展示浦口生态价值优势，构建浦口生态以及管理体系，为科学认识浦口乡村资源环境状况、生态环境特征与未来发展潜力提供支撑。

气候条件作为影响生态系统最活跃、最直接的因子，对环境保护和 ECC 具有重要影响。IPCC 发布的气候变化报告表明，全球变暖是不争的事实，中国气候变化的总体效应为弊大于利；人类必须通过共同努力，应对气候变化的负面效应。生态系统中的生物与环境要素如何变化，相关生态现象与生态过程如何变化，生态问题及其机制如何，均需要全面监测及综合评价，才可能通过构建模型，建立基准进行风险预警。这也是目前生态环境损害赔偿（CEED）及维护生态稳定性的客观需要。生态要素影响并制约着区域气候特征，而特定气候也不同程度地反馈于生态过程，产生不同的环境效应；相关问题的本质自然成为生态气象耦合关系问题。在新理念、新方法与新技术的支撑下，生态气象评估方法趋于规范化与标准化，“互联网+”理念将促进 EIOT 与生态气象的不断创新与发展，并对于 BVC 及 ECC 具有重要现实意义。前已述及，浦口区地处南京市西北部的长江北岸，境内老山森林、绿水湾湿地公园、岗地丘陵生态区等区域是南京市着力保护的重要生态功能区，老山—滁河、长江是南京两个重要的生态廊道。在 ECC 及 JBNA 建设的背景下，开展宜居健康自然生态的气象指标体系研究，旨在客观、有效并定量评估浦口宜居健康自然生态的状况，展示浦口的生态优势。特别是基于气象指标评估浦口区宜居健康自然生态的状况，并为浦口区的规划发展提供基础数据；通过对浦口各功能区划内各生态气象指标的计算，展示浦口生态宜居的优势；通过对生态气象的评估，构建浦口宜居健康自然生态的气象评估体系；促进浦口美丽乡村建设与 ECC 的发展。

8.1.2 BVC 客观背景

农村振兴战略作为指导农村快速发展的行动指南，正在全面建成小康社会的进程中逐步地得以落实。在这种背景下，BVC 成为广大农村特色发展、快速发展与可持续发展的重要方向。遵循“创新、协调、绿色、开放、共享”的发展理念，是进一步践行山水林田湖草生命共同体（CMWFGLL）理念的重要途径，也是构建生态宜居乡村的有效模式。

美丽中国建设需要不同类型 BVC 的支撑，而生态宜居乡村则是 BVC 的重要组成部分。目前，关于生态宜居的概念并不一致。如前所述，宜居的狭义定义为宜居居住，广义定义为人文环境与自然环境相协调的生存模式。国内外针对乡村的宜居性研究相对较少。乡村宜居建设应结合当地发展制定合理目标，发展绿色环保的新业态，合理利用空间环境，缓解人口生存压力，以期获得人与居住环境的共生协调关系。生态宜居是一种将 ECC 与人居环境宜居性相互融合与渗透的理念。生态宜居是在科学发展观指导下，以人与自然和谐为宗旨，在生态系统承载能力与环境容量范围内，运用生态原理和方法而建立的宜居环境。将生态宜居的理念融入乡村的建设和发展中，可使乡村的发展更加和谐、健康、稳定。国外对宜居性的研究主要从生态环境、经济发展、社会文化以及发展理念等角度出发，利用客观评价法、主观评价法或者两者结合，构建宜居评价指标体系或评价模型。联合国教科文组织（UNESCO）在其 MAB 计划的研究过程中，强调人与自然环境的共生协调关系及可持续性发展。德国学者遵照评价体系，从生态、经济、社会文化功能以及技术质量指标和过程质量等角度，对城市居住区进行评估认证。美国的 LEED-ND 评估体系采用 3+2 模式，即“精明选址与住区连通性”、“住区布局与设计”、“绿色建筑”以及“创新与设计过程”和“区域优先”。在生态宜居中，除了保护生态环境的可持续性，保证生活的便利性和舒适性，还需要重视人文文化提升以及居民参与社区发展决策。中国学者陈勇杰等（2017）以贵阳为例，将物元模型运用到生态宜居评价中，发挥了重要作用。因此，在进行生态宜居 BVC 规划与管理过程中，可借鉴相关模式及经验，考虑乡村多样性及特殊性，结合当地的人文文化和历史背景，开展有针对性的研发工作。国家倡导生态文明，建设美丽乡村，但农村基础设施落后以及城镇扩建不合理，导致了生态退化和乡村宜居程度的降低。美丽乡村是十六届五中全会阐述建设社会主义新农村的重大历史任务时，所提倡的“生产发展、生活宽裕、乡风文明、村容整洁、管理民主”具体要求，其内涵主要体现在生态性与宜居性方面。宜居乡村评价体系可以为改善居民日常生活，完善公共服务配置设施，提高农村环境质量提供新的思路。在宜居乡村的建设中，应借鉴宜居城市、宜居社区研究与评价的经验，为建设宜居乡村提供方法上的指导。目前倡导的生态宜居 BVC 也具有相同的理念，强调人与自然环境在乡村这种特定背景下的共生协调关系及可持续性发展。在很长一段时间里，人们极少关注乡村的宜居性，但作为人类聚居的两大生态形式之一，乡村宜居性的研究十分必要。关于乡村宜居性的研究都在反思传统乡村发展和人类生活模式基础上，对农村环境提出更高要求。在具体建设生态宜居美丽乡村时，需要结合区域特点及社会发展水平，应因地制宜，借鉴相关理念及技术的优越性与适用性，在不盲目照搬国内外经验及模式的前提下，不断开拓创新发展思路。

生态宜居美丽乡村是在新历史时期、新发展阶段的创新探索和实践。目前，国内研究多数是以某个区域为重点，从居民对各项建设满意程度的视角出发来建立评价指标体系，通过问卷调查的形式获取相关数据，运用数理模型或者 GIS 软件对不同空间的宜居水平进行分析探究。生态省、生态市、生态县以及生态乡镇建设的客观实践极大地促进了生态宜居 BVC 水平。近年来，现代化进程发展很快，信息化、数字化、网络化技术的发展也极大地促进了 BVC 进程。“特色小镇”是在新型城镇化过程中，避免扩大城乡差距，促进城乡发展更加平衡的一项重要战略，而生态宜居美丽乡村正好符合这种需求。在全国乡镇与农村快速发展的各类“特色小镇”，在一定程度上就是生态宜居美丽乡村可借鉴的模式。目前，出现的一批康养小镇、体育小镇、文旅小镇、Internet 小镇等，具有一定的探索性与示范性；然而，要达到生态宜居还需要从内涵特征、特色产业、技术创新以及政策保障等方面进行全面的研究。乡村生态宜居建设也有其独特的问题——乡村相较城市而言基础设施落后，生态环境更加贴近于原生态。因此，宜居美丽乡村建设应在不损害乡村原生态环境的状况下，发展乡村配套基础设施，使乡村更趋生态宜居。目前，农村环境污染、生态治理、交通通信、教育医疗等问题，均是生态宜居需要考虑的问题，制约着生态宜居的内涵建设。

目前，针对农村振兴战略，有关部门相继出台了村镇建设资源环境承载力测算系统开发、村镇建设发展模式与技术路径、村镇聚落空间重构数字化模拟及评价模型、地域性村镇建筑灾变机理与适宜性防灾减灾体系等方面的基础研究计划，力图解决长期困扰农村发展的科学问题。当然，上述问题的研究需要资源科学、环境科学、灾害学、地理学、生态学以及人文社会科学等多学科的理论支撑，同时需要一系列交叉学科的共同融合与理念指导；而环境信息科学也能够在其中发挥重要作用。围绕农村资源环境与社会发展的诸多问题，国内外在土地承载力、水资源承载力、环境容量、干旱、洪水等孕灾机理、污染生态修复、退化生态重建等方面开展了一系列的研发工作，形成了灌溉、栽培、抚育、管理土地及其作物的一系列理念与技术，也研发出了水体污染、大气污染及土壤污染减缓与控制的一系列方法途径。同时，针对农村教育、卫生、医疗、养老、交通、通信等问题，特别是留守儿童与孤寡老人等现实问题，还有贫困及治安等社会问题，在不同自然背景及经济发展条件与人口规模的农村都有一定的关注，并探索或者正在探索合理的解决方案。

目前，南京江北新区浦口乡村的自然地理、生态环境、社会发展对未来南京及长三角地区的发展具有重要的现实意义，规划中的城镇区、森林生态区以及美丽乡村区在未来战略定位中都发挥着不同的作用。由于 BVC 是一个系统工程，需要进一步深化气象与林业、水利、环保等部门的合作，真正实现浦口美丽乡村的生态宜居。本研究继承与发展相关领域研发理念与技术，并在南京江北新区浦口农村背景下，大力研发新型实用低碳环保型的生态宜居技术，为新时代新农村建设提供科技支撑。

8.1.3　BVC 产业前景

目前，需要从理念、技术、政策等方面全面推进生态宜居与 BVC。特别是研发与倡导绿色宜居村镇创新技术，强调要以建设绿色宜居村镇为导向，重点突破乡村发展的诸多难点。与此同时，通过乡村清洁、村镇规划、宜居住宅、绿色建材、清洁能源等方面的关键技术研发，构建乡村基础研究平台、智慧乡村平台、生态建设平台，提升乡村生态宜居的基础条件。在此基础上，大力培育农村环保产业、新能源产业、住宅产业、传统文化产业等发展新动能，全面促进绿色宜居村镇建设与发展。在这种背景下，各行各业都力图在生态宜居 BVC 中发挥积极作用。

在改革开放 40 年的发展历程中，广大农村发生了巨大变化，也涌现出了一批环境优美、经济发达、人居和谐的新农村典型代表，成为新时代 BVC 可供借鉴的模式。但在现阶段，发展基础更扎实、发展目标更高远，浦口农村的发展需要开拓新的发展思路，采用新的发展模式。特别是近年来提出的"生态环境得到改善""资源利用效率显著提高""促进人与自然的和谐""生态良好的文明发展"等途径与模式，无不对浦口这样一个长三角发达地区美丽乡村的建设带来更大的挑战。"强富美高"新江苏发展的客观要求及实践，也对浦口 BVC 提出新要求，形成新挑战。

国内外众多学者对构建生态宜居评价指标和度量标准虽有一定的差异，但普遍认为宜居要有宜人的自然生态环境及和谐的人文社会环境，并体现在社会文明度、经济富裕度、环境优美度、资源承载度、生活便宜度和公共安全度等方面。未来农村的发展也将在绿色、低碳、环保、便捷、舒适等方面全面提升；一个具有中国特色的和谐的社会主义新农村，必将在新时代的发展中发挥更大的作用。目前，大力治理农村环境、保护农村生态、发展农村经济、弘扬农村传统文化，成为新时代中国特色社会主义新农村建设的重要内容。特别是近期国家层面正在启动开展的乡村"厕所革命"关键技术研发、村镇生活垃圾高值化利用与二次污染控制技术、村镇低成本清洁能源供暖及蓄热技术、县域村镇空间发展智能化管控与功能提升规划技术、乡村住宅设计与建造关键技术和村镇生态建筑材料研究与部品开发等，均对生态宜居具有重要促进作用；也有利于引导提升环境信息科学中环境信息传输共享及环境信息技术等研发水平。随着数字化、信息化、网络化、智能化的快速发展，农村也发生了巨大的变化，农村居住环境的通信、交通，以及农村文化历史传承、人文关怀与村落凝聚力提升等问题，都是需要进一步挖掘与发展的重要方面。而针对不同要素及对象所研发的一系列监测技术、评价技术、规划技术等，对于优化农村生态、美化农村环境、和谐农村人居、提升农村生产力具有重要的开拓性、创新性与前瞻性。

针对南京江北新区发展的背景，提出浦口生态宜居 BVC 的思路，重点探索新农村建设的生态监测技术、生态评估技术、生态规划技术、生态预警技术、生态管理技术等，为改善乡村生态状况，提升农村生态质量，保障农村生存环境，最终满足生态宜居发挥积极作用。特别是针对生态宜居 BVC 所研发的相关技术，对于产业发展具有重要支撑作用与指导价值，并将极大地促进浦口生态产业、观光农业、园艺产业、旅游业与乡村文化产业的发展。生态宜居美丽乡村技术研发路线图如图 8-1 所示。

生态宜居 BVC，要体现地方特色，结构方面突出"生态"，以生态引领宜居及各项事业的发展。功能方面实现"生态+生活+生产"模式全面提升。

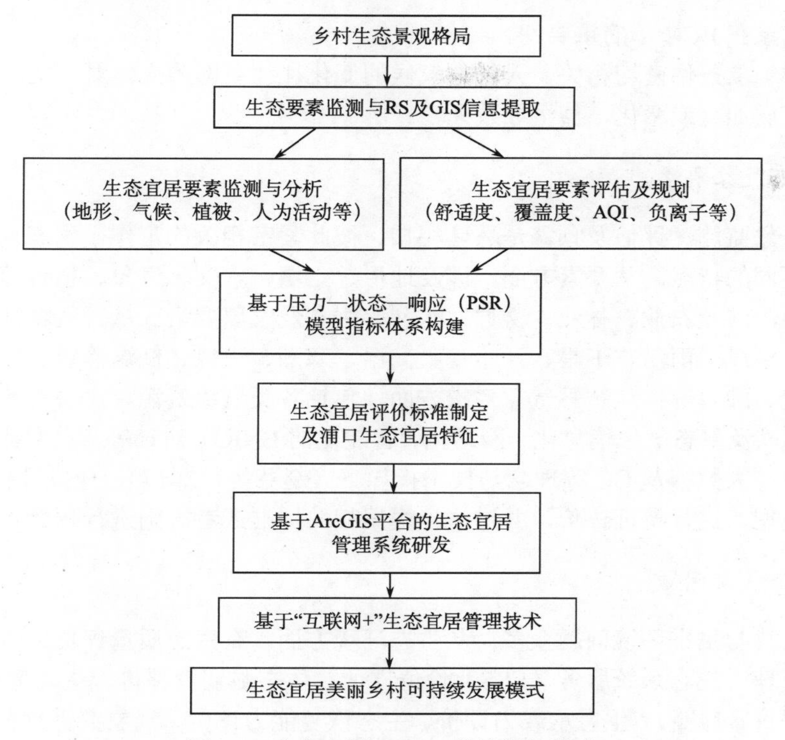

图 8-1　生态宜居 BVC 一般途径与模式

结合农村振兴发展战略，研究生态宜居乡村典型类型及特征，构建乡村融合模式，推进生态宜居美丽乡村的发展趋势和发展战略；研究基于建管结合的生态宜居美丽乡村的典型模式，探究 BVC 动态发展机制，探明生态宜居 BVC 的信息化管理模式；研究生态宜居 BVC 评价方法，构建生态宜居美丽乡村的评价体系，科学指导美丽乡村的规划建设。

8.2　自然要素与人居的关系

人居是指与人类关系最密切的生态环境，提高人类居住区质量是经济与社会协调发展的主要内容，也是社会发展程度的重要标志。全球变化背景下，生态气象监测评估及预警问题繁多，研究生态气象与人居健康的关系成为相关领域关注的热点。特别是在“互联网+”理念下，“互联网+生态”以及 ENIOT 得以全面发展。在这种背景下，宜居、健康、自然、生态的环境条件将不断得到提升。

8.2.1　气象要素与人居的关系

1. 监测的主要要素

近年来，中国出台了一系列重要文件，如《关于加快推进生态文明建设的意见》《国家应对气候变化规划（2014—2020 年）》《“十三五”生态文明建设气象保障规划》，都进一步强化气象在ECC中的重要性。

人居与气象条件密切相关，天气与气候的变化往往会影响人体对疾病的防御能力，并使某些疾病加重或恶化，甚至导致死亡。

1）生态气象要素

生态气象监测、评估及预警是环环相扣、彼此紧密相关的工作。生态气象要素从不同角度有不同的特点。从要素方面，涉及地形、土壤、水文、气象、植被等；从行业气象要素方面，涉及农业、林业、交通、水利等生态及气象要素；从天气特征及灾害类型方面，包括台风、雨涝、干旱、沙尘暴、高温、寒潮、大风、低温冷害、雪灾、冰雹、霜冻、雾霾、酸雨等；从智慧气象需求方面，包括各类气象资源、灾害等信息获取、处理与共享，以及生态气象信息化、网络化、智能化的ENIOT建设等。它们都属于监测的范畴，在生态大数据及CC等理念与技术指导下（赵芬等，2017），建立评价指标体系，构建评价模型，进行特征评价，并进一步根据相关标准或者准则进行预警。

2）生态气象问题

生态信息与生态环境问题众多。从生态环境方面，有生态质量评价、ERA（预警）、环境危机管理、生态系统服务（ESS）价值评估、生态脆弱性评价、生态健康（预警）、生态安全评价（预警）、生态承载力评价、生态恢复能力评价、气象灾害预警、气象效应评价（王让会，2012b）等。从生态水文方面，有生态需水、生态用水、生态耗水评价估算等。从景观生态方面，有生态景观结构、功能、动态、尺度、过程、格局——异质性等综合监测与评价分析。从生态经济方面，有生态资产、生态补偿、CEED、绿色国内内生产总值（GGDP）核算、能值分析等，均是至关重要的方面。上述内容构成了生态气象现象及生态问题监测、评价及预警的范畴。

2. 各类气象要素与人居健康

（1）温度是对人体影响最大的外部环境要素，尤其是在全球气候变化的大背景下，温度的过高或过低所造成的危害成为影响人类舒适生存的重要公共健康问题。低温寒潮是一种大范围的天气过程，可以引发霜冻、冻害等多种自然灾害。高温热浪或低温寒潮不仅对人体健康有较大的影响，而且会对农业生产产生较大的负面影响。

（2）降水有利于调节昼夜温差、促进生物的生长发育、改善大气环境等优势。但降水状况会不同程度地影响人居。极端强降水的频率和强度的变化直接导致洪涝灾害的发生，尤以江淮流域最为突出（郝莹等，2012）。久晴无雨或少雨，可能会导致干旱的发生。干旱将直接影响工农业生产，进而影响物价水平。

（3）风是生态系统中重要的生态因子，直接或间接地影响生物生存。近45年来，南京市年均风速为2.61m/s，最大平均风速出现在3月，为3.08m/s；而10月的平均风速最小，为2.45m/s。一年四季中呈现出“春季大、秋季小”的分布特征。风作用于人的皮肤，可以促进传导、对流和蒸发散热，对人体体温起着调节作用。一般在气温相同的情况下，有风时人体会感到更冷。但大风是一种灾害性天气，会给人们的生活带来许多不便，甚至造成生命财产的损失。

（4）太阳辐射是一切生命活动的能量来源，它对植物的正常生长以及人们的日常生活具有重要影响。近 50 年来，南京太阳总辐射量在 4584.4MJ/m^2 左右，属资源丰富区。研究表明，辐射可以使红细胞及血红蛋白增加，适当地晒太阳，能促进人体新陈代谢，改善睡眠，对机体生长和发育有着良好的作用。但太阳辐射过多和过强容易引起眩晕、日射病、皮肤烧伤等症状。紫外线（UV）是太阳辐射重要的组成部分。它不但对细菌有破坏作用，而且对某些病毒也有破坏作用。然而接受过量的 UV 照射可引起日晒性皮炎、皮肤红斑、水泡、水肿、色素沉积、皮肤角质增生、皮肤癌等，并可出现头痛、体温升高等现象；某些波长的 UV 对眼睛的危害较大，容易引起角膜炎、结膜炎等（韦惠红，2005；张燕光，2004）。

（5）气象灾害已成为制约人类生存和经济社会发展的重要因素。已有资料表明，气象灾害对工农业生产、居民生活、自然生态系统的有序发展等方面造成的负面影响不可忽视（张强等，2014）。浦口地处长江中下游平原，属东亚季风区。由《江苏省气象灾害防御条例》可知，常见的气象灾害包括热带气旋（含台风）、暴雨（雪）、雷电、寒潮、大风、干旱、大雾、高温、低温、龙卷风、冰雹、霜冻、连阴雨等 13 种。

8.2.2　非气象要素与人居关系

地形地貌是重要的非气象要素，指地势高低起伏的变化，即地表的形态，通常分为高原、山地、平原、丘陵、裂谷系、盆地 6 大基本地形地貌。地形地貌对人居的影响包括如下三个方面：①地形地貌是影响人口、聚落的重要因素之一。海拔越高，人口数量越少，密度越小；平原、盆地、丘陵的人口密度大，山区、高原的人口密度较小。浦口境内集低山、丘陵、平原、岗地、大江、大河为一体，属宁、镇、扬丘陵山地西北边缘地带，地势中部高、南北低，老山山脉由东向西横亘中部。②地形地貌不仅影响宏观气候，而且会对局地小气候产生重要的影响。③地形地貌影响河流流向、流速以及植被的分布，如阳坡一般为喜阳植被、阴坡一般为喜阴植被。滑坡、泥石流、塌方等地质灾害与地形地貌关系密切。如宁六公路通往泰冯路金陵公寓小区和天华绿谷小区的道路在下雨时，就出现从山上冲下的泥石流，雨大时道路被泥石流全部覆盖无法通行，曾导致行人多次摔伤。

土壤及水文也是重要的非气象要素。土壤是指陆地表面具有肥力能够生长植物的疏松表层，是陆地生态系统的基础。土壤具有营养库、养分转化和循环、雨水涵养、生物支撑、稳定和缓冲作用。在快速城市化建设的背景下，现阶段浦口的土壤资源主要面临土壤侵蚀、土壤污染及城建用地过多等在内的诸多不利问题。这些问题都会在一定程度上影响农作物的可持续生长，进而影响粮食安全，不利于人居。水文是自然地理环境中最为活跃的要素之一。受地形、气候、植被等要素的影响，不同区域的水文条件存在较大的空间差异，而水文条件又会直接或间接地影响区域地形、土壤、气候、植被等要素。在快速城市化建设的背景下，水文条件除了对浦口自然地理环境产生复杂的影响外，还会深刻地影响浦口经济、社会状况以及人们居住、生产与生活等诸多方面。如目前浦口水质达标率在 60%左右，水污染问题影响居民的生活质量，就是最直接的反映。

8.3　宜居健康生态气象指标体系构建

宜居是创造一种人与自然、社会和谐共生的环境，是政治、经济、社会、生态、科技、人文的空间优化组合。在前面综合分析的基础上，重点考虑生态气象要素，紧密结合浦口现实情况，构建浦口宜居健康自然生态的气象评价指标体系。

根据评价指标具有代表性、准确性、可比性、完整性、系统性和可操作性的原则，以及自然生态系统中自然、经济、社会生态三大子系统中的要素可知，自然生态子系统中的土地、水体、大气、植物、动物、太阳能，社会生态子系统中的居住、旅游、饮食、医疗、供给，经济子系统中的农业、工业、建筑、运输、通信等要素与气象条件密切相关。以浦口自然生态系统为对象，围绕气候背景、气象灾害、大气环境、绿色植被及人体健康等 5 个一级指标，构建了 24 个 2 级指标，从而构成浦口宜居健康生态气象指标体系，如表 8-1 所示。

表 8-1　宜居健康生态气象指标体系

目标层	准则层	指标层
宜居健康生态的综合评价	气候背景	年平均气温
		年总降水量
		年太阳辐射总量
		干湿指数
	气象灾害	热带气旋（含台风）发生次数
		暴雨（雪）发生次数
		雷暴发生次数
		大风发生次数
		干旱发生次数
		大雾发生次数
		高温发生次数
		低温发生次数
		霜冻发生次数
		连阴雨气象灾害指数
	大气环境	负氧离子（NOI）浓度
		$PM_{2.5}$ 浓度
		酸雨频次
		降尘量
	绿色植被	森林覆盖率
		地表温度
		固碳释氧价值
	人体健康	人体舒适度指数
		疾病气象指数
		紫外线指数（UVI）

气候背景：包括年平均气温、年总降水量、年太阳辐射总量、干湿指数。主要是了解浦口的基本气候特征，重点关注汛期的降水量变化，这与长江防洪抗旱的总体规划相联系。太阳辐射、日照时数及日照百分率等是光照资源的重要衡量指标，分析光照资源一方面是了解浦口光照条件，另一方面又与农作物生长、居民日常生活紧密联系。干湿指数主要以降水量为主要参数来判断地区干旱变化的基本特征。上述基本气候要素指标旨在突出其在自然生态系统的重要性。

气象灾害：包括热带气旋（含台风）、暴雨（雪）、雷暴、大风、干旱、大雾、高温、低温、霜冻的发生次数及连阴雨气象灾害指数等。世界气象组织（WMO）的统计数据表明，气象灾害约占自然灾害的 70%，它们与经济结构中的工业、农业、建筑、运输、通信行业及社会结构中的居住、供给、旅游等方面密切相关。重点对上述的气象灾害发生次数进行统计分析，以便了解其发生特征。频发的气象灾害对宜居不利，对自然生态系统的健康发展也会造成负面影响。

大气环境：包括负氧离子（NOI）浓度、$PM_{2.5}$浓度、酸雨频次、降尘量等。NOI 被誉为“空气维生素”，有利于人体的身心健康。酸雨及降尘的危害已被人们熟知，它们一方面可以使农作物减产，另一方面还可通过水体、土壤等环境介质影响人类健康，破坏生态环境。在浦口生态气象监测及评价过程中，要密切关注酸雨的变化规律，积极预防。

绿色植被：包括森林覆盖率、地表温度、固碳释氧价值。老山林场横贯浦口区境内，其森林覆盖率的高低会直接或间接地影响区域小气候的特征，如影响地表温度等气象要素。此外固碳释氧价值可以在一定程度上反映区域植被固碳释氧的生态效应高低。

人体健康：包括人体舒适度指数、疾病气象指数、紫外线指数（UVI）。研究表明，影响人体舒适程度的气象因素，首先是气温，其次是湿度，再次就是风向、风速等。人体舒适度指数能反映气温、湿度、风速等综合作用的生物气象指标，是反映气象条件对居民舒适程度的影响，也是衡量一个地区是否宜居的重要因素。疾病气象指数主要依据当日气象条件与医院某种疾病门诊量之间的统计模型判别，反映居民健康（疾病发生频率）与气象要素间的内在联系。

8.4　宜居健康生态气象指标体系分析

8.4.1　基本气候要素的变化特征

8.4.1.1　气温降水变化

1. 气温特征

1960～2014 年浦口区年平均气温为 15.71℃，其中 2007 年达到年平均最高气温 16.91℃，1980 年达到历年平均最低气温 14.62℃，相差 2.29℃，并且从 20 世纪 70 年代开始，气温呈上升趋势，特别是从 20 世纪 80 年代中期开始气温升温速率明显加快，进入偏暖期。1960～2014 年浦口区年平均气温上升趋势显著（$p<0.01$），气温增长约 1.30℃，升温幅度在 0.24℃/10 年左右（图 8-2）。

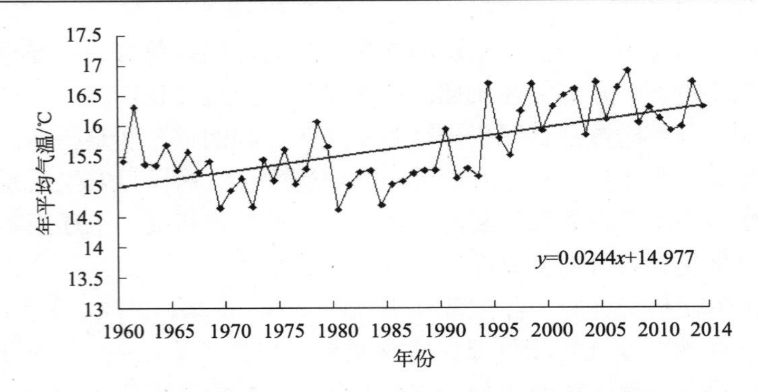

图 8-2　浦口区 1960～2014 年平均气温的变化趋势

2. 降水规律

1960～2014 年浦口区年降水量为 1083.19mm，最高年降水量在 1991 年，为 1778.30mm；最低年降水量在 1978 年，为 463.90mm，55a 来年降水量也呈增加趋势（图 8-3）。

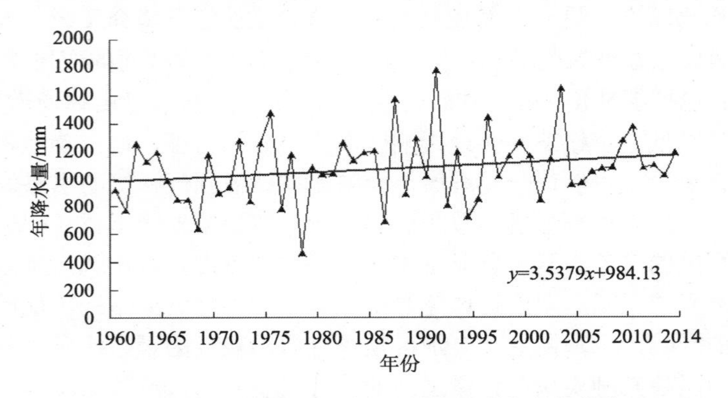

图 8-3　浦口区 1960～2014 年降水量的变化趋势

20 世纪 80 年代以前是相对的枯水期，年降水量明显低于均值；而 20 世纪 90 年代以后，降水明显增多，进入丰水期（表 8-2）。

表 8-2　浦口区气温与降水量的年际变化

时间段	年平均气温/℃	距平值/℃	年降水量/mm	距平值/mm
1960～1970	15.38	–0.28	968.9	–114.29
1971～1980	15.26	–0.40	1033.38	–49.81
1981～1990	15.20	–0.46	1031.51	–51.68
1991～2000	15.88	0.22	1141.63	58.44
2001～2014	16.23	0.57	1101.75	18.56

2011～2014 年浦口区年平均气温为 16.26℃，其中 2013 年达到年平均最高气温 16.72℃，2011 年达到历年平均最低气温 15.95℃，相差 0.77℃。从各月气温看，7 月、

8 月的平均气温普遍高于其他月份。各站点年平均气温差异明显。泰山桥北—盘城社区、星甸后圩一带温度较高，而老山林区温度较低。

2011～2014 年浦口区年降水量为 1101.75mm，年降水量最多的 2014 年为 1189.8mm，年降水量最少的 2013 年为 1026.9mm。从各月降水量看，6～9 月的降水量普遍高于其他月份。各站点年降水量自西南向东北呈“少—多—少”的变化特征，其中老山林区降水量最多，石桥—桥林、泰山桥北—盘城社区一带降水量明显较少。

8.4.1.2　辐射特征

光照资源包括太阳辐射、日照时数及日照百分率。浦口区净全辐射曝辐量具有夏高冬低的特征；总体呈现上升趋势，2013 年较前两年大幅增加。浦口区 2011～2014 年平均日照百分率分别为 56.16%、55.78%、60.36%及 51.34%，虽有一定的波动，但变化不大，表明浦口区具有丰富的光照资源，可以满足生物生长发育及人类活动的需求。

8.4.1.3　干湿状况

标准化降水指数（SPI）可在不同尺度上客观反映研究区旱涝变化特征。依据不同的 SPI 值可以对干旱程度进行分级，如表 8-3 所示。SPI 是将某一时间尺度的降水量序列看作 Γ 分布，通过降水量的 Γ 分布概率密度函数求累积概率，再将累积概率正态标准化而得。

表 8-3　干旱等级表

SPI	等级
SPI≤–2.0	特旱
–2.0＜SPI≤–1.5	重旱
–1.5＜SPI≤–1.0	中旱
–1.0＜SPI≤–0.5	轻旱
–0.5＜SPI≤0.5	无旱
0.5＜SPI	湿润

1960 年以来的 54 年浦口区标准化降水指数的最大值出现在 2014 年 4 月，为 1.6，湿润；最小值出现在 2013 年 8 月，为–1.59，重旱。2011～2014 年浦口区标准化降水指数呈现上升趋势，干旱情形减弱。

在基本气象要素变化的背景下，相关要素可能随着时空差异发生一系列特异性变化，气象灾害就是其主要表现。气象灾害是自然灾害中最为频繁而又严重的灾害，一般包括天气、气候灾害和气象次生、衍生灾害。中国是世界上自然灾害发生十分频繁、灾害种类甚多、造成损失十分严重的少数国家之一。参照《江苏省气象灾害防御条例》，并结合浦口的实际情况，在前述灾害类型的基础上，筛选出热带气旋（含台风）、暴雨（雪）、雷暴、大风、干旱、大雾、高温、低温、霜冻、连阴雨等 10 项主要的气象灾害，作为构建宜居健康气象指标体系的重要组成部分。

8.4.2 AEQ 的主要特征及其变化

8.4.2.1 负（氧）离子

空气中的分子或原子失去或获得电子后，便形成带电的粒子，也就是各种正负离子；带电的原子团也称“离子”，某些分子在特殊情况下，也可形成离子。氧的离子状态一般为阴离子，也叫负氧离子（negative oxygen ion，NOI）。在自然界的宇宙射线、紫外线、土壤和放射线的影响下，有些空气分子会释放出电子，这些电子很快又和空气中的中性分子结合而成为带负电荷的气体离子，称为负离子（negative ions）。空气中的小粒径负离子，有良好的生物活性，易透过人体血脑屏障，进入人体发挥其生物效应。

2014 年 10～11 月在浦口区 3 个固定监测站点及 4 个移动观测站点对大气负（氧）离子进行了实时观测。就 3 个固定监测站点而言，珍珠泉的负离子浓度（negative ion concentration, NIC）最高，而老山森林站点最低，仅为 442.86 个/cm^3；移动站点的日均值普遍为 482～889 个/cm^3。

以珍珠泉为例，其日均 NIC 为 195～6227 个/cm^3，约是市区日均 NIC 的 3.44～30.83 倍；是东郊紫金山日均 NIC 的 1.15～2.05 倍。这在一定程度上反映了浦口的空气质量较好。大气 NIC 具有一定的日、周变化规律，区域特征明显。珍珠泉监测站点一般早间 9:00～10:00 出现峰值；农庄监测站点一般早间 9:00～10:00、下午 17:00 前后出现峰值；而老山监测站点一般在 8:00～14:00 的浓度较高。深夜及凌晨大气的 NIC 明显低于白天。

2015 年 5～10 月，在浦口区 11 个移动监测站点对大气 NOI 进行了为期 24h 的观测。就 11 个移动监测站点而言，其 NOI 日均浓度为 211.05～406.38 个/cm^3，水墨大埝、不老村等地 NOI 浓度相对较高。

自然界的放电（闪电）现象、光电效应、喷泉、瀑布等都能使周围空气电离，形成 NOI。植被等在增加 NOI 方面也具有不可替代的作用。

8.4.2.2 $PM_{2.5}$ 浓度

$PM_{2.5}$ 的浓度在 1 月份最高，为 0.129mg/m^3；8 月份最低，为 0.047mg/m^3。$PM_{2.5}$ 的分指数值与 AQI 相等，说明 $PM_{2.5}$ 的分指数值明显高于其他因子，是 AP 的主要成分。

基于浦口区 5 个监测站点 2014 年 10 月逐日 $PM_{2.5}$ 观测资料分析可知，$PM_{2.5}$ 浓度值分布具有明显的地带性特征，自西向东逐步递减，特别是桥林周营和饮水河监测站点 $PM_{2.5}$ 浓度值较低。

8.4.2.3 酸雨特征

基于浦口区大气降水监测点 2012～2015 年月大气降水 pH 及酸雨频率分析可知，浦口区 2012～2015 年大气降水 pH 平均为 5.88，呈明显的“V”字形变化趋势，尤其是 2014 年降水的 pH 最低。从各月降水 pH 看，3 月的降水 pH 最低，仅为 4.86，其次为 4 月，降水 pH 为 5.47，明显低于其他月份。

浦口区 2012～2015 年酸雨发生频率平均为 40.07%，呈明显的先增后减趋势，尤其是 2014 年酸雨频率最高，达 60.32%。从各月酸雨发生频率看，3 月发生酸雨的频率最高，达 70.0%。

8.4.2.4　降尘状况

基于浦口区大气降尘监测站点 2012～2015 年逐月大气降尘量资料分析可知，浦口区 2012～2015 年大气降尘量平均为 6.21t/km^2，呈明显的先增后减趋势，特别是 2013 年降尘量最多，达 7.17 t/km^2。从各月降尘量看，4 月的降尘量最多，达 8.34t/km^2，普遍高于其他月份。

8.4.2.5　AQI 特征

基于浦口区国控点 2014～2015 年逐日 AQI 资料分析可知，浦口区 AQI 均值为 94.64，其中 2015 年 1 月 AQI 最高，达 122.77；而 7 月 AQI 最低，为 78.06。就各监测因子而言，$PM_{2.5}$ 及 PM_{10} 分指数值明显高于其他因子。

AQI 是目前广泛应用的大气环境质量的综合指数，它来源于大气的 6 种主要污染物，即 SO_2、NO_2、O_3、CO、$PM_{2.5}$、PM_{10}，其逐月分布如图 8-4 所示。

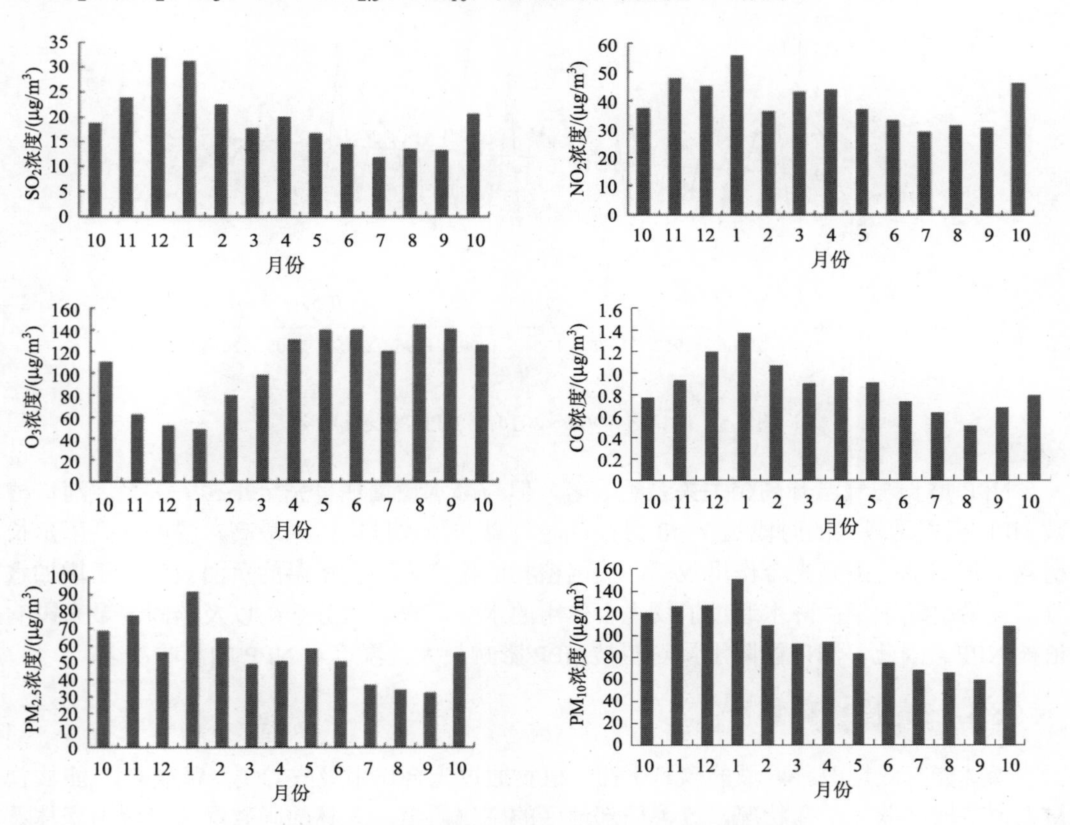

图 8-4　浦口区 2014～2015 年 6 种 AP 逐月浓度值

8.4.3 绿色植被质量的变化特征

8.4.3.1 森林覆盖率

森林覆盖率是反映一个国家或地区森林面积占有情况或森林资源丰富程度、实现绿化程度及生态稳定性的重要指标。2011～2014 年浦口区的森林覆盖率均在 30%以上，为全国平均森林覆盖率的 2 倍多，且 2014 年呈现明显增加的特征。

8.4.3.2 植被净初级生产力（NPP）变化

NPP 可以表征植物群落在自然条件下的生产潜力，反映绿色植物在单位时间和单位面积上所累积的有机干物质。1960～2014 年浦口区年均 NPP 为 14.95t/hm^2，最大值出现在 1991 年，达 20.56t/hm^2，而最低值为 1978 年的 7.81t/hm^2。1960～2014 年植被 NPP 值也呈增加趋势，线性增加率约为 0.35t/（hm^2 • 10a）（图 8-5）。与降水量的空间分布特征相似，各站点 NPP 也呈现出自西南向东北呈“少—多—少”的变化特征，其中老山林区最高，而石桥—桥林、泰山桥北—盘城社区一带 NPP 值明显较低。

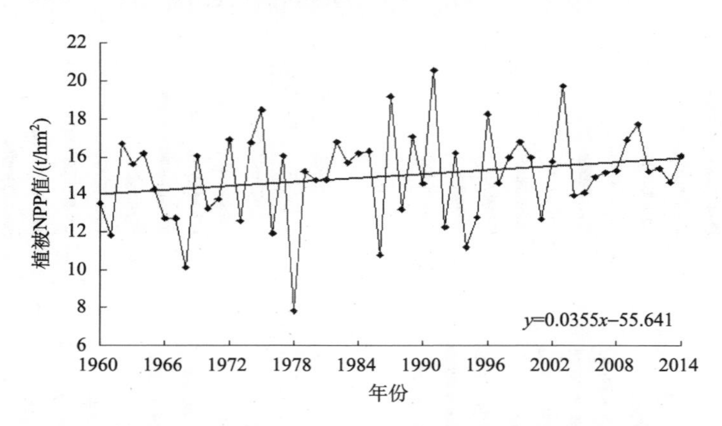

图 8-5 浦口区 1960～2014 年 NPP 的变化趋势

NPP 增长与气温升高相关关系不显著，但与降水量增加呈完全正相关关系。浦口植被 NPP 积累量最大的时段是 7～8 月，此时气温和降水量也达到最高，温度升高可延长植物生长季节，提高光合作用效率，提高植物的生产力，而增温的负面效应在于增加水分消耗易引起干旱；降水通过植物光合作用的水分需求、水分平衡以及碳固定量来影响植被 NPP。因此，浦口区降水量对植被 NPP 影响最大，温度对 NPP 的影响次之。

8.4.3.3 固碳释氧价值

森林能有效地改善区域的碳氧平衡。植物通过光合作用吸收 CO_2，释放 O_2，能从总量上调节城区碳氧平衡状况，改善局部地区的空气质量。森林的固碳释氧价值由森林吸收 CO_2 和释放 O_2 两部分组成。

（1）吸收 CO_2 价值的估算模型如式（8.1）所示。

$$V_C=1.63\text{NPP}\cdot R_C C_C \tag{8.1}$$

式中，R_C 为 CO_2 中碳含量，即 12/44；C_C 为碳税率价格。

（2）释放 O_2 价值的估算模型如式（8.2）所示。

$$V_O=1.19\text{NPP}\cdot R \tag{8.2}$$

式中，R 为工业制氧价格。

固碳释氧价值与森林覆盖率有直接的关系，森林覆盖率越大，固碳释氧价值越高，因此其变化趋势与森林覆盖率的变化趋势一致；此外区域释放 O_2 的价值也明显高于吸收 CO_2 的价值，普遍达到 4～5 倍。

8.4.3.4　生态资产价值

获取浦口区 2011～2014 年全区 8 类用地类型面积的资料及浦口区水利局提供的同期全区地表水资源总量资料，核算浦口区 2011～2014 年的生态资产总量。以 2014 年为例，浦口区 2014 年生态资产总价值为 64.80 亿元，就各类生态系统而言，森林生态系统的生态资产最高，为 34.75 亿元，其次是农田生态系统，为 28.15 亿元。与江苏省 2005 年相比，浦口区的总面积仅占全省的 0.89%，但生态资产价值的比重却占全省的 4.50%；单位面积价值为 709.75 万元/km^2，约是全省的 9.32 倍。2011～2014 年生态资产总量呈现先减后增的趋势，其中 2013 年生态资产总价值达 63.20 亿元，较 2011 年减少 2.98%，其中湿地生态系统资产减少尤为明显，这可能与地表水资源量锐减有很大关系。2013 年全区地表水资源总量约为 $2.408\times10^8 m^3$，仅是 2011 年的 53.31%。但 2014 年的生态资产价值有所上升，这可能与区域降水量的增加密切相关，较多的降水有助于绿色植被在单位时间和单位面积上累积更多的有机干物质。此外，随着青奥会、亚青会等重大体育赛事活动的相继举办，政府也高度重视重点区域的植被保护、森林防火以及病虫鼠害的防治工作，这对于生态资产的提升发挥了积极作用。

随着新一轮跨江发展战略的实施以及南京江北新区的成立，较大面积的林地、耕地转化为城镇用地，使得全区生态资产总价值的变化趋势具有一定的不确定性。

森林的生态价值体现在诸多方面。2014 年浦口森林生态系统价值约占总生态资产的 53.63%，具体由以下几方面构成。

涵养水源功能是森林生态系统的重要功能。浦口森林生态系统年涵养水源量为 2.02 亿 m^3，大约相当于同期全省总用水量的 0.39%和全省大中型水库年初总蓄水量的 3.39%。调节水量和净化水质年产生价值 0.94 亿元。森林生态系统所具有的涵养水源功能，有助于森林储存大量水分，从而调节径流量格局，延长丰水期，提高农田灌溉、生活供水能力，并减轻暴雨对工农业生产和人民生活的危害。

固土保肥功能是森林生态系统的又一重要功能。浦口森林年固土量为 336.25 万 t，植被覆盖度是影响土壤侵蚀的重要因素。随着浦口幼龄林的抚育与更新，固土价值也会明显升高。森林生产有机质价值和积累营养物质的价值分别为 3.09 亿元和 0.004 亿元，固土保肥年价值达 20.60 亿元。森林生态系统具有的固土保肥功能，可以提高土壤肥力，减少因水土流失造成泥沙淹没农田、水库或阻塞河道的可能。

固碳释氧功能是备受关注的森林生态系统重要功能。这是森林应对气候变化的最主要理论基础。以 2015 年为基准，浦口森林年吸收 CO_2 总量 44.89 万 t，约为 2.15 万辆出租车 1 年的 CO_2 排放量；释放 O_2 总量 32.77 万 t，固碳释氧价值达 6.86 亿元。森林生态系统所具有的固碳释氧功能，有助于维持沿江城区和美丽乡村的 CO_2 和 O_2 的动态平衡，对于减缓主城区温室效应具有积极的作用。

净化大气是森林生态系统不可或缺的功能。浦口森林年吸收污染物 0.27 万 t，滞尘 17.34 万 t，净化大气年价值 0.31 亿元。

保护生物多样性是森林生态系统具有生命力的关键功能。浦口森林保护生物多样性年价值 6.14 亿元。

上述数据表明，浦口生态资产价值较大，特别是对森林生态系统的贡献尤为突出。在 ECC 的背景下，提高森林覆盖率对于提高浦口的生态资产效果显著；固碳释氧的大气调节作用与固土保肥的土壤保护作用，对于维护美丽乡村生态稳定性及生态宜居具有重要意义。

8.4.4 人体健康状况的变化特征

8.4.4.1 人体舒适度指数

人体舒适度指数（SSD）是能反映气温、湿度、风速等综合作用的生物气象指标，它反映气象条件对居民舒适程度的影响，也是衡量一个地区是否宜居的重要因素（表 8-4）。

表 8-4 人体舒适度指数（SSD）与人体舒适度（HC）对照

SSD	等级	HC
86～88	+4 级	很热，极不舒适，需注意防暑降温，以防中暑
80～85	+3 级	炎热，很不舒适，需注意防暑降温
76～79	+2 级	偏热，不舒适，需适当降温
71～75	+1 级	偏暖，较为舒适
59～70	0 级	最舒适，最可接受
51～58	–1 级	偏凉，较为舒适
39～50	–2 级	偏冷，不舒适，需注意保暖
26～38	–3 级	很冷，很不舒适，需注意保暖防寒
≤25	–4 级	寒冷，极不舒适，需注意保暖防寒，防止冻伤

浦口区人体舒适度指数的平均值为 65（0 级），人体感觉最舒适；其中 2012 年 7 月达最高，为 87（+4 级）；2011 年 1 月最低，为 28（–3 级）。2011～2014 年的 SSD 值相近，波动较小，整体上趋于稳定。SSD 通常随着季节的变化而变化，冬季偏冷，春季最舒适，夏季偏热。

8.4.4.2 疾病气象指数

疾病气象指数反映了气象因素对各类疾病死亡风险的影响。在诸多气象因素中，对死亡率影响最大的主要因素是气温，其次为气压和相对湿度。研究表明，日最高气温 32℃是夏季死亡率增加的临界值，当日最高温度低于 32℃时，温度变化对死亡率影响不大，当日最高温度超过 32℃时，随着日最高气温的升高，死亡率进一步增加；但冬季没有明显的温度转折点。

最低和最高气温对死亡人数的影响趋势相近，整体表现出冬季高、夏季低的特征；且最低温度对死亡率的影响较最高温度要强；其中 7、8 月份中最高气温导致的死亡人数有小幅度的上升。

8.4.4.3　紫外线指数

紫外线指数（UVI）是指当太阳在天空中的位置最高时，到达地球表面的太阳光线中的 UV 辐射对人体皮肤的可能损伤程度。UVI 变化范围用 0～15 的数字来表示，通常，夜间的 UVI 为 0，热带、高原地区、晴天时的 UVI 为 15。UVI 越高时，表示 UV 辐射对人体皮肤的红斑损伤程度越强，同样地，UVI 越高，在越短的时间里对皮肤的伤害也越大（表 8-5）。

表 8-5　UVI 分级表

UVI	UV 辐射量/（W/m^2）	等级	UV 照射强度	对人体的可能影响
0～2	＜5	1	最弱	安全
3～4	5～10	2	弱	正常
5～6	10～15	3	中等	中度
7～9	15～30	4	强	较强
≥10	≥30	5	最强	有害

UVI 达 4、5 级（对人体有害）的频次很小，平均占全年的 7.9%，且 2014 年的发生频次出现明显的下降，对人体基本不造成伤害。

8.5　宜居健康生态特征的综合评价

8.5.1　宜居健康生态评价方法与过程

参照国内外有关研究，并结合浦口的实际情况，将宜居健康自然生态状况分为 5 个等级——非常宜居、宜居、适宜宜居、不宜居、极不宜居，具体如表 8-6 所示。

表 8-6　浦口宜居健康自然生态评价等级表

Y	等级
$0.8 < Y \leq 1.0$	非常宜居
$0.6 < Y \leq 0.8$	宜居
$0.4 < Y \leq 0.6$	适宜宜居
$0.2 < Y \leq 0.4$	不宜居
$0 < Y \leq 0.2$	极不宜居

（1）由于各指标的来源不同，为了具有可比性，需要对各特征要素的结果进行归一化处理，计算方法如式（8.3）所示。

$$y=(x-\mathrm{Min})/(\mathrm{Max}-\mathrm{Min}) \tag{8.3}$$

式中，x、y 分别为转换前、后的值；Max 为样本最大值；Min 为样本最小值。

归一化处理后，各特征要素的值如表 8-7 所示。

表 8-7　各特征要素的归一化值

准则层	指标层	归一化值			
		2011 年	2012 年	2013 年	2014 年
气候背景	年平均气温	0.5662	0.5953	0.9192	0.7380
	年总降水量	0.4637	0.4775	0.4197	0.5412
	年太阳辐射总量	0.5616	0.5578	0.6036	0.5134
	干湿指数	0.8251	0.8539	0.8490	0.8680
气象灾害	热带气旋（含台风）发生次数	1.0000	0.9945	0.9918	0.9945
	暴雨（雪）发生次数	0.9808	0.9918	0.9945	0.9973
	雷暴发生次数	0.9726	0.9508	0.9726	/
	大风发生次数	0.9973	0.9973	0.9973	1.0000
	干旱发生次数	0.6712	1.0000	0.9918	1.0000
	大雾发生次数	1.0000	0.9945	0.9918	0.9890
	高温发生次数	0.9945	0.9918	0.9616	0.9863
	低温发生次数	0.8329	0.8798	0.8795	0.8795
	霜冻发生次数	0.3478	0.6957	0.6522	0.9348
	连阴雨气象灾害指数	0.8411	0.7787	0.9068	0.8110
大气环境	负氧离子（NOI）浓度	/	/	/	0.3068
	$PM_{2.5}$ 浓度	/	/	/	0.1560
	酸雨频次	/	0.3524	0.4254	0.6321
	降尘量	/	0.3386	0.4117	0.3086
绿色植被	森林覆盖率	0.3920	0.3521	0.3501	0.3396
	地表温度	0.5033	0.5036	0.5294	0.5176
	固碳释氧价值	0.6683	0.6671	0.6320	0.7943
人体健康	人体舒适度指数	0.5397	0.5714	0.5397	0.5556
	疾病气象指数	0.7241	0.7069	0.7414	0.7586
	紫外线指数（UVI）	/	0.9098	0.8986	0.9534

（2）采用 AHP 对各特征要素的权重进行计算，是一种解决多目标复杂问题的定性与定量相结合的、系统化的、层次化的决策分析方法。其计算方法如下（李成等，2014）。

首先，确定两两比较矩阵相对重要性标度 a_{ij}。在某一标准下各方案两两比较求得的相对权重，表示第 i 个因素相对于第 j 个因素的比较结果，如式（8.4）及表 8-8 所示。

$$a_{ij}=\frac{1}{a_{ij}}A=\left(a_{ij}\right)_{n\times n}=\begin{bmatrix} a_{11} & \cdots & a_{1n} \\ \vdots & \ddots & \vdots \\ a_{n1} & \cdots & a_{nn} \end{bmatrix} \tag{8.4}$$

表 8-8　标度的确定

标度 a_{ij}	定义
1	i 因素与 j 因素相同重要
3	i 因素与 j 因素比略重要
5	i 因素与 j 因素比较重要
7	i 因素与 j 因素比非常重要
9	i 因素与 j 因素比绝对重要
2、4、6、8	为以上两判断之间中间状态对应的标度值
倒数	若 j 因素与 i 因素比较，得到的判断值为 $a_{ji}=1/a_{ij}$

其次，检验两两比较矩阵的一致性。检验两两比较矩阵的一致性指标如式（8.5）所示。

$$\mathrm{CI}=\frac{\lambda_{\max}-n}{n-1} \tag{8.5}$$

当 $\lambda_{\max}=n$，CI=0，为完全一致；CI 值越大，两两比较矩阵的完全一致性越差。一般只要 CI≤0.1，就认为两两比较矩阵的一致性可以接受，否则重新进行比较判断。

最后，采用规范列平均法求各要素权重：①求出两两比较矩阵的每一元素每一列的总和；②将两两比较矩阵的每一元素除以其相对应列的总和，所得商称为标准两两矩阵；③计算标准两两矩阵的每一行的平均值，这些平均值就是各要素的权重，如表 8-9 所示。

表 8-9　宜居健康生态气象指标体系权重

准则层	权重	指标层	权重
气候背景	0.08	年平均气温	0.35
		年总降水量	0.35
		年太阳辐射总量	0.11
		干湿指数	0.19
气象灾害	0.21	热带气旋（含台风）发生次数	0.16
		暴雨（雪）发生次数	0.11
		雷暴发生次数	0.07
		大风发生次数	0.16
		干旱发生次数	0.11
		大雾发生次数	0.07
		高温发生次数	0.06
		低温发生次数	0.06
		霜冻发生次数	0.16
		连阴雨气象灾害指数	0.04

续表

准则层	权重	指标层	权重
大气环境	0.12	负氧离子（NOI）浓度	0.38
		$PM_{2.5}$浓度	0.15
		酸雨频次	0.38
		降尘量	0.09
绿色植被	0.21	森林覆盖率	0.14
		地表温度	0.43
		固碳释氧价值	0.43
人体健康	0.38	人体舒适度指数	0.30
		疾病气象指数	0.16
		紫外线指数（UVI）	0.54

（3）浦口宜居健康生态状况的评估。

假设从宜居健康生态状况的评价分级中选取了 m 个评价指数，每个评价指数又包含 n 个评价因子，则该地区某个评价指数的单元评价分值的计算模型如式（8.6）所示。

$$Y_i = \sum_{j=1}^{n} \left(F_{ij} W_j \right) \tag{8.6}$$

式中，Y_i 为 i 评价指标的评分值；F_{ij} 为 i 评价指标中 j 评价因子的作用值；W_j 为 j 评价因子的权重。

浦口宜居健康自然生态状况的评估模型如式（8.7）所示。

$$Y = \sum_{i=1}^{m} \left(Y_i W_i \right) \tag{8.7}$$

式中，Y 为该地区宜居健康自然生态状况的评估值；Y_i 为 i 评价指标的评分值；W_i 为 i 评价指标的权重。

浦口宜居健康自然生态状况的评价值如表 8-10 所示。

表 8-10　浦口区 2011～2014 年宜居健康生态状况的评价值

评价值	2011 年	2012 年	2013 年	2014 年
Y	0.6612	0.6838	0.6952	0.7193

从表中可以看出，浦口区宜居健康自然生态状况的评价值呈现上升趋势，属于宜居范畴。其主要原因体现在如下方面：

（1）气象灾害发生频率趋于降低。浦口是气象灾害频发区，每年都受低温雨雪冰冻、大风、大雾、干旱、暴雨、强对流、台风等极端天气影响，对经济社会发展、人民生命财产安全及生态环境造成了一定的负面影响。但近年来浦口区各类气象灾害发生频率总体上呈减少的趋势，在一定程度上对浦口宜居健康自然生态状况未构成较大威胁。

（2）主要 APC 趋于降低。前期监测结果已表明，浦口区 AQI 均值在全市 9 个国控点中位列第二，较主城区具有一定的优越性。良好的 AEQ 有助于大气负离子的产生与保持。浦口 2014 年 10～11 月大气 NIC 较高，尤其是珍珠泉景区，为 195～6227 个/cm^3，是市区的 3.44～30.83 倍，是东郊紫金山的 1.15～2.05 倍，反映了浦口 AEQ 较好，明显优于主城区，适宜宜居的情况。

（3）植被质量有所改善。浦口生态资源丰富，近年来随着青奥会、亚青会等重大体育赛事活动的相继举办，森林覆盖率也呈逐年增大的趋势。较高的森林覆盖率对区域固碳释氧的生态效应改善效果显著，这是森林应对气候变化的最主要功效。森林生态系统所具有的固碳释氧功能，有助于维持沿江城区和美丽乡村的 CO_2 和 O_2 的动态平衡，对于减缓主城区温室效应具有积极的作用。

（4）人体健康状况趋好。SSD 是日常生活中较为常用的表征人体舒适度的方法，相关研究结果已证实，温度（湿度、风速）与 SSD 存在显著的正（负）相关关系，温度是影响 SSD 的最主要因子，风速和湿度主要通过温度影响人体舒适度指数。监测结果已表明，浦口气候整体呈现温度升高、降水增多的趋势，这不仅有利于植被的光合作用，也使 SSD 趋于平稳。目前浦口 SSD 平均为 65，人体感觉最舒适。

（5）政府部门措施得当。地方政府历年来高度重视自然生态方面的工作，相关部门积极落实保护工作，治理效果显著。气象部门扎实推进气象灾害防御工作，气象防灾减灾体系健全、基础扎实，防范应对得当，在一定程度上减少了灾害对宜居性的不利影响；环保部门积极开展污染防治与整治工作，效果明显，特别是大气质量状况有所好转；农林部门进一步强化重点区域的植被保护、森林防火以及病虫鼠害的防治工作，对区域大气 NOI 的产生与保持起到了积极的作用。

上述这些措施都积极推进了浦口宜居健康自然生态的建设。

8.5.2　美丽乡村与宜居健康特征分析

在 ECC 及南京江北新区成立的双重背景下，客观地评估浦口宜居健康自然生态的状况具有重大的现实意义。基于大气科学、生态科学的基本原理与方法，围绕气候背景、气象灾害、大气环境、绿色植被及人体健康等方面构建了宜居健康自然生态气象评价指标体系，针对不同指标采用不同的计算和标准化方法，进行不同年份的宜居健康自然生态的综合计算和分析。目前，开展的浦口宜居健康生态气象指标体系研究工作，正按照国家气象局《“十三五”生态文明建设气象保障规划》《全国生态保护与建设规划（2013—2020 年）》及浦口区政府的“十三五”规划的有关要求有序进行。评估结果也在一定程度上反映了目前浦口的生态宜居情况。

浦口区宜居健康自然生态状况呈逐年上升趋势，属宜居范畴，接近非常宜居的标准。气象灾害发生频次、$PM_{2.5}$ 浓度等要素对浦口宜居健康自然生态具有负面影响，在一定程度上影响宜居性。影响宜居健康自然生态的核心因素包括 NOI 浓度、$PM_{2.5}$ 浓度、生体舒适度指数及固碳释氧价值，相关部门可以进一步强化联系，加强协作，从而进一步提升宜居状况。

研究表明，在宜居健康自然生态气象指标体系中，气象灾害、大气污染对宜居健康自然生态具有一定的负面影响，增加固碳释氧价值能提高生态环境质量，因此要对气象灾害做好预警与防范，加强大气环境监测和污染防治工作，做好城市绿化建设和提高森林覆盖率。但是伴随南京江北新区的成立及新一轮城镇化建设步伐的加快，较大面积的林地、耕地转化为城镇用地使得区域固碳释氧的生态效应具有不确定性。

气象部门已在气象监测及防灾减灾等方面开展了许多卓有成效的工作，取得了可喜的成绩。在浦口宜居健康自然生态建设方面，气象部门还可以进一步优化和加密区域自动气象站的建设，加强气象灾害监测体系建设，消除气象灾害监测盲区，完善气象灾害监测网络及预报预警机制；同时发挥“智慧气象”在生态宜居及城市生态建设等方面的社会应用能力，力求将各类气象灾害对宜居的不利影响降到最低。

环保部门目前已全面开展了以水、土、气、生等为重点的各环境要素的监测及污染源监督性监测和应急预警监测工作，取得了显著成效。在浦口宜居健康自然生态建设方面，环保部门可以发挥其在环境监测方面的优势，强化监测站点的设置及系列化监测工作；特别是细化重点区域（美丽乡村、老山森林及沿江城区）、重点流域（长江—滁河）的污染防治与整治机制；力求将大气污染、土壤及水体污染等不利于宜居健康的要素降到最低。

农林部门积极推进和落实植树造林、森林资源管理以及森林和野生动植物的保护、管理和合理开发利用等方面的工作，取得了明显成效，呈现出良好的发展态势。在浦口宜居健康自然生态建设方面，农林部门可以在沿江城区选择一些生态价值较高的树种进行规模化种植，并建立长效的管养机制，加强人员培训等一系列工作。此外，为了突出生态旅游特色，农林部门也可以调整重点区域（如老山林场、珍珠泉）的乔木、灌木的种植比例及密度，进一步提升大气 NIC。

在 ECC 背景下，浦口作为南京江北新区的重要组成部分，将逐步成为相对独立、产城融合、辐射周边、生态宜居的城市副中心。提高和改善有利于浦口宜居健康的自然生态气象指标值，将更好地为政府部门在南京江北新区实施生态建设与环境保护提供决策支撑。各部门应进一步强化联系，加强协作，为浦口宜居健康的自然生态建设共同做出努力。

BVC 作为美丽中国建设的重要组成部分，是实现 MWFGLLC 稳定性的重要出发点，目前仍然存在一系列复杂环境问题需要科学应对。BVC 过程中农村产业发展区域不集中，缺乏统一的污染处理标准，可能导致经济与生态发展不均衡，不利于乡村环境的改善与提高。预防治理方案主要是推进农村工业向园区集中，促进生产空间集约高效发展。加强农民集中居住区的基础设施和综合服务中心建设，吸引农民向设施配套、环境优美、功能齐全的新型社区集中，促进人口集聚、要素集约，让农民享受到一体化的基础设施和均等化的公共服务，不断提高农民的生活质量、幸福指数。在对美丽乡村进行生态监测过程中，自动气象站点的建设可能会对建设区的下垫面造成破坏；同时移动监测车在监测过程中会排放汽车尾气，污染大气。故在实施过程中需要充分结合当地环境状况，秉持生态建设的原则，合理建设自动气象站点，最大程度减小站点建设对当地环境的影响，同时对移动监测车进行处理，对其尾气的排放进行净化处理，减小对乡村大气的影响程度。研究还需要对浦口地区部分农村建设用地和耕地的土壤、水、空气等进行取样检测，该过程可能会影响当地居民的日常出行和生产活动等。因此，在项目实施中应秉持资源节约的原则，最大限度地保护当地的生态环境和生态系统，尽力恢复取样作业区的原地貌，尽量减少对当地居民的影响。

总体而言，对美丽乡村生态宜居关键技术进行研究，对乡村宜居状况进行评价，同时对典型区提出适合当地的 BVC 生态宜居关键技术，力争在提升相关技术的实施过程中做到节能减排，为改善乡村环境做出贡献。

第 9 章　ECC 与环境信息技术应用

9.1　区域 GDA 及实施体系

绿色发展（GD）、低碳发展是当代可持续发展的重要方向，是促进 ECC 的重要途径。环境信息技术在绿色发展与 ECC 中均具有重要的应用。

9.1.1　GD 的现实作用

全面建成小康社会与实现中华民族伟大复兴的中国梦的宏伟蓝图，需要秉承绿色发展理念（GDI）。十八大报告首次把“美丽中国”作为生态文明建设的宏伟目标，十九大提出七大发展战略，进一步强化了 ECC 在社会经济发展中重要意义。江苏省也提出将积极发展以循环经济为核心的生态型经济，大力发展生态农业，走新型工业化道路，发展生态产业，促进生态文明，建设“强富美高”的新江苏。因而，在充分考虑资源环境承载能力、开发强度和发展潜力的前提下，进行绿色发展评估（GDA）、优化产业空间布局、引导政府和社会关注 GDP 增长；同时，更加注重降低 GDP 增长所需付出的资源环境代价，更加重视生态建设与环境保护，对促进社会经济的可持续发展具有重要的现实意义。

江苏省拥有亚洲最大的海岸滩涂湿地，数量众多的自然保护区、森林公园、风景名胜区、饮用水源保护区、海洋特别保护区等重要生态功能区。未来几年，江苏省还将建成黄淮平原生态区、长江三角洲平原生态区和沿海滩涂与海洋生态区等 3 个生态一级区以及 7 个生态二级区。但近年来，大规模的城镇化建设进程，化工、港口等项目相继实施，高强度的土地利用导致了局部地区生境劣变、环境污染、土地退化等一系列问题。区域气候变暖、生态退化、污染跨界转移和不可更新资源的不断减少等问题日趋严重，影响着生态系统的稳定与生态安全。同时，对陆地、农田、海洋等生态系统也造成诸多负面影响，并已严重威胁到人民群众的生产与生活，在一定程度上制约了区域的可持续发展。目前，江苏省的煤炭储量、石油地质储量、可开发的水能资源等均不足全国的 0.5%，资源与环境因素已成为发展循环经济的重要指标，不能忽略自然资源的稀缺性以及人类活动对环境的影响。因此，应用生态科学、环境科学及管理科学的原理和方法，认识发展过程中的环境演变规律，建立适合的 GDA 体系，对江苏省经济社会发展所需的资源消耗、环境损害以及生态效益进行评估，以真实反映经济发展的效率，寻求符合生态规律的环境修复措施，这对于最终实现区域环境的动态监控、环境治理和灾害防御及可持续发展目标具有重要的理论价值与现实意义。

中国科学院（CAS）发布的《中国科学发展报告 2010》的主题是 GD，力求通过科学发展水平的排名来促进经济社会发展走向 GD 的道路（中国科学院可持续发展战略研究组，2010）。总体而言，中国有关 GD 的讨论是为可持续发展的不同阶段的建设任务目标而提出的，其核心目的都是解决经济发展和环境保护之间的矛盾；在环境、资源、生态有限的承载力下，通过管理模式创新、绿色技术发展、经济效率提高来缓解经济发展与环境保护的不协调问题，实现可持续发展。因此，无论是对江苏省 GD 未来道路的探索、省内各领域 GD 的管理还是对目前江苏省 GD 发展的评价，都应该建立在可持续发展的 GD 概念基础上，并在评价与实施的过程中不断加深绿色指数，这样才能实现江苏省“率先全面建成小康社会，率先基本实现现代化”的发展目标。

区域可持续发展的评价指标和方法是衡量一个地区生态规划、建设过程、管理成效的主要依据。目前，国内外区域 GDA 研究还处于起步探索阶段，评价指标和方法侧重于某一方面。当前获得的成果主要围绕三条路径来展开，即绿色 GDP（GGDP）核算体系、GD 多指标测度体系和 GD 综合指数。

中国学者在 GGDP 研究过程中，研究方向也略有差异。于谦龙等（2006）认为在一个国家或地区的 GDP 基础上，扣除经济活动中付出的资源耗减成本和环境质量的降级成本即为 GGDP。张静和潘新华（2008）认为在进行 GGDP 核算时，应从总 GDP 中扣除自然资源耗减成本和环境退化成本。雷敏等（2009）则认为 GGDP 中还应包括资源环境的改善收入。随着相关研究的深入，GGDP 的核算公式已从过去的纯扣除型逐步转变为有扣除也有增加型，考虑的方面更加全面。事实上，GGDP 的核算内容主要包括自然资源和生态环境两大方面，其中自然资源有生物资源、农业资源、森林资源、国土资源、矿产资源、海洋资源、气候资源及水资源等；生态环境有水土流失、土壤盐渍化、森林和草地资源减少、生物多样性减少、因工农业发展引起的“三废”污染、农药污染等。但大部分学者只是根据研究区自然地理特征及外界环境因素的影响，选取部分易量化的指标进行核算（席永线，2012）。

江苏省作为我国经济较发达地区，GDP 增速一直位居全国前列。然而在经济增长过程中，江苏省的资源环境问题突出，集中表现在水、土、气等污染方面，对实现“强富美高”的新江苏造成严重制约。因此，结合江苏省资源环境特点，加强资源环境核算，揭示江苏经济增长的环境代价，为江苏资源环境的可持续利用及社会经济的可持续发展提供政策依据。上述关于 GDA 体系的相关研究，对于江苏省开展 GGDP 的核算具有重要借鉴价值；对于制定社会经济发展战略，实现资源、环境、经济的可持续发展具有现实意义；同时，对于丰富环境信息科学的应用领域也具有重要的促进作用。

9.1.2　GD 的重点问题

1. GD 对生态系统的影响评估

在经济发展中，过度地向生态系统索取就会人为地破坏生态稳定性，而这种破坏造成的影响是长期的。大规模的城镇化建设及工农业的快速发展无疑会对大气、土壤、水体、植被等产生负面影响。运用相关指数，如 AQI、API、NPP、归一化植被指数（NDVI）等对大气、土壤、水体、植被进行客观评价，同时，运用生态资产评估、ESS 价值、EFP、EE 等方法对江苏省生态系统进行评价，可把握 GD 背景下生态系统的变化特征。

2. 基于绿色产业效益的 GDA

对目前江苏省内已有的绿色产业，从服务对象、产品类型、科技依托等角度进行分类统计，对江苏省目前绿色产业的结构特征、发展现状进行深入认识，对划分后各类绿色产业生产过程的能源 CFP、物质循环、排放物环境影响进行分析，获取各类绿色产业实际意义上的绿色产值，以此为基础对绿色产业进行再规划。

3. 区域综合 GDA 体系及构建

在环境信息科学的理论与方法指导下，以“生态健康、经济绿化、社会公平、人民幸福”的 GD 理论与江苏省“率先全面建成小康社会，率先基本实现现代化”的“两个率先”为引领，结合生态、环保、社会和经济等方面，综合性地构建江苏省 GD 的概念模型。在 GD 概念模型的基础上，依据模型的组成体系构建合适的评价模型，划分评价层次、选取评价指标；在注重指标选取的独立性上计算指标权重，实现江苏省 GDA 体系构建。并对江苏省历年的 GD 进展进行整体评价，分析历年 GD 的趋势与差异。

4. GGDP 核算的思路及方法

在生态经济学、资源经济学、环境经济学的理论基础下，构建适合江苏省资源环境特点的 GGDP 核算模式，并对江苏省实际发展情况进行核算，从 GGDP 的角度深化分析江苏省历年生态建设与经济发展的成效。核算中需要一系列 EBD 的支撑，也需要环境信息科学理论与方法的指导。

江苏省 GGDP 核算和构建江苏省 GD 评价体系，以及 GD 过程中人为调控措施和相关实施体系构建问题，涉及多学科的交叉与融合，拓展了人们对江苏省 GD 情况的认识。在紧密结合国家及区域社会经济发展重大需求的基础上，以 GGDP 的核算为重点，基于生态资产评估、GGDP 核算等新思路，为区域开发及环境保护科学决策提供依据。基于 GGDP 核算和 EFP 估算的相关影响因子及其耦合机制，开拓生态经济耦合发展评价的研究思路与模式。把多元信息（数据）与多学科的方法相结合，突出生态资产估算、信息方法、模型方法在 GDA 中的作用。

GGDP 核算首先要解决的问题就是如何对环境成本进行量化。一是按照覆盖对象区分，环境成本具体划分为资源消耗成本和生态退化成本。前者着眼于环境对经济提供资源的功能，经济活动的发生会使资源数量减少，资源消耗成本就是指这种资源减少的价值；后者则着眼于环境对经济过程中排放废弃物的受纳功能，经济活动的发生会使环境质量下降，生态退化成本就是指这种环境质量的下降。二是按照估价方法区分，分为实际成本和虚拟成本。实际成本是依据实际发生的价值来确定环境成本，可能是资源交易的市场价格，也可能是其他实际发生的支出流量，如资源税费；虚拟成本是依据经济对资源环境的利用、影响关系，以间接方式虚拟估算的成本价值。

目前，学者们对 GGDP 的核算方法仍然存在分歧。本研究采用改进型的 GGDP 核算方法，即在总 GDP 中扣除自然资源消耗成本和环境退化成本的基础之上，进行分析与评判。一般而言，自然资源损耗与环境降级损耗的核算模式及方法如表 9-1 所示，GGDP

的核算如式（9.1）所示。

表 9-1　GGDP 核算模式及方法

项目	指标	计算方法
自然资源损耗	矿产	能源损耗价值=各种能源年总耗用量×该年该资源平均价格
	森林	森林面积减少的损耗值=森林减少的面积×每单位面积森林价值
	水	水资源损耗价值=年用水量×每单位体积价格
	耕地	耕地面积变化损失=（当年农林牧渔总产值/当年耕地面积）×面积变化
环境降级损耗	污水治理	污水治理费用=年污水排放量×每单位体积治理价格
	废气治理	废气（粉尘）治理费用=年废气排放量×每单位体积治理价格
	固废治理	固体废弃物治理费用=年固体废弃物处理量×每单位体积处理价格
	噪声治理	噪声污染费用=当期用于治理噪声费用×（1–噪声达标覆盖率）/噪声达标覆盖率

GGDP=总 GDP–自然资源消耗成本–环境退化成本+资源环境的改善收入　(9.1)

其中，自然部分的虚数包含 6 个方面，应从总 GDP 中扣除——环境污染所造成的环境质量下降，自然资源的退化与配比的不均衡，长期生态质量退化所造成的损失，自然灾害所引起的经济损失，资源稀缺性所引发的成本，物质、能量的不合理利用所导致的损失。

由于目前统计的数据仍不够完备，因而全面准确核算 GGDP 还不现实。因此，根据现有的统计数据及可收集到的数据，选取一般核算指标如森林、矿产能源、水资源、“三废”处理等；通过计算，分析其对可持续发展的影响。

随着新时代 MWFGLLC 生命共同体理念的进一步拓展，挖掘 GD 技术，推广低碳环保技术，成为“两个率先”以及“强富美高”新江苏发展的重要切入点。

按照上述的评估方法，完成江苏省的 GDA，揭示经济快速发展过程中所存在的问题，更全面地反映自然资源、环境与经济发展的辩证关系。在此基础上分析江苏省可持续发展问题，为“互联网+”背景下，ECC 提出对策建议。

9.2　“互联网+”理念与技术的 ECC 模式

在中国快速城市化背景下，生态问题已直接影响到资源、环境及社会经济的可持续发展。基于“互联网+”理念及技术不断发展的信息化背景，在梳理生态文明内涵及新时代发展特征的基础上，系统地挖掘生态经济、生态环境、生态人居、生态制度及生态文化等 5 个子系统的内涵；针对城市化过程中的现实状况，构建包含 25 个 2 级指标的城市街道尺度 ECC 指标体系，并界定约束性指标及引导性指标。同时，基于生态环境问题的复杂性与广泛性以及 ECC 的必要性与迫切性，应用环境信息科学、RS 以及信息技术的原理与方法，结合“互联网+”的理念与技术，构建城市街道尺度 EIOT 模式。在此基础上，针对区域 ECC 的特点，提出基于 GIS 技术的 ECC 信息管理模式，作为现阶段实现生态文明规划（ECP）与管理的有效途径。本研究对于实施 CEED 制度，建设美丽中国具有重要的技术支撑作用与现实指导价值。

9.2.1 ECC 与环境信息管理

随着资源开发及社会经济的快速发展，人类所面临的资源枯竭、生态退化、环境污染以及发展停滞等问题也逐渐显现。如何在错综复杂的资源与环境矛盾中，实现可持续发展成为人类必须解决的问题。资源节约型和环境友好型社会是新时代区域发展的新需求，ECC 是体现这一理念的必然选择。中国倡导五大发展理念，提出七大战略，大力推进 ECC，特别是目前已经开始实施的 CEED 制度以及环境保护税等政策法规，在全球变化背景下，成为保障生态系统安全，推动可持续发展的重大举措。

生态文明是工业文明之后更高阶段的文明形态，ECC 的核心目标是人与自然和谐，科学评价区域生态文明发展水平、明确关键制约因素是推动 ECC 的基础。借鉴生态环境领域监测、建模、分析与评价的方法（王让会等，2010；Webb et al., 2018），对于系统把握生态文明特征及规律具有一定的理论价值与重要的现实指导意义。围绕 ECC 问题，许多学者从生态文明的内涵特征、发展规律、评价指标、实施途径、保障措施等方面进行了一系列探索，对人们科学认识 ECC 的必要性与迫切性具有重要的启示价值；同时，对开展不同行政单元、不同地理单元、不同时空尺度、不同发展水平下的 ECC 提供了可借鉴的模式。李平星等（2015）综合考虑关联性、针对性、适用性和可获性，构建了包含生态经济、生态环境、生态生活、生态文化和生态制度在内的省域尺度 ECC 水平指标体系。马勇和黄智洵（2016）使用熵权逼近理想解排序（TOPSIS）综合评价法评价了长江中游城市群不同时期的生态文明水平，特别是利用环境库兹涅茨曲线理论和障碍度模型解析城市群生态文明差异化格局的成因和重要影响因子，运用空间全局自相关方法分析城市群整体生态文明水平的空间聚集程度。在全要素生产框架下，结合以人为本的基本原则构建出城市 ECC 效率评价指标体系，应用非期望产出基于松弛变量的测度模型（SBM）对天津市不同时期 ECC 效率进行评价（胡彪等，2015）。针对不同自然地理背景、不同生态环境状况、不同社会经济发展水平等特征，探索基于生态系统服务（ESS）、EFP 和人均 GDP 等指标，开展水足迹（WFP）、CFP 核算、NPP 评估及生态资产评估（王让会，2008b；蒋烨林等，2017），结合区域大气、水体、土壤等要素损害程度评价，综合区域特点，对城市、农田、森林、草地、水域、荒漠等不同的生态系统类型，进行有针对性的评价，提出符合区域生态特点、环境状况及社会发展的指标，并针对区域资源禀赋状况与区位特点，提出基于生态文明理念的科学发展策略。通过“生态”“资源”“环境”“景观”4 个方面的 18 个指标，建立美丽生态指数，系统评价中国各省及世界各国的生态状况（李世东等，2017）。现阶段传统的资源利用及环境管理模式已经不能很好地适应人民群众对美好生活的需求，全面认识和理解 ECC 方法及其跟踪评估机制是加强 ECC 的重要基础。

在大力推进 ECC 的背景下，人们更加关注 CEED 问题。CEED 是指因污染环境、破坏生态造成大气、地表水、地下水、土壤、森林等环境要素和植物、动物、微生物等生物要素的不利改变，以及上述要素构成的生态系统功能的退化。目前，关于不同区域、不同类型、不同 CEED 的研究逐渐深入。CEED 制度的实施对于全面实现 MWFGLLC 的稳定性具有重大的现实意义。中国政府自 2007 年提出 ECC 以来，已批准了 3 批 52 个 ECC 试点（刘某承等，2014），为引导 ECC 发挥了积极作用。生态系统与社会经济发展的复杂性要求科学、客观地评估区域 ECC，以便科学地决策和行动。生态环境问题离不开技术的支撑，以“智慧地球”理念为基础，在诸多行业快速发展的 IOT 技术也在促进生态环境领域的数字化、信息化、智能化发展方面发挥着重要作用。Internet 思维所包含的用户思维、简约思维、迭代思维、流量思维、社会化思维、BD 思维以及平台思维等诸多思维方式，在多种技术与智慧的融合下，为 ECC 注入了新理念。在“互联网+生态”（Internet+E）的支撑下，探索 ECC 的一般模式，有望实现 ECC 领域及多目标的应用。随着人们对生态文明领域理论及技术的不断探索，未来进一步提出 ECC 理论框架、建设模式与评估指标体系，无疑对全面推动美丽中国建设具有重大指导意义。

在 ECC 中，人与自然是生命共同体，人类必须尊重自然、顺应自然、保护自然。目前，积极贯彻“大气十条”“土十条”“水十条”的指导思想，从而净化大气、水体与土壤，保障生态安全是美丽中国建设的重要环节。城市生态系统具有复杂性，研究城市街道尺度 ECC 的相关问题，需要借鉴已有方法与技术的支撑（Singha et al., 2012），在“Internet+E”理念及技术支撑下，所构建的 EIOT 模式成为现阶段 ECC 研究的创新思路及方法。首先，围绕 ECC 目标，借助各类信息技术手段全面搜集研究区域资源、环境、生态、经济等要素信息，作为 EIOT 的基础；其次，借助“Internet+E”理念，应用 RS 及 GIS 方法，全面获取研究区域生态要素及其时空特征（王让会，2014；Endrenya et al., 2017）；在此基础上，评价区域单要素及复合要素的特征；最后在考虑相关原则的前提下，构建 ECC 指标体系，制定生态文明规划（ECP）与 ECC 信息化管理模式。主要流程如图 9-1 所示。

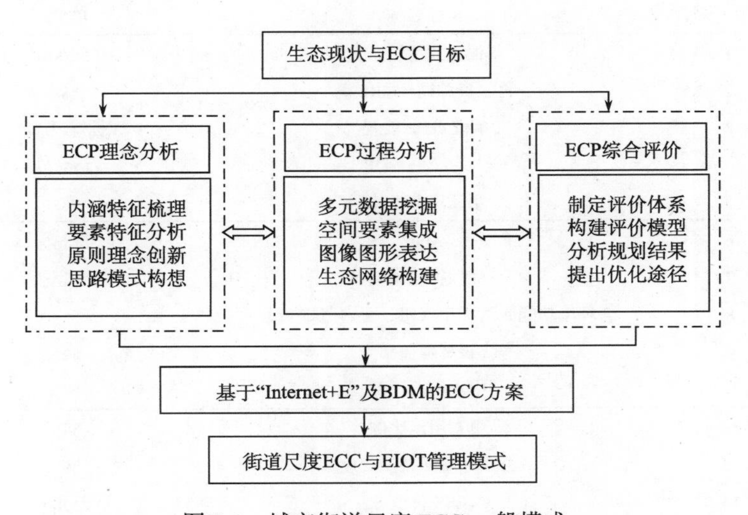

图 9-1　城市街道尺度 ECC 一般模式

客观而言，研究城市化背景下城市街道尺度 ECC 存在着诸多复杂性。上述模式是“Internet+E”背景下，探索城镇 ECC 相关问题的一般途径。

9.2.2　ECC 过程及主要特点

基于“Internet+E”理念、RS、GIS 以及图像图形学的原理与方法，在探讨 ECC 的概念、产生和发展过程的基础上，基于生态规划内涵与原则及理论基础，阐述 ECP 的基本程序、内容和方法，强调 ECC 及管理的作用；从生态要素的多样性、综合性、系统性、逻辑性等角度，分析 ECC 功能分区的步骤和途径以及生态调控思路。

9.2.2.1　构建 ECC 指标体系

加快生态文明体制改革，努力建设美丽中国；而推进 GD，着力解决突出的环境问题，加大生态系统保护力度及 CEED 力度，改革生态环境监管体制，成为实现这一目标的重要途径。树立“创新、协调、绿色、开放、共享”发展理念，成为 ECC 及推进可持续发展的重要途径。在遵循生态功能协调原则、环境健康原则、景观优化原则以及经济发展原则的基础上，重点把握生态基础设施、污染状况、环境质量、治理水平等，构建街道尺度的 ECC 指标体系。《国家生态文明建设示范县、市指标体系（试行）》中包含了生态空间、生态经济、生态环境、生态生活、生态制度和生态文化 6 大方面，更多地从生态县及生态市建设升级的角度进行了指标体系的构建。本研究结合城市，特别是街道尺度的自然、生态、环境及经济等状况，制定针对城市街道尺度的 ECC 指标体系。如城南街道 ECC 指标体系中，街道尺度 ECC 分为“生态经济”、“生态环境”、“生态人居”、“生态制度”（环境保护部环境与经济政策研究中心，2016）及“生态文化”5 个子系统，共选取了 25 个指标，并且选择若干指标作为 ECC 的特色指标（表 9-2）。

表 9-2　城市街道尺度 ECC 的指标体系

子系统	代码	指标名称	单位	属性
生态经济	1	单位工业用地产值	亿元/km^2	约束性
	2	再生资源循环利用率	%	约束性
	3	单位 GDP 能耗	t 标煤/万元	约束性
	4	人均绿色 GDP	万元/人	约束性
	5	第三产业占比	%	参考性
生态环境	6	AQI	μg/m^3	约束性
	7	受保护地比例	%	约束性
	8	环境功能区达标率（水、土、气、声）	%	约束性
	9	森林覆盖率	%	约束性
	10	中水回用比例	%	参考性
生态人居	11	生态用地比例	%	约束性
	12	公众环境质量满意度	%	约束性
	13	ESS 价值	万元	参考性
	14	新建节能建筑比例	%	参考性

续表

子系统	代码	指标名称	单位	属性
生态制度	15	城镇人均公共绿地面积	km^2/人	参考性
	16	生态环保法规及实施程度	/	约束性
	17	EIA 率及环保竣工验收通过率	%	约束性
	18	生态信息公开率	%	约束性
	19	ECC 推进机构	/	约束性
	20	ECC 占党政实绩考核比例	%	参考性
生态文化	21	生态教育设施数量	/	约束性
	22	ECC 知识普及率	%	约束性
	23	企业环保公益支出占公益总支出比例	%	参考性
	24	低碳器具普及率	%	参考性
	25	公众绿色出行率	%	参考性

对上述指标设定 2012 年为基准年，并获取其基准值；同时，设定 2015 年及 2020 年两个 ECC 不同阶段的目标值。根据要素及指标对研究区的特征及重要性程度以及有限时间的可达性等设定约束性指标及参考性指标，全面衡量评价与引导街道尺度的生态文明建设。

研究及评价表明，近年来研究区苏州城南街道生态文化和生态人居水平提升较快，生态经济和生态制度文明水平也有较大程度的提升；同时，受到之前经济发展模式的影响，资源消耗和污染物产生强度仍然较高，生态环境质量改善难度较大，公众绿色生活方式，特别是低碳环保理念等方面仍然需要不断加强。

9.2.2.2　EIOT 及 ECC 信息化管理的主要特点

1. 基于空间概念的 EIOT 一般模式

ECC 需要诸多技术的支撑，而 EIOT 则是多种技术融合的产物。基于“Internet+E”理念，推进 EIOT 模式，探索“Internet+E”的现实应用。客观而言，EIOT 就是把网络及感应器嵌入生态应用对象，监测生态信息（水体、土壤、大气、生物）、社会经济数据以及环保数据（污染状况、环境效应、管理策略）等（王让会，2011），把 RS 以及各类监测数据——生态大数据进行同化处理，得到更为丰富的信息数据，并将其按照技术可靠性与 Internet 有机地整合起来，实现人与物理系统的融合及功能的提升。在此基础上，构建 EIOT 模式更加精细和动态的管理生态系统，以调控与维护生态系统的稳定性。

如前所述，EIOT 的核心和基础是 Internet，并在 Internet 基础上向生态环境领域延伸和扩展。用户端扩展到了生态研究、管理及工程相关的诸多方面，并进行生态信息交换和通信。EIOT 包括生态信息感知层、生态信息网络层以及生态信息应用层；EIOT 通过智能感知、识别技术与普适计算等通信感知技术，提升生态信息获取效率及感知水平，是 IOT 与现代生态环境管理相结合的产物。随着 RFID、传感器、嵌入式软件以及传输数据计算等关键领域研发的进展，EIOT 成为能够对生态环境信息实现智能化识别、定位、跟踪、监控和管理的一种网络化系统，同时，可以实现数据压缩、加密、传输等数据服务，帮助人们及时、准确地获取和处理生态信息，为科学研究、生态建设和产业发展服务。

基于卫星定位技术，按照点线面宏观调查的需要，合理定点定位，调查规划区域的地形、地貌、土壤、植被、水文等自然要素特征，并采集社会经济要素，获取对应区域的卫星遥感信息，结合图像图形处理技术及 GIS 手段，提取 ECC 因子，分析时空差异性，作为生态类型与功能规划的依据。

围绕资源环境状况与社会经济发展定位，在 RS 技术以及图像图形技术支撑下，进行 ECC 的理论探索与方法实践。重点获取城南街道相关生态要素的时空变化信息，特别是重要空间结点，基于卫星定位及多途径获取的足够数量及精度的数据，制定具有创新价值的 ECC 方案。图 9-2～图 9-5 反映了城南街道相关 ECC 要素的特征以及 ECC 的模式特征。

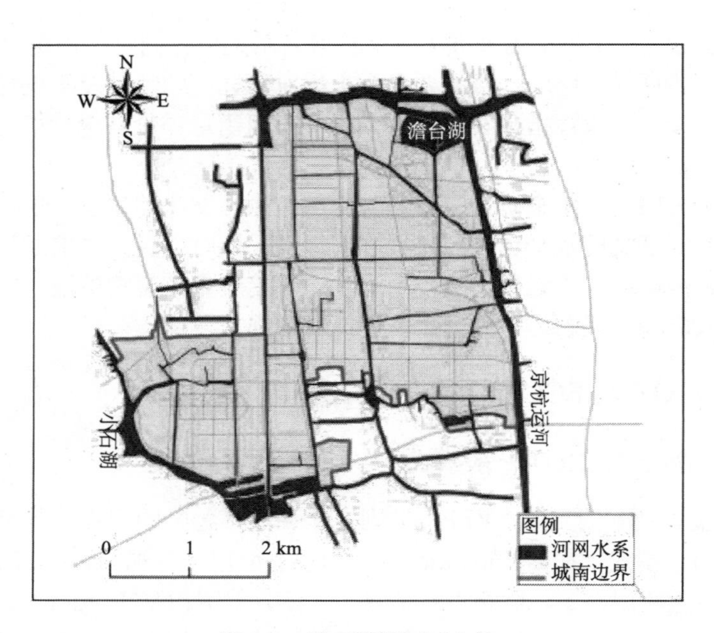

图 9-2　城南街道河网水体

基于 RS、GIS 技术，监测与分析城市街道尺度生态文明驱动要素，在生态环境多元数据支撑下，对 RS 数据、监测数据、模型模拟数据以及统计调查数据等进行时空分析，并结合图像图形学原理，构建城市街道空间的相关要素空间分布图，为 ECC 单项规划以及综合规划提供依据及模式。最终实现街道尺度综合性 EIOT 模式。

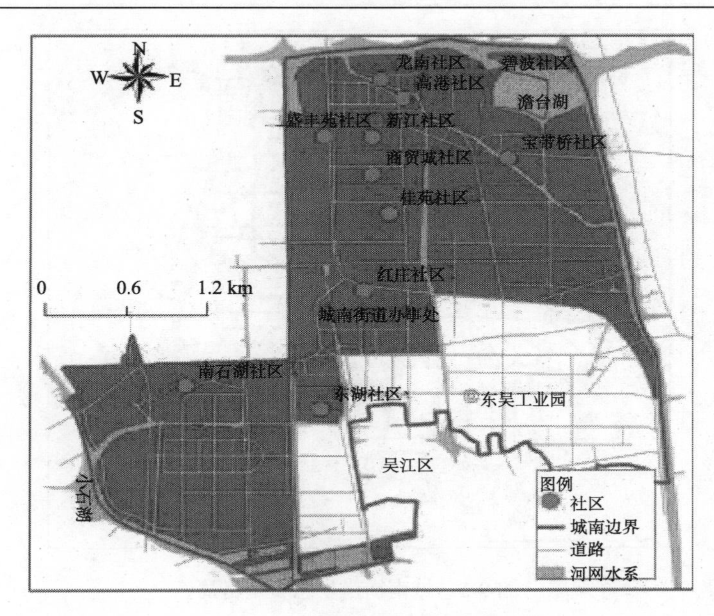

图 9-3 城南街道社区分布

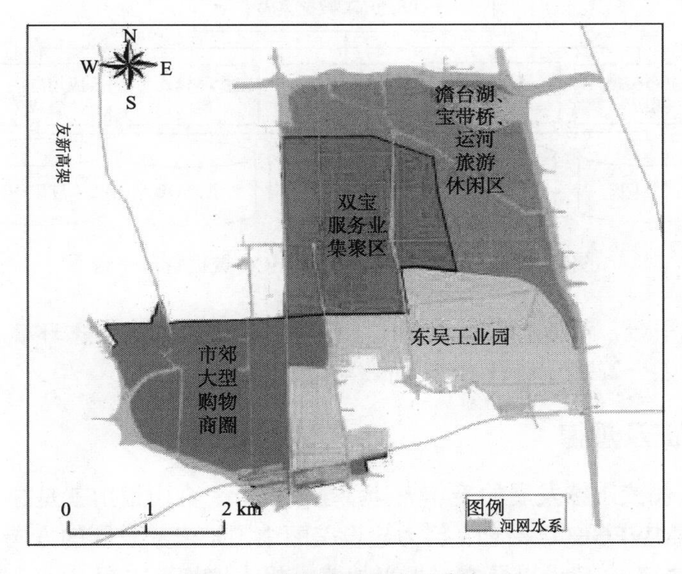

图 9-4 城南街道生态经济布局

2. 基于 GIS 技术的 ECC 管理模式

围绕 ECC 关键科学问题，研发 ECC 技术方法，基于 GIS 等信息技术及“互联网+生态”理念与方法，研发构建 ECC 监测与管理系统，如图 9-6 所示。

图 9-5　城南街道生态安全格局

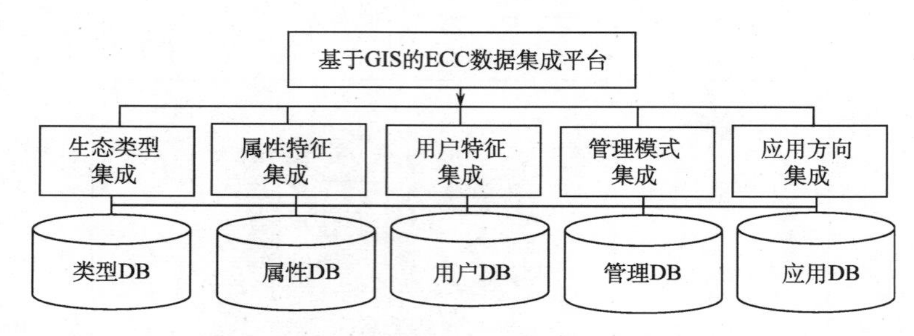

图 9-6　基于 GIS 的街道尺度 ECC 数据管理平台

借助于上述平台，可以有效实现对生态经济、生态人居、生态环境、生态文化及生态制度等信息的综合管理，提升 ECC 的效率及质量。

9.2.3　主要特征及规律

ECC 是中华民族永续发展的千年大计，全面践行“金山银山就是绿水青山”的“两山”理念，统筹 MWFGLLC 治理，努力建设美丽中国是未来发展的方向。目前，基于生态文明理念进行城市群建设以及农村振兴战略，极大地规范与提升了美丽中国的内涵。多年来生态省、市、县建设以及相关生态功能区规划的开展也得到不断地拓展与深化。2018 年实施的 CEED 制度，对于全面治理大气、水体与土壤等污染以及优化生态环境具有开拓性意义。《生态环境损害赔偿制度改革方案》强调，通过在全国范围内试行 CEED 制度，进一步明确 CEED 范围、责任主体、索赔主体、损害赔偿解决途径等，形成相应的鉴定评估管理和技术体系、资金保障和运行机制，逐步建立 CEED 的修复和赔偿制度，加快推进 ECC。与此同时，环境巡查与督查制度也在环境治理等方面起到了积极作用。目前，生态文明制度尚未系统建立，推动发展方式转型、加强生态环境保护和完善生态制度是未来推动 ECC 的重点工作。ECC 是近期学者、政府部门和公众关注的焦点，现阶段中国对 ECC 的研究主要集中在 ECC 内涵、ECC 指标体系和 ECC 评估等方面，随着对生态文明理念认识的逐步深化以及实践的进一步加强，特别是理论与实践的有机结合，人们必定能够找到解决 ECC 若干难点及重点问题的有效方案。

1. ECC 指标体系的构建有赖于其尺度效应

在梳理生态文明内涵的基础上，通过挖掘经济、环境、人居、制度及文化等 5 方面内容的客观性，赋予了“生态”新内涵，梳理凝练出 25 个 2 级指标，并界定约束性指标及引导性指标，为不同目标年度的 ECC 提出了可供借鉴的方向。与此同时，在 ECC 体系制定时，强调要提供更多优质生态产品以满足公众日益增长的对优美生态环境的需要以及完善生态保护红线、永久基本农田、城镇开发边界 3 条控制线的划定工作，始终把握 ECC 的核心与关键。

2. EIOT 是科学制定 ECC 方案的有效保障

“Internet+E”理念背景下，EIOT 的构建具有现实可能性。EIOT 的智能处理依靠 CC、模式识别等信息处理技术；促进 EIOT 的系统化，CC 是实现 EIOT 的核心，也能够促进 EIOT 和 Internet 的智能融合。目前，通过多元数据及生态信息要素的处理，实现预警终端对生态预警信息的典型识别与重点过滤；通过原型系统实现生态预警信息的有效发布。同时，探索基于 RS 影像的信息应急传输框架以及基于图标编码的数据传输技术，提升 EIOT 信息传输及应用的可能性。

在信息技术支撑下，针对 ECC 的内涵特点，结合“Internet+E”等理念，从理念、产业、生态、布局、功能规划等角度，构建城市街道尺度 EIOT，有利于在此基础上制定符合街道客观状况的 ECC 方案，也有利于未来 ECC 的科学化、信息化与智能化。

3. ECC 信息系统是 ECP 与管理的科学模式

在 GIS 等技术支撑下，全面挖掘街道尺度“生态经济”、“生态环境”、“生态人居”、“生态制度”及“生态文化”5 个方面的信息，特别是把街道尺度的生态要素、环境问题与发展目标有机联系起来，构建不同类型的 DB 平台，并统一集成在综合性的信息平台上，发挥生态大数据及生态信息的综合性效应，对于科学制定街道尺度 ECP 和开展 ECC，提供了前所未有的新理念与新模式。

9.3　持续改善生态环境的若干问题

9.3.1　持续改善环境的现实作用

随着中国特色社会主义进入新时代，党的十九大提出的七大战略，把乡村振兴、区域协调等放在了十分重要的地位，而生态环境的持续改善功在当代、利在千秋，是实现区域人与自然和谐发展的客观要求；是全面建成小康社会及实现两个一百年目标的客观要求；是贯彻七大战略，促进 ECC 的客观要求；也是落实五大发展理念，实现可持续发展的客观要求。

目前，江苏省生态环境状况趋于好转，但形势依然严峻。基于“气候变化对江苏省生态系统的影响及评估”做出的判断，农田、森林、草地、水域湿地、城镇生态系统均有一系列变化。趋于好转指法律法规的落实力度、环保督察及巡视力度、公众环保关注程度、企业社会责任担当以及总体生态要素与环境资源状况向好方面发展。形势严峻指局部生态破坏（沿江沿海滩涂生态扰动及水域湿地生态问题、农田土壤重金属污染、森林生态功能维持难等）、环境污染事件仍难以杜绝。

江苏省最大的森林——南京老山森林生态系统环境正效应明显，特别是NOI监测评价、ESS价值、生态宜居指标表明了良好的植被生态对于环境质量提升的重要性。为了全面提升生态环境保护水平，严格生态环境保护责任，国家出台了生态保护红线政策。生态保护红线是我国环境保护的重要制度创新，是指在自然ESS功能、环境质量安全、自然资源利用等方面，需要实行严格保护的空间边界与管理限值，以维护国家和区域生态安全及经济社会的可持续发展，保障人民群众的健康。“生态保护红线”是继“18亿亩耕地红线”后，又被提到国家层面的“生命线”。生态功能保障基线包括禁止开发区生态红线、重要生态功能区生态红线和生态环境敏感区、脆弱区生态红线。2014年原环境保护部（现生态环境部）出台了《国家生态保护红线——生态功能基线划定技术指南（试行）》，将内蒙古、江西、湖北、广西等地列为生态红线划定试点。目前，坚守生态保护红线任重而道远。

9.3.2 环境伦理与生态文明建设

环境伦理是实现人与自然和谐共生的应有之义（宋永永等，2018）。近40年来，中国经济社会的发展取得了举世瞩目的成就，但快速发展的工业化与城市化进程，使得经济社会发展与生态资源环境之间的矛盾日益加剧，环境污染与生态系统的破坏已严重影响甚至危及国民的健康状况和生存状态（周侃和樊杰，2016）。国家“十三五”规划纲要中强调，继续实施最严格的环境保护制度，到2020年实现污染物排放总量大幅减少和环境质量总体改善。而通过政府宏观调控、企业技术创新和公众广泛参与，持续削减各类污染物排放量是改善环境质量的根本途径（袁丽静和郑晓凡，2017）。因此，探索环境伦理行为与环境质量状况，对拓展环境信息科学的理论与实践，推动ECC具有重要的理论和现实意义。

环境信息科学具有诸多前沿性研究方向，环境伦理研究的最终目的是为了实现生态环境的可持续发展。可持续发展是在环境伦理的基础上取其精华去其糟粕的新型产物，是环境伦理中人类中心主义和非人类中心主义变革之后以一种更高级的形式出现，是全新升级的环境伦理观。可持续发展与环境伦理二者之间相互促进，正确的环境伦理观最终的落脚点是实现环境可持续发展。可持续发展是对以往传统环境伦理不足改造的迫切需要，是新时代的趋势。环境伦理的道德规范系统是可持续发展环境伦理观的重要内容。把道德共同体从人扩大到“人—社会—自然”系统，把道德对象的范围从人类扩大到生物和自然。从这个意义上而言，MWFGLLC正体现了这种理念。可持续发展的环境伦理观是一种评价社会制度的道德标准，代表着人类的合理需求、社会的文明和进步（原黎黎，2018）。环境行为产生的基础是环境伦理，环境伦理深刻影响着不同主体的环境行为。Williams 等（2006）认为素质是伦理价值的基础，也是伦理评价的对象。Hungerford（1990）发现在价值观、环境态度、生态理念及控制观的作用下，环境素养深刻影响着环境行为。21 世纪以来，中国的工业化和城镇化进程已形成一定的规模，随之而来的是一系列生态环境问题的凸显——水土流失严重、沙漠化迅速发展、草原退化加剧、森林资源锐减、生物物种加速灭绝、地下水位下降、水体污染明显加重、大气污染严重、环境污染向农村蔓延。尽管一系列政策调控已针对具体生态环境问题而展开，但是总体环境仍在劣变，局部环境在改善，治理能力却远远赶不上退化与劣变的速度，生态赤字在逐渐扩大。ECC 是一场影响深远的社会变革，需要破旧立新，对传统环境行为做出改变。因此，环境信息科学、环境伦理学等先进伦理与理念的引领与规范不可或缺。只有及时吸收先进环境价值观念并将之转化为行为准则，生态文明的实现才有可能。

9.3.3 环境监测及其环境信息化

目前，南京市在大气污染治理方面，持续推进大气污染防治，开展重点行业专项整治，环境空气质量明显改善，落实“大气十条”成效显著。在水污染治理方面，积极实施水污染防治政策，以饮用水源地保护、重点断面整治为重点，全面推进水污染防治工作，落实“水十条”成效明显。在土壤、固废污染防治方面，贯彻土壤及固废防治工作，加快推进土壤污染修复进程，落实“土十条”成效明显。同时，在辐射与噪声污染防治、生态建设与保护、环境监督、执法和应急以及推进环境监测和科研能力建设等方面，积极推进生态红线区域保护，加强环保执法监督，强化环境风险防范，持续加大环境执法力度，切实维护群众环境权益。

针对目前生态环境的严峻形势以及国家及地方生态环境治理的客观需求，南京市在持续改善生态环境的制度设计和政策安排方面与国家及省级对标找差，还有诸多问题需要解决，落实环境保护决策部署还须加强。2016 年 8 月，江苏省委、省政府印发《江苏省生态环境保护工作责任规定（试行）》，南京市落实生态环境保护工作责任尚存在不足。在长江的 8 个集中式饮用水水源地保护区范围内存在很多违法项目或排污设施。2016 年完成了 46 条河段的整治，2017 年 7 月仍有 29 条为轻度黑臭状态，其中有 7 条河道因黑臭问题被住建部挂牌督办。部分区域和部分行业环境问题明显。南京化学工业园、金陵石化及周边、梅山钢铁及周边等区域内，石化、钢铁、电力企业高度集聚，污染物排放总量大，区域环境质量普遍较差。同时，大气治理和生态保护等形势严峻。O_3 成为空气质量超标重要因子，2017 年 1～8 月 O_3 超标 52 天，同比增加 12 天，占超标天数的 71%。个别地方未经省政府批准，对多处生态红线区域进行调整，部分生态红线区域存在违规开发建设活动，诸如老山森林公园一级管控区内违规开发建设东山大峡谷景观改造工程等项目。全市仍有 180 余座露采矿山废弃宕口未完成地质环境恢复治理。

生态整治，需要理念创新，也需要新技术、新手段、新方法；而环境信息科学则为相关方向的创新提供了一定的理论与技术支撑。“两山”思想、七大战略、“一带一路”倡议、长江经济带发展等是新时代生态环境治理的重要理念，也是 EIM 的重要方向。“河长制”“湖长制”成效明显，但环保工作深化涉及各行各业，难度巨大。蓝天工程、雨污分流、厕所革命、乡村振兴成效显现。新环保法及 CEED 制度的落实面临新问题，赔偿主体界定难，赔偿方式难，各项措施落实难。目前，生态环境长期监测、评价及预警十分必要。在“互联网+”理念指导下，ENIOT、RS、GIS 及 BDSS 的应用以及立体监测与评估（ESS 价值、生态资产；EFP、WFP、CFP；稳定性、安全性、脆弱性、风险性等），生态环境 BDM，生态环境管理信息系统构建，对于提升区域环境保护能力及水平具有积极意义。低碳环保应对气候变化需要长期树立新的发展观，ECC 功在当代、利及千秋！但真正的创新技术研发仍十分艰巨。

务必高度重视城市化过程中的规划问题——先污染再治理的老路是死路一条，要走生态优先的“反规划”新路！借鉴“千年大计”雄安新区的规划理念，建设现代化的新都市，发展特色小镇，振兴新农村，发展新城市！

9.3.4 环境治理举措及发展方向

现阶段，贵、闽、粤、浙四省贯彻生态文明体制改革的经验及做法值得学习和借鉴。贵、闽、粤、浙四省生态环境建设的总体经验是政府重视（制度政策制定、规划）、产业合理（结构调整）、资金保障以及公众参与（热情高涨）。“生态文明贵阳国际论坛”是中国唯一以生态文明为主题的国家级国际性高端论坛，主要通过高规格论坛一方面对外宣传贵州，另一方面向世界宣传贵州 ECC 的先进理念。借鉴和引进瑞士等欧美发达国家 ECC 的成功经验及技术，建立与泛珠三角、成渝、长三角等经济区的广泛联系，在生态建设、环境保护、产业发展、碳排放权交易等领域开展合作，提升合作层次与效益，实现资源共享和优势互补。福建省在 ECC 方面具有特色，形成了 ECC 中国方案、福建经验；广东省强化了生态环境监测网络建设；而浙江省是“两山”思想发源地，是新时代生态建设的典型范式。

不断推进生态文明制度建设和体制机制创新。完善法律法规，依法保障生态文明建设的顺利开展；加强执法监管，严厉打击、查处各类破坏生态环境的违法行为；完善 CEED，建立良好的区域发展统筹体制；深化改革，构建生态文明教育体系，创新体现 ECC 要求的考核制度；构建生态产业体系，推动产业结构优化升级，促进战略性新兴产业迅猛崛起。

参 考 文 献

艾锦云, 何振江, 杨冠玲. 2004. 光电技术在大气氮氧化物检测中的应用. 环境监测管理与技术, 16(2): 7-9.
安爱萍, 郭琳芳, 董蕙青. 2005. 我国大气污染及气象因素对人体健康影响的研究进展. 环境与职业医学, 22(3): 279-282.
白爱民. 2009. 关于省级环境信息系统研发的思考. 中国新技术新产品, (2): 16.
白润才, 殷伯良, 孙庆宏. 2001. BP 神经网络模型在城市环境质量评价中的应用. 辽宁工程技术大学学报(自然科学版), 20(3): 373-375.
白志鹏. 2005. 计算机在环境科学与工程中的应用. 北京: 化学工业出版社.
白志鹏, 王珺, 游燕. 2009. 环境风险评价. 北京: 高等教育出版社.
蔡军, 徐丽人, 马亮, 等. 2010. 基于 HLA 的大气环境仿真应用研究. 装备环境工程, 7(3): 66-70.
曹静, 曹军. 2009. 3S 技术在城市环境监测中的应用. 黄河水利职业技术学院学报, 21(1): 50-53.
常杪, 冯雁, 郭培坤, 等. 2015. 环境大数据概念、特征及在环境管理中的应用. 中国环境管理, (6): 26-30.
陈国华, 张静, 张晖, 等. 2006. WebGIS 在非重气云扩散模拟中的应用. 天然气工业, 26(10): 140-143.
陈红艳. 2012. 土壤主要养分含量的高光谱估测研究. 泰安: 山东农业大学.
陈建江. 2007. 对中国环境自动监测发展的思考. 环境监测管理与技术, 19(1): 1-3.
陈菁, 徐永辉, 林秀春. 2010. 福建省脆弱生态环境信息图谱的结构类型研究. 广西师范学院学报(自然科学版), 27(2): 54-60.
陈可飞, 范群芳, 洪滨, 等. 2010. 北部湾经济区水资源风险评估对对策研究. 北京: 中国环境科学学会: 13-20.
陈柳, 马广大, 纪海维. 2003. 城市大气污染预报模式的研究进展. 西安科技学院学报, 23(4): 411-414.
陈明亮, 袁泽沛, 李怀祖. 2001. 客户保持动态模型的研究. 武汉大学学报(社会科学版), 54(6): 675-684.
陈倩, 蔡云飞, 沈亦钦. 2006. 项目管理在环境委托监测中的应用. 环境监测管理与技术, 18(2): 4-5.
陈述彭. 1997. 遥感地学分析的时空维. 遥感学报, 1(3): 161-171.
陈述彭. 2001. 地图科学的几点前瞻性思考. 测绘科学, 26(1): 1-6.
陈述彭. 2007. 地球信息科学. 北京: 科学出版社.
陈述彭, 岳天祥, 励惠国, 等. 2000. 地学信息图谱研究及其应用. 地理研究, 19(4): 337-343.
陈文召, 李光明, 徐竟成, 等. 2008. 水环境遥感监测技术的应用研究进展. 中国环境监测, 24(3): 6-11.
陈艳秋, 张长利, 王树立. 2012. 基于 WebGIS 的田间环境监测系统平台的设计与实现. 自动化技术与应用, 5: 115-121.
陈燕, 齐清文, 杨桂山. 2006. 地学信息图谱的基础理论探讨. 地理科学, 26(3): 306-310.
陈勇杰, 张朝琼, 王济. 2017. 西部欠发达地区生态宜居城市评价与建设研究——以贵阳市为例. 贵州师范大学学报(自然科学版), 35(2): 7-13.
陈煜欣. 2009. 国家环保信息化安全管理体系建设探析. 计算机安全, (6): 85-87.
程春明, 李蔚, 宋旭. 2015. 生态环境大数据建设的思考. 中国环境管理, (6): 9-13.
程曼, 王让会. 2010. 物联网技术的研究与应用. 地理信息世界, 2010, (5): 22-28.
程声通, 司徒卫, 章欣, 等. 1989. 地方环境管理信息系统的系统分析. 环境科学, 10(4): 51, 52-58.
程声通, 孙宁璋. 1992. 石嘴山市环境管理信息系统的设计与实施. 环境科学, 13(5): 6-9.

程胜高, 罗泽娇, 曾客峰. 2003. 环境生态学. 北京: 化学工业出版社.
程学旗, 靳小龙, 王元卓, 等. 2014. 大数据系统和分析技术综述. 软件学报, 25(9): 1889-1908.
迟宝倩, 朱海燕. 2008. 光纤传感技术在监测大气污染中的应用. 长春大学学报, 18(2): 54-56.
崔侠, 孙群, 何江华, 等. 2003. 3S 与在线监测技术在环境模型研究中的应用. 生态环境, 12(2): 224-227.
代新宁, 王康, 卜泰. 2013. GIS 在 110 智能指挥调度系统中的应用. 科技成果管理与研究, 5: 32-34.
丁静, 杨善林, 罗贺, 等. 2012. 云计算环境下的数据挖掘服务模式. 计算机科学, 6(39): 217-219.
董娟, 许连丰, 曾戊忠. 2007. 珠海市中小尺度大气扩散应急数值预报模式系统. 气象研究与应用, 28(s2): 10-11.
杜培军, 张海荣, 郑辉. 2007. 环境信息科学的研究进展及其在煤矿区的应用. 上海环境科学, 26(6): 256-260.
樊文杰. 2012. 基于多模型的水环境远程模拟仿真技术研究. 杭州: 浙江大学.
范月君, 侯向阳, 石红霄. 2012. 气候变暖对草地生态系统碳循环的影响. 草业学报, 21(3): 294-302.
范泽孟, 岳天祥. 2004. 资源环境模型库系统与 GIS 综合集成研究. 计算机工程与应用, (4): 4-7.
傅伯杰, 陈利顶, 邱扬. 2002. 黄土丘陵沟壑区土地利用结构与生态过程. 北京: 商务印书馆.
高会旺, 姚小红, 郭志刚, 等. 2014. 大气沉降对海洋初级生产过程与氮循环的影响研究进展. 地球科学进展, 29(12): 1325-1332.
高俊. 1986. 地图、地图制图学, 理论特征与科学结构. 地图, (1): 4-10.
高朗, 程声通. 1997.中国省级环境信息系统建设.计算机应用, 17(4): 33-35.
高鹏飞, 王鹏, 郭亮, 等. 2009. 流域水污染应急决策支持系统中模型系统研究. 哈尔滨工业大学学报, 41(2): 92-96.
宫福强, 刘志斌. 2005. 基于 GIS 技术的阜新市环境质量评价与研究. 阜新: 辽宁工程技术大学.
龚建华, 林珲. 2001. 虚拟地理环境——在线虚拟现实的地理学透视. 北京: 高等教育出版社.
郭刚, 李革, 黄柯棣. 2002. 分布交互仿真中的综合环境建模. 计算机仿真, 19(1): 34-37.
过孝民. 1997. 环境决策与信息支持. 环境科学研究, 10(5): 1-4.
郝选文, 卫海燕. 2007. 基于 Web GIS 的西安市环境监测管理信息系统设计与开发. 内蒙古师范大学学报(自然科学汉文版), 35(5): 617-620.
郝莹, 姚叶青, 郑媛媛, 等. 2012. 短时强降水的多尺度分析及临近预警. 气象, 38(8): 903-912.
何伯述, 郑显玉, 侯清濯, 等. 2001. 中国燃煤电站的生态效率. 环境科学学报, 21(4): 435-438.
何争光. 2004. 大气污染控制工程及应用实例. 北京: 化学工业出版社.
胡彪, 王锋, 李健毅, 等. 2015. 基于非期望产出 SBM 的城市生态文明建设效率评价实证研究——以天津市为例. 干旱区资源与环境, 29(4): 13-18.
胡鹏, 黄杏元, 华一新. 2002. 地理信息系统教程. 武汉: 武汉大学出版社.
胡晓宇, 李云鹏, 李金凤, 等. 2011. 珠江三角洲城市群的相互影响研究. 北京大学学报, 47(3): 519-524.
华敏洁, 高运川. 2005. 大气环境质量模型和 GIS 结合的研究. 上海: 上海师范大学.
环境保护部环境工程评估中心. 2009. 环境影响评价技术方法. 北京: 中国环境科学出版社.
环境保护部环境与经济政策研究中心. 2016. 生态文明制度建设概论. 北京: 中国环境出版社.
宦茂盛, 袁艺, 潘耀中. 2000. 地区级城市环境管理信息系统的设计. 北京师范大学学报(自然科学版), 12(l): 137-141.
黄报远, 蔡萌, 陈作志, 等. 2010. 海洋生态条件约束下的北部湾沿海区域开发战略研究. 北京: 中国环境科学学会, 53-58.
黄丽华, 胡志瑛, 舒艳, 等. 2011a. 黄河中上游能重点产业发展战略生态风险评价. 四川环境, 30(2): 57-63.
黄丽华, 王亚男, 王天培. 2011b. 从五大区域战略环评看中国未来战略环评发展. 环境保护, (6): 50-52.
黄明, 彭苏萍, 张丽娟, 等. 2008. GIS、SMS /GPRS 的环境监测系统设计与实现. 哈尔滨工程大学学报, 29(7): 749-754.

黄文敏, 朱孔贤, 赵玮, 等. 2013. 香溪河秋季水-气界面温室气体通量日变化观测及影响因素分析. 环境科学, 34(4): 1270-1276.
吉东生, 王跃思, 孙扬, 等. 2009. 北京大气中 SO_2 浓度变化特征. 气候与环境研究, 14(1): 69-76.
吉祥. 2012. 数据挖掘技术在环境信息分析与预测中的应用研究. 苏州: 苏州大学.
季奎, 戴晓兰. 2006. 模糊数学在 AEQ 评价中的应用. 环境科学与管理, (6): 184-186.
贾益刚. 2010. IOT 技术在环境监测和预警中的应用研究. 上海建设科技, (6): 65-67.
贾振安, 王佳, 乔学光, 等. 2009. 光纤传感技术在气体检测方面的应用. 光通信技术, (4): 55-58.
蒋波. 2003. 武汉市街道机动车排放污染物扩散模式研究. 武汉: 武汉大学, 34-45.
蒋烨林, 王让会, 彭擎, 等. 2017. 基于物元模型的土壤养分评价. 生态与农村环境学报, (9): 852-859.
金腊华, 徐峰俊. 2008. 环境评价与规划. 北京: 化学工业出版社.
金勤献, 陆晨. 2002. 城市级环境信息系统总体方案的研究与开发. 环境科学学报, 22(1): 103-106.
金勤献, 陆晨, 傅宁. 2001. 国家 EIS 总体方案的研究. 环境信息技术的应用, 10: 82-88.
靳秀英, 董丽. 2015. 环境大数据挖掘与决策. 通讯世界, (10): 286-287.
匡文慧, 张树文, 李颖, 等. 2005. 组件式环境管理信息系统开发与环境模型集成研究. 山东农业大学学报, (3): 425-443.
雷蕾, 秦侠, 姚小丽. 2007. 人工神经网络在环境科学中的应用. 环境研究与监测, 20(1): 50-52.
雷敏, 张兴榆, 曹明明. 2009. 资源型城市绿色 GDP 核算研究——以陕西省榆林市为例. 自然资源学报, 24(12): 2046-2055.
雷孝恩, Chang J S. 1993. 一个高分辨对流层物质交换模式. 气象学报, 51(1): 75-86.
李成, 王让会, 申双和, 等. 2014. 基于 PSR 模型的乌鲁木齐人工增雨环境效应评价. 环境科学与技术, 37(10): 171-176.
李春勇. 2012. 新疆林业信息化建设的发展与思考. 新疆林业, (4): 14-33.
李道亮. 2012. IOT 与智慧农业. 农业工程, 2(1): 1-7.
李东东. 2009. 基于 GIS 的区域大气环境信息系统. 济南: 山东师范大学.
李积勋, 史培军. 1997. 区域环境管理的理论与实践. 北京: 中国环境出版社.
李佳耘, 丁裕国, 余锦华. 2011. 近 20 年来地理科学研究述评. 沙漠与绿洲气象, 5(5): 1-6.
李连营, 李清泉, 李汉武. 2003. 基于 MapX 的 GIS 应用开发. 武汉: 武汉大学出版社.
李平星, 陈雯, 高金龙. 2015. 江苏省生态文明建设水平指标体系构建与评估. 生态学杂志, 34(1): 295-302.
李世东, 刘某承, 陈应发. 2017. 美丽生态: 理论探索指数评价与发展战略. 北京: 科学出版社.
李铁柱, 王炜, 崔广渊. 2002. 城市道路交叉口机动车排放污染物扩散模式. 华中科技大学(城市科学版), 19(2): 32-34.
李巍. 2010. 沿海经济区发展规划环境影响评价理论、方法与实践. 北京: 科学出版社.
李向, 管涛, 徐清. 2012. 基于 BP 神经网络的土壤重金属污染评价方法——以包头土壤环境质量评价为例. 中国农学通报, 28(2): 250-256.
李向欣. 2009. 有毒化学品泄漏事故应急疏散决策优化模型研究. 安全与环境学报, 9(1): 123-126.
李晓林, 朱节清. 2004. 基于扫描核探针技术的大气气溶胶单颗粒物源识别与解析方法研究与应用. 核技术, 27(1): 27-34.
李旭祥. 2003. GIS 在环境科学与工程中的应用. 北京: 电子工业出版社.
李学危. 2012. 基于 IOT 的环境监测系统研究——以新乡市废水与废弃监测为例. 新乡: 河南师范大学.
李崖, 朱奇, 刘敏, 等. 1997. 深圳龙岗多媒体环境信息管理系统的总体设计及其技术特点.环境科学, 18(1): 80-82.
李亿红, 周来东, 张成江, 等. 2003. 基于 MapInfo 的成都市大气环境地理信息系统. 物探化探计算技术, 25(1): 54-59.

李友华, 吕晶, 续珊珊. 2010. 低碳经济发展评价指标体系初探. 哈尔滨商业大学学报: 社会科学版, (6): 8-12.
李哲, 张利萍, 王琳, 等. 2013. 三峡水库澎溪河消落区土-气界面 CO_2 和 CH_4 通量初探. 湖泊科学, 25(5): 674-680.
李祚泳, 丁恒康. 2005. BP 网络应用于大气颗粒物的源解析. 中国环境监测, 21(2): 74-77.
李祚泳, 徐婷婷, 丁晶. 2003. 地下水环境监测优化布点的人工神经网络模型. 城市环境与城市生态, 16(6): 169-171.
连悦, 刘文清, 鹿建春, 等. 2006. 激光诱导荧光光谱方法测量气溶胶颗粒研究. 光谱学与光谱分析, 26(2): 198-202.
梁巧桥. 2009. 光纤传感技术在环境监测中的应用. 环境工程, 27(s): 451-464.
梁媛, 孙亚军, 杨国勇. 2002. 基于 MapObjects 的城市环境信息系统设计与实现. 环境科学与技术, 25(z1): 48-49.
廖克. 1983. 试论现代地图学的体系. 地理学报, 38(1): 80-89.
廖克. 2002. 地球信息图谱的探讨与展望. 地球信息科学, (1): 14-20.
廖克. 2003. 现代地图学. 北京: 科学出版社.
廖克. 2007. 地球信息科学导论. 北京: 科学出版社.
廖克, 陈文惠, 陈毓芬, 等. 2005. 生态环境综合信息图谱的初步研究. 测绘科学, 30(6): 11-14.
廖振良, 刘宴辉, 徐祖信. 2009. 基于案例推理的突发性环境污染事件应急预案系统. 环境污染与防治, 31(1): 86-89.
林琦. 2005. GIS 在城市环境保护领域中的应用. 辽宁城乡环境科技, 25(4): 53-54.
林宣雄, 陆新元. 2000. 国家环境监理信息系统建设. 计算机应用研究, 17(7): 4-6.
林宣雄, 孙波, 李怀祖. 2001. 环境信息技术与应用. 北京: 化学工业出版社, 241-245.
凌云. 2005. 地图可视化系统自适应用户界面的研究. 河南: 解放军信息工程大学.
凌志浩. 2010. IOT 技术综述. 自动化博览, (S1): 11-14.
刘定. 2010. 环境信息化标准的发展. 环境监控与预警, (1): 27-31.
刘光. 2003. 地理信息系统二次开发教程(组件篇). 北京: 清华大学出版社.
刘杰. 2010. IOT: 概念、架构与关键技术研究综述. 北京邮电大学学报, 33(3): 1-9.
刘堃. 2012. 苯储罐泄漏事故的仿真研究. 北京理工大学学报, 32(2): 212-216.
刘莉. 2012. 新疆山区森林资源档案管理存在的问题及建议. 现代农业科技, (17): 160.
刘某承, 苏宁, 伦飞, 等. 2014. 区域生态文明建设水平综合评估指标. 生态学报, 34(1): 97-104.
刘培桐. 1995. 环境学概论. 北京: 高等教育出版社.
刘彤, 闫天地. 2011. 我国的主要气象灾害及其经济损失. 自然灾害学报, 20(2): 90-95.
刘晓莉, 李梦婷. 2005. 基于 MATLAB 的神经网络在城市环境质量评价中的应用. 佛山科学技术学院学报(自然科学版), (1): 42-44.
刘学科, 孙伟平, 胡文臻. 2014. 生态城市绿皮书: 中国生态城市建设发展报告(2014). 北京: 社会科学文献出版社.
刘永春, 贺泓. 2007. 大气颗粒物化学组成分析. 化学进展, 19(10): 1620-1630.
刘勇洪, 徐永明, 马京津, 等. 2014. 北京城市热岛的定量监测及规划模拟研究. 生态环境学报, 23(7): 1156-1163.
闾国年, 张书亮, 龚敏霞, 等. 2003. 地理信息系统集成原理与方法. 北京: 科学出版社.
罗海江, 王文杰, 唐贵刚. 2001. 国家环境监测综合数据空间元数据库系统的设计. 中国环境监测, 17(5): 21-24.
马力, 王辉, 杨林章, 等. 2014. 基于 IOT 技术的土壤温度水分远程实时监测系统的构建和运行. 土壤, 46(3): 526-533.

马勇, 黄智洵. 2016. 长江中游城市群生态文明水平测度及时空演变. 生态学报, 36(23): 7778-7791.
毛建素, 曾润, 杜艳春, 等. 2011. 中国工业行业的生态效率. 环境科学, 31(11): 2788-2794.
蒙海涛, 张骥, 易晓娟, 等. 2013. 物联网技术在环境监测中的应用. 环境科学与管理, 38(1): 10-12,86.
莫荣强, 艾萍, 吴礼福, 等. 2013. 一种支持大数据的水利数据中心基础框架. 水利信息化, (3): 16-20.
聂庆华. 2005. 数字环境. 北京: 科学出版社.
潘乐山. 1984. 信息概念研究简介. 国内哲学动态, (4): 24-29.
裴松皓, 孙红梅, 孙昕, 等. 2006. 激光诱导荧光方法检测二氧化硫. 吉林大学学报(理学版), 44(3): 473-475.
彭海琴, 李娟, 马晋, 等. 2011. 遥感与 GIS 技术在环境科学中的应用研究. 安徽农学通报, 17(5): 146-147.
彭荔红, 李祚泳. 2000. 应用 BP 神经网络实现环境监测的优化布点. 环境保护, (4): 17-19.
彭声良. 1996. 环境管理 DSS 的研究. 环境科学, 17(5): 48-52.
齐清文, 池天河. 2001. 地学信息图谱的理论和方法. 地理学报, 56(增刊): 8-18.
齐锐, 屈韶琳, 阳琳赟, 等. 2003. 用 MapX 开发地理信息系统. 北京: 清华大学出版社.
钱莲文, 吴承祯, 洪伟, 等. 2003. 大气质量评价的污染危害指数法的改进. 福建林学院学报, (3): 249-252.
饶卫民, 章家恩, 肖红生, 等. 2002. 地理信息系统在农业上的应用现状概述. 云南地理环境研究, (2): 13-17.
任娇, 王小萍, 龚平, 等. 2013. 持久性有机污染物气-土界面交换研究进展. 地理科学进展, 32(2): 288-297.
芮元鹏, 阎楠. 2015. “十三五”环境信息化的战略思考. 中国环境管理, 6: 60-65.
商兆堂, 任健, 秦铭荣, 等. 2010. 气候变化与太湖蓝藻暴发的关系. 生态学杂志, 29(1): 55-61.
邵刚. 2012. 工作流技术在电力生产管理中的应用. 科学向导, (6): 272.
沈红军, 张亦含. 2005. 环境监测历史数据整合策略分析. 环境监测管理与技术, 17(5): 1-2.
盛业华, 刘平, 袁林旺, 等. 2005. 地学现象三维空间模拟——以点源烟气扩散为例. 地球信息科学, 7(3): 16-20.
施晓清. 1996. 河流排污交易管理信息系统研究. 上海环境科学, 15(4): 8-10.
舒锋敏, 罗森波, 罗秋红, 等. 2012. 基于关键气象因子和天气类型的广州空气污染预报方法应用. 环境化学, (8): 1157-1164.
宋冰, 牛书丽. 2016. 全球变化与陆地生态系统碳循环研究进展. 西南民族大学学报(自然科学版), 42(1): 14-23.
宋永永, 薛东前, 代兰海, 等. 2018. 中国区域环境伦理行为与环境质量互动格局研究. 干旱区资源与环境, 32(7): 61-69.
孙洪海, 肖艳玲, 王艳秋. 2016. 基于三维状态空间模型的石化企业生态承载力评价研究. 中国石油大学学报（社会科学版）, 32(1): 7-10.
孙枉. 2006. 落实应急预案: 提升环境应急能力. 热点观察, 3: 37-40.
唐迎洲. 2004. WASP5 水质模型在平原河网区水环境模拟中的开发与应用. 南京: 河海大学.
田永中, 岳天祥. 2003. 地学信息图谱的研究及其模型应用探讨. 地球信息科学, 3(9): 103-106.
万鲁河, 卢廷玉, 张羽威, 等. 2015. 基于 WebGIS 与云计算的水环境管理信息系统研究. 测绘与空间地理信息, 38(3): 13-17.
王家耀, 孙群, 王光霞, 等. 2006. 地图学原理与方法. 北京: 科学出版社.
王俭, 胡筱敏. 2003. 一种基于模糊神经网络的大气质量评价模型. 城市环境与城市生态, 16(5): 92-94.
王俭, 胡筱敏, 郑龙熙, 等. 2002. 基于 BP 模型的大气污染预报方法的研究. 环境科学研究, 15(5): 62-64.

王敬华. 2001. 小城镇生态规划理论研究. 保定: 河北农业大学.
王娟. 2004. RS-GIS-EIS 技术支持下的吉林西部生态环境集成研究. 长春: 吉林大学.
王康. 2011. 区域大气环境信息管理及展示平台设计与实现. 广州: 华南理工大学.
王昆昌, 潘贤章, 周睿, 等. 2012. 应用基于 PLSR 的土壤-环境模型预测土壤属性. 土壤学报, 49(2): 237-245.
王磊, 宋乃平. 2011. 宁夏经济增长过程中的碳排放分析与预测. 干旱区资源与环境, 25(7): 23-27.
王桥. 2004. 环境地理信息系统. 北京: 科学出版社.
王桥, 吴纪桃. 1997. GIS 中的应用模型及其管理研究. 测绘学报, 26(3): 280-282.
王让会. 2002. 地理信息科学的理论与方法. 乌鲁木齐: 新疆人民出版社.
王让会. 2008a. 城市生态资产评估与环境危机管理. 北京: 气象出版社.
王让会. 2008b. 全球变化的区域响应. 北京: 气象出版社.
王让会. 2011. 生态信息科学研究导论. 北京: 科学出版社.
王让会. 2012a. 生态规划导论. 北京: 气象出版社.
王让会. 2012b. 生态科学研究的新进展. 南京信息工程大学学报(自然科学版), 4(4): 301-306.
王让会. 2014. 生态工程的生态效应研究. 北京: 科学出版社.
王让会, 李锦, 宁虎森, 等. 2009. MODS 格局下生态景观信息图谱的建立. 遥感技术与应用, 24(4): 442-448.
王让会, 薛英, 宁虎森, 等. 2010. 基于生态风险评价的流域生态补偿策略. 干旱区资源与环境, 24(8): 1-5.
王让会, 张慧芝. 2005. 生态系统耦合的原理与方法. 乌鲁木齐: 新疆人民出版社.
王腾. 2015. 互联网+时代下中国环境监管面临的机遇与挑战. 环境保护, 17(11): 48-51.
王希杰. 2011. 基于物联网技术的生态环境监测应用研究. 传感器与微系统, 30(7): 149-152.
王向明, 伏晴艳, 刘红. 2007. 环境监测实验室信息管理系统建设——以上海市环境监测中心为例. 环境监测管理与技术, 19(4): 4-8.
王行仁. 2004. 建模与仿真技术的若干问题探讨. 系统仿真学报, 16(9): 1896-1897.
王雄, 孙水裕, 王孝武. 2003. 数据仓库在城市环境信息系统中的应用. 计算机工程, 29(21): 170-171.
王玉哲, 周启星. 2012. 有机污染物的土壤微界面过程及其影响因素. 生态学杂志, 31(4): 1034-1042.
王跃思, 张军科, 王莉莉, 等. 2014. 京津冀区域大气霾污染研究意义、现状及展望. 地球科学进展, 29(3): 388-396.
王泽华, 李怀祖, 林宣雄, 等. 2001. 国家环境监理信息系统的研制. 环境科学学报, 21(3): 378-381.
王自发, 谢付莹, 王喜全, 等. 2006. 嵌套网格空气质量预报模式系统的发展与应用. 大气科学, 30(5): 778-790.
王宗军. 1994. 复杂对象系统综合评价决策支持系统开发环境的研究//中国系统工程学会学术年会, 北京: 科学技术文献出版社.
韦惠红. 2005. 我国臭氧和紫外线的分布特征及未来变化预测. 南京: 南京信息工程大学.
文仁强, 黄全义, 黄东海. 2008. 危化品泄漏扩散预测模型与GIS集成及其在应急决策中的应用研究. 测绘通报, 4: 52-54.
武赫男. 2006. 海南省生态环境规划研究. 长春: 东北师范大学.
伍世丰. 2011. 珠三角酸雨污染特征及其影响因素初步分析. 广州: 暨南大学.
席永线. 2012. 我国绿色 GDP 实证研究——以山西省为例. 北京: 中国地质大学.
肖笃宁, 刘秀珍, 高峻, 等. 2003. 景观生态学. 北京: 科学出版社.
谢槟宇, 温丽丽, 宋永会, 等. 2011. 化工园区环境风险源监控平台设计研究. 中国环境监测, 27(1): 60-63.
谢东升, 李旭祥. 2004. 可视化技术在环境科学中的应用. 新疆环境保护, 26(1): 25-29.
徐大海, 朱蓉. 2000. 大气平流扩散的箱格预报模型与污染潜势指数预报. 应用气象学报, 11(1): 1-12.

徐恒省, 洪维民, 王亚超, 等. 2008. 太湖蓝藻水华预警监测技术体系的探讨. 中国环境监测, 24(2): 62-65.

徐建华, 岳文泽, 谈文琦. 2004. 城市景观格局尺度效应的空间统计规律——以上海中心城区为例. 地理学报, (6): 1058-1067.

徐敏, 孙海林. 2011. 从“数字环保”到“智慧环保”. 环境监测管理与技术, 23(4): 5-7.

徐祥德, 丁国安, 周丽, 等. 2003. 北京城市冬季大气污染动力: 化学过程区域性三维结构特征. 科学通报, (5): 496-501.

薛安, 倪晋仁, 马蔼乃. 2002. 模型与GIS集成理论初步研究. 应用基础与工程科学学报, (2): 134-142.

薛文博, 王金南, 杨金田, 等. 2013. 国内外空气质量模型研究进展. 环境与可持续发展, (3): 14-20.

闫海忠, 杨树华, 张光飞. 2006. 环境信息系统基础. 北京: 科学出版社.

杨明. 2006. 基于ArcGIS Engine的林业生态工程管理信息系统设计与图层管理模块的实现. 北京: 中国林业科学研究院.

杨晓芳, 王东升, 孙中溪, 等. 2010. ATR-FTIR在研究环境固液微界面吸附过程中的应用. 化学进展, 22(6): 1185-1194.

杨艳, 王红旗, 王亚男. 2000. 环境管理信息网络系统概念框架. 地球信息科学, 2(3): 38-44.

杨艳茹. 1996. 废物管理信息系统的研究. 上海环境科学, 15(7): 4-6.

叶文虎. 2001. 环境管理学. 北京: 高等教育出版社.

殷殿龙, 陈季, 徐洪恩, 等. 2010. 环境信息可视化表达的内容和方法. 中国科技信息, 12: 115-116.

尹科, 王如松, 周传斌, 等. 2012. 国内外生态效率核算方法及其应用研究述评. 生态学报, 32(11): 3595-3605.

于起峰, 尚洋. 2009. 摄影测量学原理与应用研究. 北京: 科学出版社.

于谦龙, 王让会, 张慧芝, 等. 2006. 新疆绿色GDP的核算与分析. 干旱区地理, 29(3): 445-451.

余明, 廖克, 李春华, 等. 2005. 福建生态环境信息图谱数据库系统设计与实现. 地球信息科学, 7(4): 117-121.

袁丽静, 郑晓凡. 2017. 环境规制、政府补贴对企业技术创新的耦合影响. 资源科学, 39(5): 911-923.

原黎黎. 2018. 可持续发展视角下的环境伦理研究. 学理论, 1: 90-92.

曾凡棠, 林奎, 沈茜, 等. 2000. 环境DSS的设计及其在水质管理中的应用. 地理学报, 53(6): 652-660.

曾向阳, 陈克安, 李海英. 2005. 环境信息系统. 北京: 科学出版社.

曾小红. 2011. 危险化学品泄漏事故风险评估模型及应用研究. 重庆: 重庆大学.

张爱军. 1998. 浅谈环境信息学. 环境科学动态, (2): 25-27.

张百杰, 李文彬, 王琥, 等. 2011. 树径及其环境信息远程动态监测系统的研究. 湖南农业科学, (11): 36-41.

张洪军. 2007. 生态规划: 尺度、空间布局与可持续发展. 北京: 化学工业出版社.

张惠远, 饶胜, 迟妍妍, 等. 2006. 城市景观格局的大气环境效应研究进展. 地球科学进展, (10): 1025-1032.

张建奋. 2003. 基于构件的GIS软件开发研究. 杭州: 浙江大学.

张锦宗, 朱瑜馨. 2004. ANN在森林资源预测中的应用研究. 干旱区研究, 21(4): 374-378.

张静, 潘新华. 2008. 绿色投入产出理论相关研究综述. 商业时代, 32: 11-12.

张婧, 朱国伟, 姚海燕. 2007. 基于可持续发展理论的绿色GDP核算——以江苏省为例. 安徽农业科学, 35(33): 10896-10898.

张昆实, 万家云, 刘松, 等. 2004. BP神经网络在湖泊水质评价中的应用研究. 长江大学学报(自科版), 1(2): 28-30.

张强, 韩兰英, 张立阳, 等. 2014. 论气候变暖背景下干旱和干旱灾害风险特征与管理策略. 地球科学进展, 29(1): 80-91.

张琼, 石琳. 2014. 基于3S技术的土壤环境监测信息系统的设计. 测绘与空间地理信息, 37(1): 100-105.
张荣群. 2009. 地学信息图谱研究进展. 测绘科学, 34(1): 14-16.
张肆红, 路晓光, 叶勇, 等. 2010. 水资源信息管理系统设计与开发. 测绘与空间地理信息, 12(33): 83-88.
张晓杰, 孙萍. 2008. 公众参与科技决策的理论依据和现实动因. 科技管理研究, 2: 40-42.
张晓明. 2007. 典型县域生态建设规划的初步研究. 青岛: 青岛大学.
张学敏. 2010. 国内外环境信息系统建设及研究进展//2010中国环境科学学会学术年会论文集(第二卷).
张燕光. 2004. 由紫外辐射对人体的影响看航线选择的重要性.中国民航大学学报, 22(2): 34-38.
张志勇, 吴斌, 史忠植. 2000. 应用GIS技术的全国海区测绘生产管理信息系统. 计算机应用研究, 17(10): 56-58.
张祖勋. 2007. 数字摄影测量30年. 武汉: 武汉大学出版社.
赵芬, 张丽云, 赵苗苗, 等. 2017. 生态环境大数据平台架构和技术初探. 生态学杂志, 36(3): 824-832.
赵珂, 冯月. 2009. 城乡空间规划的生态耦合理论与方法体系. 土木建筑与环境工程, 31(1): 94-98.
赵青. 2009. 基于APH模糊综合评价法的露天矿生态环境质量评价. 阜新: 辽宁工程技术学院.
赵伟, 林报嘉, 邬伦. 2003. GIS与大气环境模型集成研究与实践. 环境科学与技术, (5): 27-29.
赵伟丽. 2008. 北京山区生态规划理论与方法研究. 北京: 首都经济贸易大学.
赵玉勇, 吴永明. 1999. 在DSS中应用数据仓库技术的研究. 计算机系统应用, (3): 29-32.
中国科学院可持续发展战略研究组. 2010. 2010中国可持续发展战略报告: 绿色发展与创新. 北京: 科学出版社.
周国梅, 彭昊, 曹凤中. 2003. 循环经济和工业生态效率指标体系. 城市环境与城市生态, 16(6): 201-203.
周侃, 樊杰. 2016. 中国环境污染源的区域差异及其社会经济影响因素——基于339个地级行政单元截面数据的实证分析. 地理学报, 71(11): 1911-1925.
周理乾. 2017. 西方信息研究进展述评. 自然辩证法通讯, 39(1): 137-154.
周廷刚. 2003. 基于遗传神经网络模型的大气环境质量评价方法. 四川环境, 22(3): 73-76.
周小希. 2009. 基于GIS二次开发的水资源DSS的研究. 天津: 天津大学.
朱怀松, 白雪. 2008. 中国城市环境信息化建设存在的问题及发展战略. 黑龙江水利科技, 36(1): 110-112.
诸大建, 朱远. 2005. 生态效率与循环经济. 复旦学报(社会科学版), (2): 60-66.
Ahlerss J, Martin S. 2003. Risk assessment of chemicals in soil: Recent developments in the EU. Journal of Soils and Sediments, 3(4): 240-241.
Ahmad M, Bajahlan A S, Hammad W S. 2008. Industrial effluent quality, pollution monitoring and environmental management. Environmental Monitoring and Assessment, 147(1-3): 297-300.
Arnfield A J. 2003. Two decades of urban climate research: A review of turbulence, exchanges of energy and water, and the urban heat island. International Journal of Climatology, 23(1): 1-26.
Balanescu M, Matei E, Avram N. 2004. Management of environment data concerning the technological wastes and waste waters resulted on an iron and steel making platform, by help of data bases. Metallurgy and New Materials Researches, 12(4): 36-40.
Barach M E, Kadiwal A, Glitho R, et al. 2010. The design and implementation of architectural components for the integration of the IP multimedia subsystem and wireless sensor networks. IEEE Communications Magazine, 48(4): 42-50.
Basu A, Malhotra S. 2002. Error detection of bathymetry data by visualization using GIS. ICES Journal of Marizine Science, 59: 226-234.
Boersema J J, Reijnders L. 2009. Principles of Environmental Sciences. Quarterly Review of Biology, 6(51): 317-318.

Bonastre A, Capella J V, Ors R, et al. 2012. In-line monitoring of chemical-analysis processes using Wireless Sensor Networks. Trends in Analytical Chemistry, 34: 111-125.

Carras J N, Cope M, Lilley W, et al. 2002. Measurement and modeling of pollutant emissions from Hong Kong. Environmental Modelling & Software, 17: 87-94.

Chapman P M, Wang F. 2000. Issues in ecological risk assessment of inorganic metals and metalloids. Human and Ecological Risk Assessment, 6(6): 965-988.

Commission of European Communities. 2003. Technical guidance document on risk assessment: Part Ⅱ. environmental risk assessment. Ispra, Italy: Joint Research Center, Institute For Health And Consumer Protection, 1-3.

Cook R B, Suter II G W, Sain E. 1999. Ecological risk assessment in a large river reservoir: Introduction and background. Environmental Toxicology Chemistry, 18(4): 581-588.

Cormier S M, Smith M, Norton S, et al. 2000. Assessing ecological risk in watershed: a case study of problem formulation in the Big Darby Creek Watershed, Ohio, USA. Environmental Toxicology Chemistry, 19(4): 1082-1096.

Desimone R V, Agosta J M. 1994. Oil spill response simulation: the application of artificial intelligence planning technology. Society For Computer Simulation, P. P. Box 17900, San diego, Ca 92177(USA): 36-44.

Dickinson J L, Zuckerberg B, Bonter N D. 2010. Citizen science as an ecological research tool: Challenges and benefits. Annual Review of Ecology, Evolution, and Systematics, 41: 149-172.

Endrenya T, Santagatah R, Pernab A, et al. 2017. Implementing and managing, urban forests; A much needed conservation strategy to increase ecosystem services and urban wellbeing. Ecological Modelling, 360: 328-335.

Fath B D, Patten B C, Choi J S. 2001. Complementarity of ecological goal functions. Journal of Theoretical Biology, 208: 493-506.

Fedra K, Greppin H, Haurie A, et al. 1996. GENIE: An integrated environmental information and decision support system for Geneva part Ⅰ: Air quality. Archs Sci. Genève, 49(3): 247-263.

Fisher P F. 1991. Modelling soil map-unit inclusions by Monte Carlo Simulation. International Journal of Geographic Information System. 5(2): 193-208.

Forman R T T, Godron M. 1986. Landscape Ecology. New York: John Wiley and Sons, 25-27.

Fu J, Zhao C P, Luo Y P. 2014. Heavy metals in surface sediments of the Jialu River, China: Their relations to environmental factors. Journal of Hazardous Materials, 270(3): 102-109.

Gallo K P, McNab A L, Karl T R, et al. 1993. The use of a vegetation index for assessment of the urban heat island effect. International Journal of Remote Sensing, 14(11): 2223-2230.

Grossmann M, Hönle N, Lübbe C, et al. 2009. An abstract processing model for the quality of context data. QuaCon LNCS, 5786: 132-143.

Guanter L, Richter R, Kaufmann H. 2009. On the application of the MODTRAN4 atmospheric radiative transfer code to optical remote sensing. International Journal of Remote Sensing, 30(6): 1407-1424.

Heo J S, Kim D S. 2004. A new method of ozone forecasting using fuzzy expert and neural network systems. Science of The Total Environment, 325(1-3): 221-237.

Hilty L M, Page B. 1996. Environmental informatics as a new discipline of applied computer science. Environmental Informatics, 6: 1-11.

Hinton J C. 1996. GIS and remote sensing integration for environmental applications. International Journal of Geographic Information Science, 10(7): 877-890.

Hormdee D, Kanarkard W, Adams R G, et al. 2006. Risk management for chemical emergency system based on GIS and Decision Support System(DSS). 2006 IEEE Region 10 Conference , Hong Kong, 2007: 1-3.

Huang G H, Chang N B. 2003. Perspectives of environmental information and systems analysis. Journal of Environmental Informatics, 1(1): 1-6.

Hudak P F. 1993. Application of GIS in water resources management. Water Resources Bulletin, 29(3): 383-407.

Hungerford H R. 1990. Changing learner behavior through environmental education. Journal of Environmental Education, 21(3): 8-21.

Jacobson R D. 1998. Cognitive mapping without sight: Four preliminary studies of spatial learning. Journal of Environmental Psychology, 18(3): 289-305.

Jamecison D G. 1996. The ‘Water Ware’ decision support system for River-basin planning: 1. Conceptual design. Journal of Hydrology, (177): 163-175.

Johnson D S, Conn P B, Hooten M B, et al. 2013. Spatial occupancy models for large data sets. Ecology, 94: 801-808.

Korhonen P J, Luptacik M. 2004. Eco-efficiency analysis of power plants: An extension of data envelopment analysis. European Journal of Operational Research, 154(2): 437-446.

Kranz M, Holleis P, Schmidt A. 2010. Embedded interaction: Interacting with the internet of things. IEEE Internet Computing, 14(2): 46-53.

Legac A. 1994. Videogrammetry or digital photogrammetry: General remarks, methodology, application. Proceedings of SPIE, 2350: 16-21.

Maione M, Arduini J, Mangani G, et al. 2004. Evaluation of an automatic sampling gas chromatographic-mass spectrometric instrument for continuous monitoring of trace anthropogenic gases. J. Environ. Anal. Chem., 84(4): 241-253.

Manzoor A, Truong H L, Dustdar S. 2009. Using quality of context to resolve conflicts in context-aware systems//Rothermel K, et al. QuaCon 2009, LNCS 5786, 2009: 144-155.

Mol G, Vriend S P, van Gaans P F M. 2001. Environmental monitoring in the the Netherlands: Past developments and future challenges. Environmental Monitoring & Assessment, 68(3): 313-319.

Moninger W R, Dyer R M. 1988. Survey of past and current AI work in the environmental sciences. AI Applications in Natural Resource Management, 2(1): 48-52.

Nath B, Birch G, Chaudhuri P. 2014. Assessment of sediment quality in *Avicennia marina*-dominated embayments of Sydney Estuary: The potential use of pneumatophores (aerial roots) as a bio-indicator of trace metal contamination. Science of the Total Environment, 472: 1010-1020.

Nayak P C, Sudheer K P, Jain S K. 2014. River flow forecasting through nonlinear local approximation in a fuzzy model. Neural Computer and Application, 25(7-8): 1951-1965.

OECD. 1998. Eco-efficiency. Organization for Economic Cooperation and Development. Paris: OECD.

OECD. 2001. OECD Environmental Indicators Towards Sustainable Development 2001. OECD Organisation for Economic Co-operation and Development, 152: 1-152.

OECD Indicators. 2011. Towards Green Growth: Monitoring Progress.

Pettorelli N. 2018. Applied ecology in the 21st century. Ecological Society of America: Version of Record online: DOI: 10. 1002/ecy. 2116.

Pielke R A, Avissa R. 1990. Influence of landscape structure on local and regional climate. Landscape Ecology, (4): 133-155.

Romanowicz R, Young P, Brown P, et al. 2006. A recursive estimation approach to the spatio-temporal analysis and modeling of air quality data. Environmental Modelling & Software, 21(6): 759-769.

Schmidt H, Glaesser C. 1998. Multi-temporal analysis of satellite data and their use in the monitoring of environmental impacts of open cast lignite mining areas in Eastern Germany. International Journal of Remote Sensing, 19(12): 2245-2260.

Scholz R W, Wiek A. 2005. Operational eco-efficiency, comparing firm's environmental investments in different domains of operation. Journal of Industrial Ecology, 9(4): 155-170.

Singha R K, Murtyb H R, Guptac S K, et al. 2009. An overview of sustainability assessment methodologies. Ecological Indicators, 9(2): 189-212.

Szewczyk R, Osterweil E, Polastre J, et al. 2004. Habitat monitoring with sensor networks. Communications of the ACM, 47(6): 34-40.

Thiemann S, Kaufmann H. 2000. Determination of chlorophyll content and trophic state of lakes using field spectrometer and IRS-1C satellite data in the Mecklenburg Lake District, Germany. Remote Sensing of Environment, 73(2): 227-235.

U. S. Environmental Protection Agency. 1998. Guidelines for Ecological Risk Assessment. Washington DC: Office of Water US EPA: 5-10.

Ventura S J. 1993. New method in resource management. Water Resources Bulletin, 29(2): 453-466.

Wall-Markowski C, Kicherer A, Wittlinger R. 2005. Eco-efficiency: Inside BASF and beyond. Management of Environmental Quality, 16(2): 153-160.

Webb J A, Watts R J, Allan C, et al. 2018. Adaptive management of environmental flows. Environmental Management, 61(3): 339-346.

WHO. 1994. WHO healthy cities: A program framework. A review of the operation and future development of the WHO healthy cities program. World Health Organization, Geneva: 1-2.

Willard B. 2002. The Sustainability Advantage: Seven Business Case Benefits of A Triple Bottom Line. Gabriola Island: New Society Publishers: 14-16.

Williams B, Moore A W, Moore A W. 2006. Philosophy as a Humanistic Discipline. Princeton: Princeton University Press, 1-5.

Wolfgang L, Rudolf O. 2001. From national emission totals to regional ambient air quality information for Austria. Advances in Environmental Research, 5: 395-404.

Wrteng A Y K, Cavez P S. 1998. Change detection study of Kuwait city and environments using multi-temporal Landsat TM data. International Journal of Remote Sensing, 19(9): 1651-1662.

Xu L, Zhang M, Li K, et al. 2008. Dynamic simulation of mountain-valley circulation over complex terrain. System Simulation and Scientific Computing, ICSC, Beijing: 32-35.

Yap K, Srinivasan V, Motani M. 2008. MAX: Wide area human-centric search of the physical world. ACM Transactions on Sensor Networks, 4(4): 1-34.

Zaksek K, Oštir K. 2012. Downscaling land surface temperature for urban heat island diurnal cycle analysis. Remote Sensing of Environment, (117): 114-124.

Zhong E S, Song G F, Wang E Q. 1997. Development of a component GIS based on applications. Proceedings of IEAS '97 & IWGIS', (1): 18-22.

Zikopoulos P, Eaton C. 2011. Understanding Big Data: Analytics for Enterprise Class Hadoop and Streaming Data. McGraw-Hill Osborne Media: 1-4.

附录　相关术语中英文对照表

英文缩写	英文名称	中文名称
AHP	analytic hierarchy process	层次分析法
AI	artificial intelligence	人工智能
ANN	artificial nervous network	人工神经网络
AP	air pollutants	大气污染物
APC	air pollutant concentration	大气污染物浓度
APF	air pollution forecast	大气污染预报
API	application programming interface	应用程序编程接口
AR	augmented reality	增强现实
BDSS	Beidou Satellite System	北斗卫星系统
BLL	business logic layer	业务逻辑层
BVC	beautiful village construction	美丽乡村建设
B/S	browser/server	浏览器/服务器
CAD	computer-aided design	计算机辅助设计
CBR	case-based reasoning	案例推理技术
CC	cloud computing	云计算
CDM	clean development mechanism	清洁发展机制
CEED	compensation for ecological environment damages	生态环境损害赔偿
CFP	carbon footprint	碳足迹
C/S	client/server	客户机/服务器结构
CV	computer vision	计算机视觉
DAL	data access layer	数据访问层
DB	database	数据库
DBD	database design	数据库设计
DEA	data envelopment analysis	数据包络分析
DEP	digital environmental protection	数字环保
DIP	digital image processing	数字图像处理
DM	data mining	数据挖掘
DO	dissolved oxygen	溶解氧
DOM	dissolved organic matter	可溶性有机物
DPS	digital photogrammetry system	数字摄影测量系统
EBD	environmental big data	环境大数据
ECB	ecosystem carbon budget	生态系统碳收支
ECC	ecological civilization construction	生态文明建设

续表

英文缩写	英文名称	中文名称
EE	ecological efficiency	生态效率
EFP	ecological footprint	生态足迹
EIM	Environmental Information Management	环境信息管理
EIOT	ecological internet of things	生态物联网
EIV	environmental information visualization	环境信息可视化
ENEM	environmental emergency	环境应急事件
ENIOT	environmental internet of things	环境物联网
ENITP; ENIS	environmental information TUPU; environmental information spectrum	环境信息图谱
EQA	environmental quality assessment	环境质量评价
ERA	environmental risk assessment	环境风险评价
ESS	ecological system serves	生态系统服务
EWS	early warning system	预警系统
FCSMIS	forest carbon sink management information system	林业碳汇管理信息系统
FTTP	fiber to the home	光纤到户
FWA	fuzzy weighted average	模糊加权均值法
GD	green development	绿色发展
GDA	green development assessment	绿色发展评估
GGDP	green gross domestic product	绿色国内生产总值
GIS	geographical information system	地理信息系统
GPS	global positioning system	全球定位系统
HLA	high level architecture	高层体系构架
HMP	heavy metal pollution	重金属污染
HPW	heat pollution of water	水体热污染
HRST	hyperspectral remote sensing technology	高光谱遥感技术
IOT	Internet of things	物联网技术
ISI	iron and steel industry	钢铁行业
ITP	information TUPU	信息图谱
LUCC	land use and coverage change	土地利用/覆被变化
MIS	Management information system	管理信息系统
MODIS	moderate-resolution imaging spectrometer	中分辨率成像光谱仪
MODS	mountain-oasis-desert system	山地-绿洲-荒漠系统
MSMP	modeling and simulation master plan	建模与仿真计划
MWFGLLC	mountain-water-forest-grass-land and lake community	山水林田湖草系统
NDVI	normalized difference vegetation index	归一化植被指数
NGN	next generation network	下一代网络
NIC	negative ion concentration	负离子浓度

续表

英文缩写	英文名称	中文名称
NOI	negative oxygen ion	负氧离子
OECD	Organization for Economic Co-operation and Development	经济合作与发展组织
OOM	object oriented method	面向对象方法
OP	organic pollutant	有机污染物
PCA	principal component analysis	主成分分析法
PHET	photoelectric technology	光电技术
PLC	programmable logical controller	可编程逻辑控制器
PM	particulate matter	颗粒物
POPS	persistent organic pollutants	持久性有机污染物
PP	primary particles	一次颗粒物
RFID	radio frequency identification devices	射频识别技术
RS	remote sensing	遥感
RSM	remote sensing monitoring	遥感监测
SBM	slacks based measure	基于松弛变量的测度模型
SEP	smart environmental protection	智慧环保
SGI	soil-gas interface	土-气界面
SHM	soil heavy metals	土壤重金属
SOM	soil organic matter	土壤有机质
SP	secondary particles	二次颗粒物
SS	suspended substance	水体悬浮物
SWI	soil-water interface	土-水界面
TIRRS	thermal infrared remote sensing	热红外遥感
TOPSIS	technique for order preference by similarity to ideal solution	逼近理想解排序法
TSP	total suspended particulates	总悬浮颗粒物
UAVRS	unmanned aerial vehicle remote sensing	无人机遥感
UNEP	UN Environment Programme	联合国环境规划署
USGS	Unite States Geological Survey	美国地质调查局
USL	user show layer	表示层
UWB	ultra wideband	（超宽带）无载波通信技术
VR	virtual reality	虚拟现实
WBCSD	World Business Council for Sustainable Development	世界可持续发展工商理事会
WFP	water footprint	水足迹
WGI	water-gas interface	水-气界面

后　记

在时光运转、岁月更替的历史时刻，在新时代的发展阶段，人们对环境问题的关注超过了以往任何时候，人们对绿色发展的需求也比以往任何时候更加渴望。不妨让我们共同梳理一下 2018 年中国的若干重大事件，也许从这些重大事件中，我们能够获得对环境信息化与环境管理等诸多问题的新思路。

2018 年 1 月 1 日，《中华人民共和国环境保护税法》以及“生态环境损害赔偿制度”等开始实施。2018 年元月，长三角大气污染联合治理论坛召开，进一步强化大气治理的目标途径；在李克强总理强调大气污染严格治理的背景下，京津冀大气污染治理联合行动计划在清华大学首席科学家郝吉明院士的带领下启动，涵盖京津冀晋鲁豫共 26+2 县市；这一系列环境治理策略就像新时代春天里的冲锋号，鼓舞社会各界人士积极投入环境治理与 ECC 的热潮中。

2018 年 2 月 12 日，中国在西昌卫星发射中心用长征三号乙运载火箭成功发射了北斗系统第 28 和 29 颗导航卫星。这次发射的一箭双星是中国北斗项目第三步，也是最后一步完成组网的第 5 和第 6 颗星。至此，距中国北斗卫星导航系统（BDS）组网的 35 颗卫星目标仅差 6 颗就可完成。2018 年 3 月 31 日，高分一号（GF-1）02、03、04 卫星由太原发射成功。对于导航与位置服务以及环境信息获取等必将发挥更大作用。

党的十九大进一步强调实施七大战略，统筹山水林田湖草系统治理，发展绿色生态产业，对于全面推进生态文明建设具有战略意义；七大战略对于促进生态环境保护，发展环保事业也具有重要的指导价值。党的十九大把“绿水青山就是金山银山”写入党章，2018 年全国“两会”通过的宪法修正案又将美丽中国和生态文明等内容写入宪法，生态文明的主张成为国家意志的体现，绿色发展理念更加深入人心。2018 年 1 月 1 日起，中国开始试行“生态环境损害赔偿制度”等一系列新的环保法案，同时，也将实施《中华人民共和国环境保护税法》；在环保巡视及督察制度不断完善的新形势下，严格执行“大气十条”、“水十条”及“土十条”等相关政策法规，逐步推进“河长制”、“湖长制”及“所长制” 等制度，从人民群众日益关注的身边环境问题入手，真抓实干，对于生态环境领域将发挥更大的促进作用，也必将促进美丽中国与生态文明建设的顺利进行。

在探索环境信息科学及技术的历程中，无论是环境研究者、技术研发者、保护工作者，还是管理工作者，都付出了一定的努力，但一个理论体系的建立与发展是永无止境的，环境保护创新理念及思想的进步，直接促进了环境信息科学的发展，而各类技术的进步又促进了学科领域的拓展与完善；客观实践的需求更是直接提供了环境信息科学的丰富滋养，促进学科更好地服务于国民经济、社会发展与环境保护等各项事业的新发展。

目前，AI 的发展超过了以往任何时候。快速发展的 AI 及信息化与智能化等一系列技术，正在改变着我们生活的环境，人类赖以生存的地球正在经受着严峻的考验，把健康、安全、和谐、美好的地球留给未来，是当代人类的共同使命，是践行可持续发展人类共识的客观要求。AI是计算机学科的一个分支，20世纪70年代以来被称为世界三大尖端技术（空间技术、能源技术、人工智能）之一，也被认为是21世纪三大尖端技术（基因工程、纳米科学、人工智能）之一。2017年10月26日，沙特阿拉伯授予美国汉森机器人公司生产的机器人索菲亚公民身份。作为史上首个获得公民身份的机器人，索菲亚当天在沙特说，它希望用AI"帮助人类过上更美好的生活"。索菲亚拥有仿生橡胶皮肤，可模拟62种面部表情，其"大脑"采用了AI和Google语音识别技术，能识别人类面部、理解语言、记住与人类的互动。2018年3月21日，索菲亚参加了在尼泊尔加德满都举行的联合国可持续发展目标亚洲和太平洋地区创新大会。AI的发展超越人们的想象。目前，AI机器人已经在医疗诊断、音乐鉴赏、棋艺博弈、家庭生活以及智能交通等方面得到了成功的应用，并正在进一步智能化。AI的发展必将极大地改变人们的思维方式、生活方式；改变人们对于自然与社会的认知模式与认知程度。相信人们对于环境信息的感知，以及对环境信息科学的认识会发生巨大的变化。在高新技术的支撑下，不懈努力创新，树立人类命运共同体的意识，倡导五大发展理念，是实现中华民族伟大复兴的中国梦征程中的必由之路，也是现代文明的必然选择。

2018年3月14日，英国著名物理学家史蒂芬·霍金（Stephen William Hawking）逝世，这位与未来对话的人类思想家，曾有诸多富有科学思想及哲学理念的预言，他的《时间简史》是人类认识时空及许多宇宙问题与哲学问题的重要著作。无论对宇宙起源、时空概念、外星生命、人工智能，还是对人类环境，都有过独到而超越当代的论述。人类若不节约资源，保护环境，大概再有600年，地球可能就会变成一个火球，人类可能不得不移居火星。3月14日也是一个特别的日子，1879年3月14日，阿尔伯特·爱因斯坦（Albert Einstein）出生，人们很自然地把两位科学巨匠联系到了一起，当两位物理学大师在相隔139年的巧合中相遇时，他们会聊些什么？人们设想那或许还是他们共同热衷的相对论。如今的人们没有理由不珍惜我们赖以生存的地球家园，保护我们赖以生存的地球环境！

2018年4月，首届数字中国建设峰会在福州举行，这是继1999年首届"数字地球"国际论坛在中国北京举行20年后的"数字化"盛会，中国将在一系列新的信息化技术支撑下，进一步发展中国的各项事业，数字产业、数字城市、数字流域、数字国土、数字社会、数字生活，特别是数字环保将得以加强，环境信息科学与技术，在信息化、数字化、网络化及BD与AI等快速发展的背景下得以发展。目前，福建省环境信息中心通过大数据管理平台的处理分析，利用生态云平台初步构建了环境监测、环境监管、公众服务三大信息化体系，通过信息系统整合和集约化建设，极大地提升生态环境监管效率和智能化水平。

在环境监测体系中，生态云平台构建了水体、大气、土壤、核与辐射环境的统一监测网络平台，将各类环境监测数据进行了整合，并以改善环境质量为核心开展综合分析和预警预报。污染源监管体系则重点围绕污染源全过程监管提供信息化支撑，对企业从购买排污权、申领排污许可证到在线监控、执法检查、信用评价等各个环节进行"全生命周期"监管，实现永久追溯。这是环保科技进步促进现代环保事业发展的必然结果。同时，2018年4月，习近平在全国网络安全和信息化工作会议上强调，敏锐抓住信息化发展的历史机遇，自主创新推进网络强国建设。未来不管技术如何发展，秉承低碳环保理念，坚守环境伦理，遵循环境法规，努力践行科学发展观，始终是人类可持续发展的基础。

2018 年 5 月 18～19 日，全国生态环境保护大会召开，习近平强调“坚决打好污染防治攻坚战，推动我国生态文明建设迈上新台阶”，并且强调大力推动绿色发展，深入实施大气、水、土壤污染防治三大行动计划，率先发布《中国落实 2030 年可持续发展议程国别方案》，实施《国家应对气候变化规划（2014－2020 年）》，推动生态环境保护发生历史性、转折性、全局性变化。同时，环保督查“回头看”也正在陆续展开，对落实环境保护国策，建设美丽中国必将发挥积极作用。

2018 年 5 月 26 日，第二十届中国科协学术年会在杭州举行，这是继首届年会在杭州举行后的又一次科技盛会。科技部部长王志刚在大会中指出“新一轮科技革命和产业变革正在加速演进，人工智能、互联网、大数据与传统的一些物理、化学、机械等（学科）相结合，可能是新一轮科技革命”，并指出了新一轮科技革命和产业变革的六大主要特征。中国科技创新是国家命运所系，发展形势所迫，也是世界大事所趋。环境信息科学以及环境信息产业必将在这场科技革命与产业变革中有所创新，有所飞跃，对可持续发展有更大的促进！

2018 年 6 月 2 日，我国“高分陆地应急监测卫星”——高分六号卫星成功发射，“高分家族”再添一员。这也是我国首颗实现精准农业观测的高分卫星，具有高分辨率和宽覆盖相结合特点。其与在轨的高分一号卫星组网运行，大大缩短了重访时间间隔，大幅提高了对农业、林业、草原等资源监测能力，为农业农村发展、环境保护及 ECC 等重大需求提供遥感数据及信息化支撑。

1972 年 6 月 5 日，在瑞典首都斯德哥尔摩举行的第一次国际环保大会——联合国人类环境会议，通过了著名的《人类环境宣言》及保护全球环境的《行动计划》；这是人类历史上第一次在全世界范围内研究保护人类环境的会议。同年，第 27 届联合国大会根据斯德哥尔摩会议的建议，决定成立 UNEP，并确定每年的 6 月 5 日为世界环境日。2018 年中国的世界环境日主题为“美丽中国，我是行动者”，旨在引导人们为实现环境优美、生态安全、人居健康、社会和谐的新时代而共同努力。

环境信息化、环境综合治理以及环境信息科学的发展，离不开生态科学等相关学科的支撑。在新时代，生态环境已经成为不可分割的一个整体。2018 年 6 月 5 日，国务院学位委员会生态学学科评议组在北京发布了生态学的 7 个二级学科方向——植物生态学、动物生态学、微生物生态学、生态系统生态学、景观生态学、修复生态学、可持续生态学；这是继生态学由原生物学的二级学科上升为生态学一级学科后的又一次学科发展重大事件，对环境信息科学领域的学科发展具有一定的借鉴价值。

2018 年 6 月 7 日，2018 环保产业创新发展大会院士论坛上，郝吉明等六位院士围绕水、气、土污染防治攻坚战，提出了大气污染防治、水污染治理技术创新、生物脱氮除磷、柴油车污染控制和大气环境监测、场地污染控制与修复等领域的政策分析、技术进展和产业判断。郝吉明院士强调，空气质量管理已进入 $PM_{2.5}$ 与 O_3 协同防治的关键期；加强科技支撑与能力建设，提升顶层设计，建立基于 BD 的科学决策平台。曲久辉院士指出，治理水污染、改善水环境，保障水安全——需求导向与水技术创新驱动结合在一起——生物、材料、信息三个技术融合可能是水污染治理发展的重要方向。刘文清院士指出监测技术领域的一个方向是“互联网+”，应推动“互联网+智慧环保”的发展，另一个方向是更高的角度、更大的范围、更加实用小型化技术等方面。

2018 年 7 月，在工作交流过程中作者考察了云南抚仙湖流域，也专程考察了中国第二大内流河——黑河，感悟了祁连山的壮美与巴丹吉林沙漠的浩大……体会了无人机、AI 以及信息获取、传输及处理技术，对推动学科进步的意义；而这一切都增加了作者对自然资源、生态环境与人文社会的了解，同时，也不断地启发着作者对于环境信息科学及相关学科内涵的理解。

2018 年 7 月 25 日，火星上发现液态水湖的消息传遍了世界，乐观的人们认为我们距离火星生命更近了；然而，谁能又想象得出我们地球未来的运行态势呢！环境友好才是可持续的前提条件。

2018 年 7 月 29 日，中国成功发射北斗导航系统第 33、34 颗卫星；2018 年底，中国将建成由 18 颗北斗三号卫星组成的基本系统，为中国和“一带一路”沿线国家提供服务。到 2020 年，中国将完成 35 颗北斗三号卫星组网，向全球提供导航与定位服务。

2018 年是中国改革开放 40 周年，是全面实施“生态环境损害赔偿制度”的第一年，也是生态环境税实施的第一年，是深化改革背景下中国生态环境部成立的第一年……中国特色社会主义进入了新时代，全党全国人民都在为实现 2020 年全面建成小康社会而共同努力，也在为实现“两个一百年”奋斗目标而奋力拼搏。时光荏苒，岁月如歌，回想过去的发展历程，环境问题已给人们敲响了警钟，我国以及世界其他国家走过的发展道路，给我们遵循五大发展理念无不以深刻地启示——尊重自然规律、尊崇生态规律、遵循社会规律，是实现可持续发展的基础，也是未来科学发展之路。

随着科学技术的发展，环境信息科学在环境问题研究和环境治理及科学管理等方面一定能够发挥越来越大的作用，祝愿环境信息科学未来发展更加辉煌！

作　者

2018 年 7 月

于南京